西北农林科技大学博览园
西北农林科技大学科普中心　策划组织

西北农林科技大学
校园木本植物图鉴

王　卿　朱仁斌　主编

西北农林科技大学出版社
·杨　凌·

图书在版编目(CIP)数据

西北农林科技大学校园木本植物图鉴 / 王卿, 朱仁斌主编. -- 杨凌 : 西北农林科技大学出版社, 2021.12

ISBN 978-7-5683-1063-5

Ⅰ. ①西… Ⅱ. ①王… ②朱… Ⅲ. ①西北农林科技大学 - 木本植物 - 图集 Ⅳ. ①Q949.4-64

中国版本图书馆 CIP 数据核字(2021)第 260776 号

西北农林科技大学校园木本植物图鉴

王 卿　朱仁斌 主编

出版发行	西北农林科技大学出版社
地　　址	陕西杨凌杨武路 3 号　　邮　编:712100
电　　话	总编室:029-87093105　发行部:029-87093302
电子邮箱	press0809@163.com
印　　刷	陕西天地印刷有限公司
版　　次	2021 年 12 月第 1 版
印　　次	2022 年 12 月第 1 次印刷
开　　本	880 mm × 1230 mm　1/16
印　　张	20.25
字　　数	312 千字

ISBN 978-7-5683-1063-5

定价:120.00 元

《西北农林科技大学校园木本植物图鉴》
编 委 会

主　任： 傅朝荣

副主任： 魏永平　　张振华　　张正新　　李景星

编　委： （按姓氏笔画排列）

王　卿　　朱仁斌　　朱荣科　　李有年

李红星　　李景星　　张正新　　张振华

郑　豪　　傅朝荣　　魏永平

主　编： 王　卿　　朱仁斌

西北农林科技大学
南校区地图

西北农林科技大学

北校区地图

序

翻阅完学校科普中心和博览园组织编写的这部沉甸甸的《西北农林科技大学校园木本植物图鉴》，我还是由衷地感到几分钦佩和欣慰。近年来，我看到关于校园植物方面的图册资料也不少，但像这样按植物分类规划、实地拍摄配图、科学编制说明的好作品并不多见。因此，编写出版这样一部校园植物图鉴的确很有价值和意义，衷心希望学校师生和广大读者能够喜欢这部作品并从中得到教益和启发。

西北农林科技大学长期扎根农业农村一线办学，始终坚持以传承弘扬中华农耕文化为己任，注重挖掘和发挥农林学科专业的内涵特色，在办学实践中积淀形成了依托校园植物资源开展专业实践活动和弘扬生态文明理念的优良传统。特别是1999年合并组建以来，学校以统筹推进校园基本建设为契机，按照“生态型、园林式、科学化”的总体思路，对南北校园的生态环境建设进行了系统规划和精心设计，依据不同植物类别进行分区规划布局，将植物资源保存挖掘、校园绿化美化亮化、生态文化传承创新等功能进行了有机融合，逐步形成了“一园一景”“一树一路”等特色鲜明的生态校园精品，建成了生态文明和农耕文化交相辉映的国家级农业博览园，为学校广大师生依托校园从事专业实践教学、科学研究和开展生态文化传播与农林科普教育等活动，提供了更加丰富的植物资源和更为优越的环境条件。这其中凝结着几代西农校园建设者太多的心血和智慧。

学校科普中心与博览园组织有关树木学专家、学生爱好者和校内外各方力量，携手打造的这部校园植物图鉴，共收录了学校南北校园乃至杨凌境内的各类木本植物资源91科、244属、512种，实地拍摄并选配2 050幅精美彩图，从植物分类、生物学特征、原产地、校园分布等方面作了科学规范的文字说明，具有很强的专业性、观赏性、科普性，为我们鲜活生动地呈现了一个本色具象的“美丽西农”。从一定意义上讲，这部校园植物图鉴就是对学校长期以来加强生态校园和美丽校园建设的成果展示，也是对学校依托校园开展农林专业实践活动的成效检阅，更是一部难得的西农校园植物资源观察识别和保护研究的“百科全书”和“寻踪指南”，为学校广大师生和社会各界人士精准鉴赏西农校园植物、深度了解西农办学传统、持续传播生态文明理念提供了一个便捷实用的重要载体。

进入新时代，以习近平同志为核心的党中央把生态文明纳入“五位一体”总体布局统筹推进。党的二十大报告将人与自然和谐相处作为中国式现代化的重要内涵，强调要坚定不移走生态良好的文明发展之路。面对新形势新部署新要求，学校将始终把服务生态文明作为新时代学科发展的崇高使命，统筹构建和扎实推动“增绿(固碳)型”学科体系建设，以更大作为积极投身中国式现代化建设。为此，我希望学校科普中心、博览园的同志们和参编校园植物图鉴的各位师生，进一步深刻领会和切实践行生态文明理念，以更宽视野、更深内涵、更高标准积极推动和切实发挥校园植物图鉴在实践教学、科研辅助、科普教育和文化育人等方面的推广应用，使其深度融入学校学科专业发展和校园生态文化建设的全过程，切实转化为更加生动具体的人才培养成效、科技创新成果和科普教育实绩。

最后，期盼你们能够以此作为新的基础和起点，再接再厉，进一步拓展校园植物资源挖掘研究的广度和深度，不断创新工作机制和模式，持续推出更多高质量的新成果、新作品。

谨以此为序。

西北农林科技大学校长：

2022 年 12 月 5 日

前言

西北农林科技大学地处中华农耕文明发祥地、国家级农业高新技术产业示范区——陕西杨凌，南依渭水、秦岭，位居中华腹地，是一所历史悠久、实力雄厚、名副其实的“花园学府”。三号、八号教学名楼与农科大楼、国际交流中心及图书馆周边，绿树掩映、气象巍然；合校后新建的小西湖、牡丹园、月季园、灌木园与已获国家二级博物馆、AAAA级旅游景区、全国科普教育基地之称的独具特色的农林博物院（博览园）珠联璧合、交相辉映、相得益彰。

学校树木园位于2005年建立的农林博物院（博览园）内，是校园树木种类最多且最集中的核心区，它不仅显著地扩展和提升了我校木本植物种质资源的多样性，而且为教学、科研及大众科普提供了优良的实习试验、植物采样与游览观赏佳地。目前，园内已引种、驯化、保育北方及南方木本植物500多种，其中国家一、二级和陕西省珍稀野生保护树种有珙桐、红豆杉、金钱松、香果树、红豆树、榧树、香樟、连香树、紫椴、庙台槭、秦岭冷杉、岷江柏木、木贼麻黄、长梗扁桃、水丝梨等约50种。

本图鉴以树木园为基础，也包括南、北等各校区，还涉及杨凌地区少量树木，共收录木本植物91科244属512种（含457个种、6个亚种、1个变型、30个变种、18个杂交种），其中彩图2 050余幅。书中对于树种的形态特征、原产地描述主要参考《中国植物志》，花、果期尽可能依据关中物候对其生态习性的影响进行了调整划分，同时，对在校园等地的栽植点作了扼要介绍，以便于师生、科研人员和植物爱好者按图索骥，对园区内的树木进行观察、识别、保护和研究，这也是对近90年来一代又一代西农人辛苦培育或引种驯化的众多树木资源的一次盘存、梳理与汇总。

本书对植物的分类依据目前国际上推崇的植物分类系统，而没有采用传统的植物分类系统，这是本书的特色，也是促成本书的动因之一。在书目编排上，裸子植物采用克里斯滕许斯（Christenhusz，2011），被子植物采用

APGⅣ系统(APG,2016)。被子植物属级主要参考刘冰等2015年发表的《中国被子植物科属概览:依据APGIII系统》,裸子植物属级参考最近的分子系统发育树。国产植物的中文名主要采用*Flora of China*上的用名,在参考刘夙和刘冰2015年发表的《中国维管植物属中文普通名选定规则新探》的基础上作了少量修改,外来植物的中文名主要参考中国自然标本馆(CFH)的用名。

在本书的编写过程中,西北农林科技大学博览园和科普中心在项目策划、立项和组织方面做了大量的工作,刘培亮、刘冰、朱鑫鑫等友情为本书提供了若干幅图片,风景园林艺术学院研究生张蒙蒙同学、司国臣同学、李仓栓博士和林学院校友徐勇博士、屈曙辉同学参与了部分资料的调查整理,杨凌示范区城管局绿化处武永刚工程师提供了协助,生命学院吴振海副教授对树种甄别给予热情的帮助,并对全书进行了审校,林学院周建云高级实验师对全书进行了最终校核。在此对他们的真挚的支持与辛勤的付出,表示衷心的感谢!

"树德务滋,树基务坚"。辨识植物是农科学人的必备基本功,熟悉植物是农科学人欲顶天立地的基本功。莘莘学子,躬身笃行,苦练内功,方得始终。愿此树木图鉴可作同学们的实用工具书或成为了解植物世界的"敲门砖"。

由于编著水平有限,虽经多次修改与校核,但书中纰漏在所难免,诚请读者提出批评和指正。

编　者

2022年10月7日

目　录

一 裸子植物

LUOZI ZHIWU

1.1 银杏属 *Ginkgo*

1.1.1 银杏 国家一级保护植物

学名: *Ginkgo biloba*

别名: 白果、公孙树

形态特征: 落叶大乔木,树干通直,树皮深纵裂,粗糙。叶扇形,具长柄,有多数叉状叶脉密布叶面,萌条上的叶深裂,短枝上的叶浅裂或不裂。雌雄异株,球花着生于短枝顶的叶腋或苞腋,雄球花为葇荑花序;雌球花具长梗,梗端常分两叉,每叉顶生一盘状珠座。核果状种子近圆形,外种皮肉质,熟时杏黄色。花期 3 月下旬至 4 月,种子 10 月成熟。

原产地: 我国浙江。

本地分布: 博览园大门内东北处,北校区南大门、8 号教学楼西侧,南校区中心区南北银杏路、文化生态园、林学院实验楼南北路、农科大楼南北银杏林等多地。

习性: 阳性树种,对气候和土壤适应力极强,广适我国南北方,在肥厚、透水沙质壤土生长最佳,酸碱不拘,耐旱、寒,不耐阴、水涝,厌过于干燥地。根深,寿命长达千年。

2.1 雪松属 *Cedrus*

2.1.1 雪松

学名：*Cedrus deodara*

别名：喜马拉雅雪松

形态特征：常绿高大乔木，树干通直，大枝平展，小枝常下垂。叶在长枝上辐射伸展，短枝之叶成簇生状，针形，坚硬，长 2.5 ~ 5.0 cm，上部较宽。雄球花直立，长卵圆形或椭圆状卵圆形，雌球花卵圆形。球果成熟前淡绿色，微有白粉，熟时红褐色，卵圆形或宽椭圆形，长 7 ~ 12 cm，径 5 ~ 9 cm，顶端圆钝。种子近三角状，种翅宽大。花期 10—11 月，种子翌年 10 月成熟。

原产地：我国西藏。

本地分布：博览园，北校区学生西区、南大门内侧，南校区 2 号宿舍楼东侧、1 号教学楼南侧、农科大楼西侧、水保所等地。

习性：阳性树种，喜凉润气候与肥厚、透水性强土壤，耐旱、寒，忌水渍，适应性强。

2.2 冷杉属 *Abies*

2.2.1 秦岭冷杉 国家二级保护植物

学名：*Abies chensiensis*

形态特征：常绿乔木，一年生枝带黄色，冬芽圆锥形。叶在枝上列成两列或近两列状，条形，长短不一，长 1.5 ~ 4.8 cm，上面深绿色，下面有 2 条白色气孔带。雌雄同株，球花单生于去年枝上的叶腋，雄球花幼时长椭圆形或矩圆形，后成穗状圆柱形，下垂，有梗，雌球花直立，短圆柱形。球果圆柱形或卵状圆柱形，长 7 ~ 11 cm，成熟前绿色，熟时褐色，中部种鳞肾形。种子倒三角状椭圆形，种翅宽大。花期 5 月，种子当年 10 月成熟。

原产地：我国甘肃、河南、湖北、陕西、四川。

本地分布：博览园昆虫馆东北部。

习性：喜阴凉、湿润气候与土层深厚、疏松、富含腐殖质的山地棕壤土，在校园偏碱性黏重土也生长尚好，厌夏日暴晒、高温。耐旱，耐寒。

2.3 铁杉属 *Tsuga*

2.3.1 铁杉

学名：*Tsuga chinensis*

形态特征：常绿乔木，树皮暗深灰色，纵裂，成块状脱落，大枝平展，枝稍下垂。叶条形，长短不一，排列成两列，长 1.2 ~ 2.7 cm，先端钝圆有凹缺，叶缘在 1/3 ~ 1/2 以上具齿毛状锯齿。球花单性，雌雄同株，雄球花单生叶腋，椭圆形或卵圆形，有短梗，雌球花单生于去年的侧枝顶端，具多数螺旋状着生的珠鳞及苞鳞。球果卵圆形或长卵圆形，长 1.5 ~ 2.5 cm，具短梗。花期 4 月，种子 10 月成熟。

原产地：我国安徽、福建、甘肃、广东、广西、贵州、河南、湖北、湖南、江西、陕西、四川、台湾、西藏、云南、浙江。

本地分布：博览园昆虫馆东北部、蝴蝶园中部。

习性：阴性树种，喜雨多、雾多、凉润气候和肥厚、酸性及排水良好壤土，耐寒，抗风雪能力强，寿命 500 龄以上。

2.4 黄杉属 *Pseudotsuga*

2.4.1 花旗松

学名：*Pseudotsuga menziesii*

别名：北美黄杉

形态特征：常绿乔木，幼树树皮平滑，老树树皮厚，深裂成鳞状；冬芽卵形，芽鳞红褐色，基部芽鳞反折。叶条形，扁平，长 1.5 ~ 3.0 cm，宽 1 ~ 2 mm，上面深绿色，下面有 2 条灰绿色气孔带。雄球花圆柱形，单生叶腋，雌球花单生于侧枝顶端，下垂，卵圆形。球果椭圆状卵圆形，褐色。花期 3—5 月，种子 9—11 月成熟。

原产地：加拿大、墨西哥、美国。

本地分布：博览园农史馆东北角。

习性：强阳性树种，喜凉润气候与肥厚、疏松的酸性土壤，畏干旱、积水及黏重土，抗风，虫害少，耐寒。荒山造林优良树种。

2.5 落叶松属 *Larix*

2.5.1 日本落叶松

学名:*Larix kaempferi*

形态特征:落叶乔木,树皮暗褐色,纵裂粗糙,成鳞片状脱落。叶在短枝上簇生,线状倒披针状条形,长 1.5~3.5 cm,宽 1~2 mm,先端微尖或钝。雄球花淡褐黄色,卵圆形,长 6~8 mm,径约 5 mm;雌球花紫红色,苞鳞反曲,先端 3 裂。球果卵圆形或圆柱状卵形,熟时黄褐色,长 2.0~3.5 cm,径 1.8~2.8 cm。种子倒卵圆形,长 3~4 mm,径约 2.5 mm。花期 4—5 月,种子 10 月成熟。

原产地:日本。

本地分布:博览园昆虫馆东北部。

习性:喜光与凉爽气候,宜肥厚、疏松透水的酸性土壤,既不耐旱也不耐水湿。畏干热、黏重土,耐寒。病虫害少。

2.6 云杉属 *Picea*

2.6.1 云杉

学名:*Picea asperata*

形态特征:常绿乔木,树皮裂成不规则鳞片或稍厚的块片脱落,冬芽圆锥形,芽鳞的先端常反曲。主枝之叶辐射伸展,侧枝上面之叶向上伸展,下面及两侧之叶向上方弯伸,四棱状条形,长 1~2 cm,微弯曲。雄球花圆柱形,生于枝端,长 3~5 cm。球果圆柱状矩圆形或圆柱形,上端渐窄,成熟前绿色,长 5~16 cm,中部种鳞倒卵形。种子倒卵圆形,种翅淡褐色。花期 4 月,种子 9—10 月成熟。

原产地:我国甘肃、宁夏、青海、陕西、四川。

本地分布:博览园蝴蝶园西南部、动物馆东侧,北校区 8 号教学楼周围、五台山环道东侧,南校区 1 号楼北侧等地。

习性:较喜光,耐阴,宜冷凉湿润气候和透水、肥厚微酸性沙质壤土,畏干燥、黏重土。耐寒;根浅。

2.6.2 青杆

学名:*Picea wilsonii*

别名:青扦

形态特征:常绿乔木,树皮裂成不规则鳞状块片脱落,树冠塔形,冬芽卵圆形,芽鳞排列紧密。叶排列较密,在小枝上部向前伸展,四棱状条形,较短,通常长 0.8 ~ 1.3 cm。雄球花生枝端,椭圆形,雌球单生枝端,红褐色。球果卵状圆柱形或圆柱状长卵圆形,长 5 ~ 8 cm,中部种鳞倒卵形,先端圆或有急尖头。种子倒卵圆形,种翅倒宽披针形,淡褐色,先端圆。花期 4 月,种子 10 月成熟。

原产地:我国甘肃、河北、湖北、内蒙古、陕西、山西、青海、四川。

本地分布:博览园西北角,北校区南大门附近,南校区文化生态园等地。

习性:喜光稍耐阴,宜凉润气候和湿润、透水、肥厚微酸性沙壤土,适应性强,耐寒。

2.6.3 蓝粉云杉

学名:*Picea pungens*

别名:北美云杉

形态特征:常绿乔木,树冠塔形,冬芽近圆形,芽鳞反卷。叶排列较密,在小枝上散生,四棱状条形,先端渐尖,长 1.5 ~ 2.0 cm,被粉,呈蓝白绿。球花生枝端,椭圆形,紫红色。球果长卵形,长达 10 cm,种鳞稍向外反卷。种子棕色。花期 3—4 月,种子 9—10 月成熟。

原产地:美国。

本地分布:博览园东北角,北校区南大门附近,南校区文化生态园等地。

习性:喜光稍耐阴,宜凉润气候和湿润、透水、肥厚微酸性沙壤土,适应性强,耐寒。

2.7 松属 *Pinus*

2.7.1 华山松

学名:*Pinus armandii*

别名:五须松

形态特征:常绿乔木,树皮平滑,枝条平展。叶5针一束,长8~15 cm,边缘具细锯齿。雌雄同株,雄球花黄色,卵状圆柱形,多数集生于新枝下部成穗状,排列较疏松。球果圆锥状长卵圆形,下垂,长10~20 cm。种子倒卵圆形,长1.0~1.5 cm,径6~10 mm,系松属中最大者,可食用或榨油。花期4月,种子翌年10月成熟。

原产地:我国甘肃、贵州、海南、河南、湖北、陕西、宁夏、四川、西藏、云南;缅甸。

本地分布:博览园西北角,食品学院实验工厂,北校区五台山环道东侧,南校区文化生态园等地。

习性:阳性树种,喜凉润气候和深厚、透水酸性黄壤或钙质土,较耐干瘠,可生于石灰岩石缝间,不耐炎热,不耐盐碱土,耐寒;根浅,侧根发达。

2.7.2 白皮松

学名:*Pinus bungeana*

别名:虎皮松、三针松

形态特征:常绿乔木,主干明显,树皮薄块片脱落,老树树皮灰白色。3针叶一束,粗硬,先端尖,边缘有细锯齿。雄球花卵圆形或椭圆形,长约1 cm,多数聚生于新枝基部成穗状。球果通常单生,初直立,后下垂,成熟前淡绿色,熟时淡黄褐色,卵圆形或圆锥状卵圆形,种鳞矩圆状宽楔形,顶端有刺。种子近倒卵圆形。花期4月,种子翌年10—11月成熟。

原产地:我国甘肃、河南、湖北、陕西、山西、山东、四川。

本地分布:博览园昆虫馆东部、植物馆北门,北校区学生西区、五台山环道东侧,南校区文化生态园、绣山活动中心南侧、农科大楼西侧等地。

习性:喜光与凉润气候和肥厚、湿润的钙质土和黄土,适应性强,耐干瘠,忌水湿,极耐寒。

2.7.3 日本五针松

学名：*Pinus parviflora*

形态特征：常绿灌木至乔木，幼树树皮淡灰色，平滑，大树树皮暗灰色，裂成鳞状块片脱落。针叶集生枝端，5针一束，长3.5～5.5 cm。雄球花椭圆形，长约1 cm，稀疏排列于新枝下部，雌球花通常单生枝端。球果卵状椭圆形，几无梗，熟时种鳞张开，长4.0～7.5 cm。种子为不规则倒卵圆形，近褐色，具黑色斑纹。花期4月，种子翌年6月成熟。

原产地：日本。

本地分布：博览园东大门内南侧。

习性：喜光耐半阴，宜温凉湿润环境与深厚、疏松透水微酸性沙壤，忌阴湿、黏重碱土、干旱及炎热；陕西关中可露地越冬。

2.7.4 樟子松

学名：*Pinus sylvestris* var. *mongolica*

别名：海拉尔松

形态特征：常绿乔木，树皮深裂成不规则的鳞状块片脱落。2针叶一束，硬直，常扭曲，长4～9 cm，两面均有气孔线。雄球花圆柱状卵圆形，长5～10 cm，聚生新枝下部，雌球花有短梗，淡紫褐色。球果卵圆形或长卵圆形，长3～6 cm，成熟前绿色，熟时淡褐灰色，熟后开始脱落。种子黑褐色，长卵圆形或倒卵圆形，微扁。花期4月，种子翌年9—10月成熟。

原产地：我国黑龙江、内蒙古；蒙古。

本地分布：博览园东北角。

习性：强阳性与深根性树种，特耐干冷气候和荒山、沙砾或沙地，不耐盐碱。

我国三北地区重要防风固沙造林树种。

2.7.5 油松

学名:*Pinus tabuliformis*

形态特征:常绿乔木,树皮灰褐色,裂成不规则较厚的鳞状块片,枝平展或向下斜展。2 针叶一束,粗硬,长 10~15 cm,两面具气孔线。雄球花圆柱形,长 1.2 ~ 1.8 cm,在新枝下部聚生成穗状,雌球花生新枝顶端。球果卵形或圆卵形,长 4 ~ 9 cm,有短梗,向下弯垂,常宿存树上近数年之久,鳞脐凸起有尖刺。种子卵圆形或长卵圆形,淡褐色有斑纹。花期 3 月,种子翌年 10 月成熟。

原产地:我国甘肃、河北、河南、宁夏、湖北、湖南、吉林、辽宁、内蒙古、青海、陕西、山东、山西、四川;朝鲜半岛。

本地分布:博览园西北角,北校区南大门里两侧、图书馆南侧、五台山环道东侧,南校区文化生态园和外专公寓南侧等地。

习性:强阳性树种,喜干冷气候和深厚、透水的酸性、中性或钙质黄土,耐干瘠,忌涝、盐碱,耐寒,根深。

2.7.6 火炬松

学名:*Pinus taeda*

形态特征:常绿乔木,冠形似火炬,老树皮鳞片状开裂,小枝黄褐色,冬芽褐色,矩圆状卵圆形或短圆柱形。3 针叶一束,稀 2 针叶一束,长 12 ~ 25 cm,硬直,横切面三角形。球果卵状圆锥形或窄圆锥形,基部对称,熟时暗红褐色,种鳞的鳞盾横脊显著隆起,鳞脐隆起延长成尖刺。种子卵圆形,栗褐色,种翅长约 2 cm。花期 4 月,种子翌年成熟。

原产地:北美。

本地分布:南校区灌木园东北小山包上。

习性:阳性树种,喜温暖湿润气候,耐干瘠和盐碱,忌积水;耐寒;根深,生长快;较抗松毛虫、松干蚧危害。

2.7.7 黑松

学名：*Pinus thunbergii*

形态特征：常绿乔木，树皮裂成块片脱落，枝条开展，一年生枝淡褐黄色，冬芽银白色，芽鳞披针形或条状披针形，边缘白色丝状。2 针叶一束，深绿色，有光泽，粗硬，长 6 ~ 12 cm。雄球花淡红褐色，圆柱形，长 1.5 ~ 2.0 cm，聚生于新枝下部，雌球花直立，有梗，单生或 2 ~ 3 个聚生于新枝近顶端，淡紫红色。球果圆锥状卵圆形，长 4 ~ 6 cm，有短梗，向下弯垂。种子倒卵状椭圆形，有深色条纹。花期 4 月，种子翌年 10 月成熟。

原产地：日本；朝鲜半岛。

本地分布：博览园西北角。

习性：阳性树种，特喜温暖湿润的海洋气候，对土壤要求不严，甚耐干瘠及盐碱，忌积水；耐寒；根深，生长快；抗松毛虫、松干蚧危害。

2.7.8 乔松

学名：*Pinus wallichiana*

形态特征：常绿乔木。枝条广展，一年生枝绿色，微被白粉。5 针叶一束，细软下垂，长 10 ~ 20 cm，径约 1 mm，先端渐尖，缘具细锯齿，边生树脂道 3 个。雌雄同株。球果圆柱形，下垂，长 15 ~ 25 cm，径 4 ~ 6 cm，鳞盾淡褐色，菱形，常有白粉，鳞脐暗褐色，先端钝，显著内曲；种子褐色，椭圆状倒卵形，有长翅。花期 4 月，种子翌年秋季成熟。

原产地：亚洲喜马拉雅山脉。

本地分布：北校区五台山环道东侧。

习性：喜光，稍耐阴，宜冷凉湿润气候和酸性土壤，对干燥炎热气候及中性或微碱性土质尚可适应。耐干旱瘠薄，耐寒。

3.1 罗汉松属 *Podocarpus*

3.1.1 罗汉松

学名:*Podocarpus macrophyllus*

形态特征:常绿乔木,树皮灰色或灰褐色,浅纵裂,成薄片状脱落。叶螺旋状着生,条状披针形,微弯,长 5 ~ 12 cm,宽 7 ~ 10 mm,先端尖,基部楔形。雄球花穗状、腋生,常 3 ~ 5 个簇生于极短的总梗上,长 3 ~ 5 cm;雌球花单生叶腋。种子卵圆形,径约 1 cm,熟时肉质假种皮由红色紫黑色,有白粉,种托肉质圆柱形,红色或紫红色,柄长1.0 ~ 1.5 cm。花期 4—5 月,种子 8—9 月成熟。

原产地:我国江苏、浙江、福建、安徽、江西、湖南、四川、云南、贵州、广西、广东;日本、缅甸。

本地分布:博览园农史馆大门两侧。

习性:喜光,耐半荫,宜温暖湿润气候和肥厚、透水的中性沙壤土,不耐旱,忌涝。陕西关中地区可露地越冬。

4.1 杉木属 *Cunninghamia*

4.1.1 杉木

学名:*Cunninghamia lanceolata*

形态特征:常绿乔木,树皮灰褐色,裂成长条片脱落,大枝平展,小枝近对生或轮生。叶在主枝上辐射伸展,侧枝之叶基部扭转成2列状,披针形或条状披针形,通常微弯呈镰状,长2～6 cm,先端渐尖。雄球花圆锥状,通常40余个簇生枝顶,雌球花单生或2～3(～4)个集生,绿色。球果卵圆形,长2.5～5.0 cm,熟时苞鳞革质,棕黄色,向外反卷或不反卷。种子扁平,遮盖着种鳞,长卵形或矩圆形。花期3—4月,种子10月下旬成熟。

原产地:我国安徽、福建、甘肃、广东、广西、贵州、海南、河南、湖北、湖南、江苏、江西、陕西、四川、云南、浙江;越南。

本地分布:博览园昆虫馆东侧、南校区档案馆东侧。

习性:喜光,宜温润气候及肥厚、湿润透水、酸性土壤,不耐积水、盐碱,陕西关中一般可露地越冬。

4.2 水杉属 *Metasequoia*

4.2.1 水杉 国家一级保护植物

学名:*Metasequoia glyptostroboides*

形态特征:落叶高大乔木,树干基部常膨大;树皮裂成长条状脱落,枝斜展,小枝下垂。叶条形,长0.8～2.0 cm,宽1～2 mm,叶背面气孔带不明显,叶在侧生小枝上列成2列,羽状,冬季与枝一同脱落。雌雄同株,雄球花单生叶腋或枝顶,有短梗,球花枝呈总状花序状或圆锥花序状,雌球花有短梗,单生枝顶。球果近球形,长1.8～2.5 cm,梗长2～4 cm。种鳞木质,盾形。花期2月下旬。种子11月成熟。

原产地:我国四川、湖北、湖南。

本地分布:博览园北侧透视墙,北校区学生东区宿舍楼,南校区2号宿舍楼、0号楼、乔木园等地。

习性:阳性速生树种,宜温和、夏秋多雨气候,稍耐盐碱,不耐干瘠,忌长期积水。

4.3 柳杉属 *Cryptomeria*

4.3.1 柳杉

学名：*Cryptomeria japonica*

别名：日本柳杉

形态特征：常绿乔木，树皮红棕色，纤维状，裂成长条片脱落。叶钻形略向内弯曲，先端内曲，长1.0~1.5 cm，果枝的叶通常较短，有时长不及1 cm，幼树及萌芽枝的叶长达2.4 cm。雄球花单生叶腋，长椭圆形，长约7 mm，集生于小枝上部，成短穗状花序状，雌球花顶生于短枝上。球果圆球形或扁球形，径(1~)2~2 cm，种鳞上部有4~5短三角形裂齿。种子褐色，近椭圆形，扁平，长4.0~6.5 mm，宽2.0~3.5 mm。花期4月，种子10月成熟。

原产地：我国福建、浙江；日本。

本地分布：博览园昆虫馆东侧，北校区5号教学楼北侧，南校区草业学院楼北侧等地。

习性：喜光，略耐阴，宜温暖凉润的气候和肥厚而排水良好的沙质酸性壤土，忌夏季酷热、干旱和干瘠土。陕西关中尚可露地越冬。

4.4 崖柏属 *Thuja*

4.4.1 北美香柏

学名：*Thuja occidentalis*

形态特征：常绿乔木，小枝密集，排成平面。叶鳞形，先端尖，尖头下方有透明隆起的圆形腺点，长1.5 ~ 3.0 mm，宽1.2 ~ 2.0 mm，揉搓后有香气。雌雄同株，球花生于枝顶，雄球花椭圆形，红黑色，雌球花球形，鳞片先端黑色。球果长椭圆形，淡黄绿色。花期3—4月，种子9—10月成熟。

原产地：加拿大、美国。

本地分布：博览园西北角，水保所图书馆西侧。

习性：喜光，稍耐阴，宜温暖湿润气候和湿润碱性土，甚至在沼泽地成纯林，不耐干瘠，耐寒。

4.5 扁柏属 *Chamaecyparis*

4.5.1 绒柏

学名：*Chamaecyparis pisifera* 'Squarrosa'

形态特征：常绿灌木至乔木，树高达 15 m，树皮条状开裂。叶全为刺形叶，柔软，长 4 ~ 5 mm，宽 0.3 ~ 1.0 mm，密集生于小枝上。雌雄异株，雄球花生于小枝端，椭圆形，红色，长约 5 mm，雌球花未见。花期 3—4 月。日本花柏栽培品种很多，博览园温室外还栽培有另一个园艺品种蓝湖柏 'Boulevard'。

原产地：日本。

本地分布：博览园蝴蝶园内，水保所图书馆西侧，杨凌火车站广场。

习性：喜光，略耐阴；好暖湿气候和深厚、透水土壤，耐干瘠，耐寒。

4.6 侧柏属 *Platycladus*

4.6.1 侧柏

学名：*Platycladus orientalis*

形态特征：常绿乔木，树皮薄，纵裂成条片，生鳞叶的小枝扁平，排成一平面。叶鳞形，长 1 ~ 3 mm，先端微钝。雄球花黄色，卵圆形，长约 2 mm，雌球花近球形，径约 2 mm，蓝绿色，被白粉。球果近卵圆形，长 1.5 ~ 2.0 cm，成熟后木质，开裂。种子卵圆形或近椭圆形，顶端微尖，褐色，稍有棱脊。花期 3—4 月，种子 10 月成熟。校园还常见一栽培品种（洒金）千头柏 'Sieboldii'。

原产地：我国甘肃、河北、河南、陕西。

本地分布：博览园西北角，北校区 3 号教学楼南侧和五台山两侧，南校区文化生态园等地。

习性：喜光耐半阴，适宜冷凉气候和肥厚、富钙质土壤，耐干瘠与盐碱地，不耐水涝，耐寒；根浅但侧根发达，生长慢，寿命达千年。

4.7 柏木属 *Callitropsis*

4.7.1 柏木

学名：*Callitropsis funebris*

别名：垂丝柏

形态特征：常绿乔木，树皮淡褐灰色，裂成窄长条片，小枝细长下垂，生鳞叶的小枝扁，排成一平面。鳞叶二型，长 1.0 ~ 1.5 mm，先端锐尖，中央之叶的背部有条状腺点，两侧的叶对折，背部有棱脊。雄球花单生小枝顶端，椭圆形，长 2.5 ~ 3.0 mm，雌球花长 3 ~ 6 mm，近球形，径约 3.5 mm。球果圆球形，径 8 ~ 12 mm，熟时暗褐色，种鳞微张开。种子宽倒卵状菱形或近圆形，扁，熟时淡褐色，有光泽。花期 3—5 月，种子翌年 5—6 月成熟。

原产地：我国安徽、福建、甘肃、广东、广西、贵州、河南、湖北、湖南、江西、陕西、四川、云南、浙江。

本地分布：北校区五台山东侧西北角。

习性：喜光，稍耐阴；宜暖湿气候和石灰质土，在中性和微酸性土中也能生长，稍耐水湿，耐干瘠；根浅，侧根发达。

4.7.2 岷江柏木　国家二级保护植物

学名：*Cupressus chengiana*

形态特征：常绿乔木，生鳞叶的小枝斜展，不下垂，不排成平面，末端鳞叶枝粗，圆柱形；二年生枝带紫褐色、灰紫褐色或红褐色，三年生枝皮鳞状剥落。鳞叶斜方形，排成整齐的四列，背部拱圆，无蜡粉，无明显的纵脊和条槽，或背部微有条槽，腺点位于中部，明显或不明显。球花生小枝顶端，鳞片黄褐色。成熟的球果近球形或略长，径 1.2 ~ 2.0 cm。种子多数，扁圆形或倒卵状圆形。花期 3 月，种子翌年成熟。

原产地：我国四川、甘肃。

本地分布：博览园西北角。

习性：喜光，适生于干燥阳坡或干热河谷地带的中性至碱性山坡棕褐土或山地褐土，耐旱，耐寒；根深，适应性强。

4.7.3 蓝冰柏

学名：*Cupressus arizonica* var. *glabra* 'Blue Ice'

形态特征：常绿乔木，树冠圆锥形，枝向上斜展，全株鳞叶几无刺叶，叶片终年呈现霜蓝色，被厚白粉；雌雄同株；球果圆球形，被厚白粉，径约 1.5～2.0 cm。花期 3—4 月，果熟翌年 5—6 月。本种是绿干柏 *C.arizonica* 的栽培变种。

原产地：美国西南部亚利桑那州中部。

本地分布：博览园昆虫馆东北部。

习性：喜光耐半阴，宜温暖、湿润气候和疏松透水石灰性土壤，颇耐干旱瘠薄，耐高温，较耐盐碱，不耐涝，耐寒。

4.8 刺柏属 *Juniperus*

4.8.1 圆柏

学名：*Juniperus chinensis*

别名：桧柏

形态特征：常绿乔木，树皮深灰色，纵裂，成条片开裂。叶二型，即刺叶及鳞叶，幼树几乎全为刺叶，老龄树多为鳞叶，壮龄树兼有刺叶与鳞叶；刺叶三叶交互轮生，长 6～12 mm。球花生于小枝顶端，雌雄异株，稀同株，雄球花黄色，椭圆形，长 2.5～3.5 mm。球果近圆球形，径 6～8 mm。种子卵圆形，有棱脊及少数树脂槽。花期 4 月，种子翌年 10 月成熟。圆柏栽培品种有塔柏、龙柏、金球桧等。

原产地：我国西北、西南、华东、华南各个省区；日本、缅甸；朝鲜半岛。

本地分布：北校区 3 号教学楼东侧和南侧（圆柏）、8 号教学楼北侧（龙柏），南校区 3 号宿舍楼北侧（塔柏），博览园西北角（圆柏、金球桧）等地。

习性：喜光但耐阴性较强，对土壤要求不严，可生于酸性、中性及石灰质土壤，对干瘠及潮湿土均有一定的抗性，耐热，极耐寒。根深，萌芽力强。

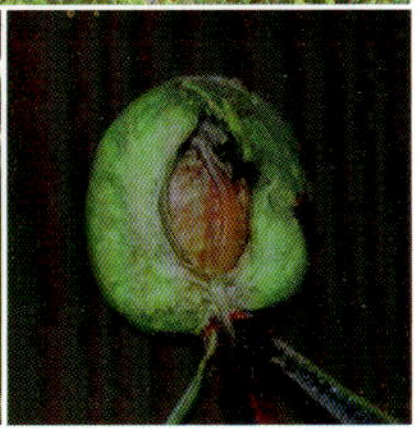

4.8.2 刺柏

学名: *Juniperus formosana*

形态特征:常绿乔木,树冠尖塔形,树皮纵裂成长条薄片脱落,小枝下垂。三叶轮生,叶条状刺形,长 1.2 ~ 2.0 cm,宽 1.2 ~ 2.0 mm,先端具锐尖头,中脉微隆起,背面两侧各有 1 条白色气孔带,并在叶尖端汇合。雌雄同株或异株,雄球花圆球形,生叶腋。球果近球形。种子半月圆形,具 3 ~ 4 棱脊,顶端尖。花期 4 月,种子翌年成熟。

原产地:我国安徽、福建、甘肃、贵州、湖北、湖南、江苏、江西、青海、陕西、四川、台湾、西藏、云南、浙江。

本地分布:博览园西北角,南校区基建处南侧等地。

习性:中性偏阴,喜温暖湿润气候和石灰质土壤,耐干旱瘠薄,忌水渍,耐寒。

4.8.3 铺地柏

学名: *Juniperus procumbens*

形态特征:匍匐灌木,高达 75 cm,枝条褐色,密生小枝,枝梢及小枝向上斜展。叶全部为刺形叶,三叶交叉轮生,条状披针形,先端渐尖成角质锐尖头,长 6 ~ 8 mm,上面凹,有两条白粉气孔带,气孔带常在上部汇合,绿色中脉仅下部明显,不达叶之先端,下面凸起,蓝绿色,沿中脉有细纵槽。球果近球形,被白粉,成熟时黑色,有 2 ~ 3 粒种子。

原产地:日本。

本地分布:南校区东大门内两侧石头小品处。

习性:喜光和凉爽干燥气候,对土壤要求不严,耐干瘠,不耐涝,耐寒。

4.8.4 叉子圆柏

学名:*Juniperus sabina*

别名:沙地柏

形态特征:常绿匍匐灌木,树高达 1 m,枝斜上伸展并逸散臭味。叶二型:幼树常刺叶,交互对生向上斜展,长 3~7 mm,端刺尖,鳞叶菱状卵形,先端微钝或急尖。雌雄异株,雄球花椭圆形。球果近球形,褐色至紫蓝色。种子多为 2~3 粒。花期 4—5 月,种子 10 月成熟。

原产地:我国甘肃、内蒙古、宁夏、青海、陕西、四川、新疆;哈萨克斯坦、蒙古、俄罗斯。

本地分布:博览园昆虫馆南侧。

习性:喜光和凉爽干燥气候,对土壤要求不严,耐干瘠,不耐涝,耐寒,根系发达,萌芽力和萌蘖力强,系优良水土保持和固沙护坡树种。

5.1 红豆杉属 *Taxus*

5.1.1 曼地亚红豆杉

学名:*Taxus* × *media*

形态特征:常绿灌木至小乔木,小枝黄绿色,近直立。叶互生,不在一平面,条形,微弯曲,长 2.0 ~ 3.5 cm,墨绿色(故又称墨绿红豆杉)。雌雄异株,球花腋生,淡黄色,雌球花具短柄。种子包于假种皮内,假种皮红色。花期 4 月,种子 9—10 月成熟。本种的杂交亲本为欧洲红豆杉 *T. baccata* 和东北红豆杉 *T. cuspidate*。

原产地:北美洲。

本地分布:博览园动物馆东侧、农史馆南侧。

习性:喜半阴,宜凉润气候和疏松酸性土壤,忌闷热、干旱,耐 –25℃低温。

5.1.2 红豆杉 国家一级保护植物

学名:*Taxus wallichiana* var. *chinensis*

别名:观音杉

形态特征: 常绿乔木, 树高达 30 m, 胸径达 60 ~ 100 cm;树皮灰褐色,裂成条片脱落。叶排列成两列,条形,微弯或较直,长 1 ~ 2 cm,下面淡黄绿色,有两条气孔带;南方红豆杉 *T. wallichiana* var. *mairei*,叶长 2.0 ~ 3.5 cm,弯镰状。雌雄异株,雄球花淡黄色,生于叶腋。种子生于杯状红色肉质的假种皮中,常呈卵圆形。花期 2 月下旬至 3 月,种子 9—10 月成熟。

原产地:我国安徽、福建、甘肃、广西、贵州、湖北、湖南、陕西、四川、云南、浙江;越南。

本地分布:博览园东北角、东南角。

习性:强阴性树种,喜空气湿润和肥沃、疏松土壤,忌烈日、酷热、干燥,耐寒;生长缓慢。

5.2 三尖杉属 *Cephalotaxus*

5.2.1 粗榧

学名：*Cephalotaxus sinensis*

形态特征：常绿灌木或小乔木，树皮裂成薄片状脱落。叶直条形，排列成两列，长短不一，长 2～5 cm，宽约 3 mm，几无柄，先端通常渐尖或凸尖，上面深绿色，下面有 2 条白色气孔带。雌雄异株，雄球花 6～7 聚生成头状，生于叶腋，雌球花生小枝顶端或基部。种子椭圆状卵形，假种皮成熟时紫红色。花期 3—4 月，种子 10 月成熟。

原产地：我国安徽、福建、甘肃、广东、广西、贵州、河南、湖北、湖南、江苏、江西、陕西、四川、台湾、云南、浙江。

本地分布：博览园昆虫馆东侧、中药园西侧，南校区灌木园。

习性：喜阴凉湿润气候，畏暴晒，不甚拘土壤，耐干瘠，抗虫害能力强；生长缓慢，萌芽力较强，耐修剪。

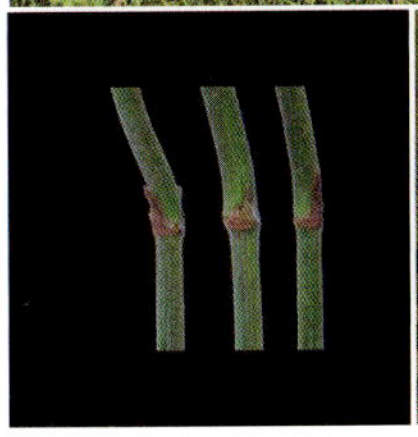

6.1 麻黄属 *Ephedra*

6.1.1 木贼麻黄

学名:*Ephedra equisetina*

别名:山麻黄

形态特征:直立小灌木,高约 1 m,小枝灰绿色,径约 1 mm,节间短,有浅细纵槽纹。叶对生或轮生,膜质,鳞片状,长 1.5 ~ 2.0 mm,2 裂,上部约 1/4 分离,先端钝。雌雄异株,雄球花单生或 3 ~ 4 个集生于节上,雌球花常 2 个对生于节上,成熟时肉质红色。种子常 1 粒, 窄长卵圆形, 长约 7 mm,径 2.5 ~ 3.0 mm。花期 6—7 月,种子 8—9 月成熟。

原产地:我国甘肃、河北、内蒙古、宁夏、青海、山西、新疆;阿富汗、哈萨克斯坦、吉尔吉斯斯坦、蒙古、俄罗斯、塔吉克斯坦、土库曼斯坦、乌兹别克斯坦。

本地分布:博览园陕西关中农用石器观摩区南侧。

习性:喜光和干冷气候,不耐高温潮湿环境,宜灰棕色荒漠土,耐干瘠,忌积水,抗寒。

二 被子植物

BEIZI ZHIWU

7.1 八角属 *Illicium*

7.1.1 红茴香

学名：*Illicium henryi*

形态特征：常绿灌木，树皮不开裂。叶互生或2~5片簇生，革质，倒披针形，全缘，侧脉不明显，长6~18 cm，宽1.2~5.0 cm，先端长渐尖，基部楔形，中脉叶面下凹叶背突起。花红色，腋生或近顶生，单生或2~3朵簇生，花梗细长，花被片10~15，雄蕊11~14枚，心皮通常7~9枚。蓇葖果7~9，聚生成轮辐状，先端明显钻形，细尖。花期4月，果期8—10月。

原产地：我国安徽、福建、甘肃、广东、广西、贵州、河南、湖北、湖南、江西、陕西、四川、云南。

本地分布：博览园农史馆西北角。

习性：喜半阴与冬暖夏凉山地气候和肥厚、透水、湿润偏酸性沙质壤土，畏干燥瘠薄或低洼积水地。陕西关中露地越冬正常。果及花皆有毒。

7.2 五味子属 *Schisandra*

7.2.1 华中五味子

学名：*Schisandra sphenanthera*

别名：北五味子

形态特征：落叶木质藤本，全株无毛，小枝红褐色。叶纸质，卵形至椭圆状卵形，变异较大，先端短急尖或渐尖，基部楔形至圆形，边缘具疏离、胼胝质齿尖的波状齿，叶柄红色。雌雄异株，花生于近基部叶腋，花梗细长，花被片5~9，橙黄色或红色。聚合果长6~17 cm，成熟小浆果红色，椭圆形，具短柄。种子长圆体形或肾形，长约4 mm，种皮褐色光滑。花期4—5月，果期8—9月。

原产地：我国安徽、甘肃、贵州、湖北、湖南、江苏、陕西、山西、四川、云南、浙江。

本地分布：博览园植物馆西侧。

习性：喜疏阴和温润气候，宜疏松、富含腐殖质土壤，不耐旱勿积水。较耐寒。

8.1 厚朴属 *Houpoea*

8.1.1 厚朴 国家二级保护植物

学名:*Houpoea officinalis*

形态特征:落叶乔木,树皮厚不开裂,顶芽大。叶大型,近革质,7~9片聚生枝端,长圆状倒卵形,长22~45 cm,宽10~24 cm,先端圆钝,有时凹缺,全缘而微波状,背面灰白色。花白色,径10~15 cm,芳香,花被片9~12,厚肉质,外轮3片淡绿色,盛开时常向外反卷,内两轮白色,盛开时中内轮直立。聚合果长圆状卵圆形,长9~15 cm,蓇葖具长3~4 mm的喙。种子三角状倒卵形,长约1 cm。花期4月,果期10月。

原产地:我国安徽、福建、甘肃、广东、广西、贵州、河南、湖北、湖南、江西、陕西、四川、浙江。

本地分布:博览园农史馆西侧。

习性:喜光和温凉、湿润气候,适宜深厚、疏松透水酸性土壤,不耐干瘠,忌水湿、黏重碱性土壤,较耐寒。

8.2 北美木兰属 *Magnolia*

8.2.1 荷花木兰

学名:*Magnolia grandiflora*

别名:广玉兰、荷花玉兰

形态特征:常绿乔木,树皮薄鳞片状开裂,小枝、芽、叶背、叶柄均密被褐色短绒毛。叶厚革质,椭圆形,长圆状椭圆形或倒卵状椭圆形,长10~20 cm,宽4~7 cm,先端钝或短钝尖,基部楔形,叶面深绿色,有光泽,背面密被黄色绒毛。花白色,有芳香,直径15~20 cm;花被片9~12,厚肉质,花柱呈卷曲状。聚合果卵圆形,长7~10 cm,密被绒毛,蓇葖背裂,顶端外侧具长喙。种子近卵圆形或卵形,外种皮红色。花期5—6月,果期9—10月。

原产地:北美洲。

本地分布:博览园昆虫馆背侧,北校区3号教学楼西侧、学生西区,南校区民族餐厅南侧等地。

习性:喜光亦耐阴,宜温润气候和肥厚、湿润、透水沙壤,不耐干旱、积水及碱性黏土。陕西关中可露地越冬。

8.3 玉兰属 *Yulania*

8.3.1 二乔玉兰

学名：*Yulania* × *soulangeana*

别名：朱砂玉兰、红霞玉兰

形态特征：落叶乔木，树高达 10 m。叶纸质，倒卵形，长 6 ~ 15 cm，先端短急尖。先花后叶，花被片 9，椭圆形，外面深红色至淡紫色，里面偏白，最外轮花被片和内轮花被片近等大。蓇葖果很少发育。盛花期 4 月，通常 6—7 月二次开花。杂交亲本为紫玉兰 *Y. liliiflora* 和玉兰 *Y. denudata*。

原产地：我国华北、华中及陕西、四川、云南等地。

本地分布：博览园石拱桥南侧、昆虫馆东侧，北校区 3 号教学楼南侧、南校区 3 号教学楼南侧等地。

习性：喜光和温润气候及疏松透水、酸性土壤，喜氮肥，肉质根忌积水，耐寒。

8.3.2 望春玉兰

学名：*Yulania biondii*

别名：望春花

形态特征：落叶乔木，树皮淡灰色，光滑。叶椭圆状披针形，长 10 ~ 18 cm，宽 3.5 ~ 6.5 cm，先端急尖，或短渐尖，基部阔楔形。花先叶开放，直径 6 ~ 8 cm，芳香。花被 9，外轮 3 片长约 1 cm，中内两轮近匙形，白色，外面基部常紫红色，长 4 ~ 5 cm，宽 1.3 ~ 2.5 cm。聚合果圆柱形，红色，长达 20 cm，常因部分不育而扭曲。种子心形，外种皮鲜红色。花期 3 月初，果期 9 月。陕西汉中市的市树“汉莲”实即此种。

原产地：我国重庆、甘肃、河南、湖北、湖南、陕西、四川。

本地分布：博览园昆虫馆东侧、蝴蝶园东南侧，北校区 8 号教学楼院内等地。

习性：喜光与温凉湿润气候及富腐殖质、透水微酸性土壤，较耐旱，忌积水，肉质根，耐寒。

8.3.3 光叶玉兰

学名：*Yulania dawsoniana*

别名：康定木兰

形态特征：落叶乔木，小枝黄绿转黄褐色，无毛。叶纸质，倒卵形或椭圆状倒卵形，先端圆钝，具短急尖，很少微缺，基部楔形，通常歪斜，下面脉腋及中脉两侧常残留白色长柔毛，叶柄基部具短的托叶痕。花芳香，先叶开放，着生平展或稍俯垂的花，花被片 9 ~ 12（或更多），粉红色，雄蕊紫红色，雌蕊群狭圆柱形。聚合果圆柱形，部分心皮不育而稍弯曲，蓇葖倒卵圆形。花期 3—4 月，果期 9—10 月。

原产地：我国四川。

本地分布：博览园昆虫馆东侧、南校区 1 号教学楼背侧。

习性：喜光与温暖湿润气候及肥厚、透水微酸性土壤，微碱性土壤也可生长，肉质根，忌涝，较耐旱，耐寒。

8.3.4 玉兰

学名：*Yulania denudata*

别名：白玉兰

形态特征：落叶乔木，树皮深灰色，粗糙开裂。叶倒卵状椭圆形，长 9 ~ 15 cm，先端突尖，全缘，近革质。先花后叶，花被片 9 片，近等大，白色，基部常带粉红色，长 6 ~ 8 cm，宽 2.5 ~ 4.5 cm，花芳香，花期稍晚。聚合果圆柱形，长 12 ~ 15 cm，成熟时淡紫红色，蓇葖厚木质，具白色皮孔。种子心形，侧扁，外种皮红色，内种皮黑色。花期 3 月，果期 8—9 月。左下中图为玉兰栽培品种飞黄玉兰 'Feihuang'，花被片淡黄色。

原产地：我国安徽、重庆、广东、贵州、湖北、湖南、江西、陕西、云南、浙江。

本地分布：博览园昆虫馆东侧，北校区 3 号教学楼西侧，南校区图书馆南侧等地。

习性：喜光与温暖湿润气候及肥厚、透水微酸性土壤，肉质根，忌涝，较耐旱，耐寒。

8.3.5 紫玉兰

学名: *Yulania liliiflora*

别名: 辛夷

形态特征: 落叶小乔木,常丛生,树皮灰褐色,小枝绿紫色或淡褐紫色。叶椭圆状倒卵形或倒卵形,长8~18 cm,宽3~10 cm,先端急尖或渐尖,基部渐狭沿叶柄下延至托叶痕。花叶同时开放,花被片9~12,外轮3片萼片状,较小,常早落,内两轮肉质,外面紫色或紫红色,内面带白色;雄蕊紫红色,雌蕊群长约1.5 cm,淡紫色,无毛。聚合果深紫褐色,变褐色,圆柱形,长7~10 cm。花期3—4月,果期8—9月。

原产地: 我国重庆、福建、湖北、陕西、四川、云南。

本地分布: 博览园昆虫馆东侧,北校区亦乐园、学生西区,南校区文化生态园、乔木园等地。

习性: 喜光与温暖气候,北京仅可在小气候处栽植;适宜肥厚、湿润、透水土壤,不耐碱土及黏重土,肉质根,忌积水。

8.3.6 宝华玉兰 国家二级保护植物

学名: *Yulania zenii*

形态特征: 落叶乔木,树皮灰白色,平滑。叶膜质,倒卵状长圆形或长圆形,长7~16 cm,宽3~7 cm,先端宽圆具渐尖头,基部阔楔形或圆钝。花先叶开放,有芳香。花梗长2~4 mm,密被长毛。花被片9,背面中部以下淡紫红色,上部白色,近匙形,长6.8~7.8 cm,宽2.7~3.8 cm。聚合果圆柱形,长5~7 cm,成熟蓇葖近圆形,有疣点状凸起,顶端钝圆。花期3—4月,果期8—9月。

原产地: 我国江苏。

本地分布: 博览园昆虫馆东侧。

习性: 喜光与温暖湿润气候及肥厚、透水微酸性土壤,微碱性土壤也可生长,肉质根,忌涝,较耐旱,耐寒。

8.4 含笑属 *Michelia*

8.4.1 深山含笑

学名：*Michelia maudiae*

形态特征：常绿乔木，全株无毛。叶革质，长圆状椭圆形，长 7～18 cm，宽 3.5～8.5 cm，先端骤狭短渐尖或短渐尖而尖头钝，基部楔形，阔楔形或近圆钝，下面被白粉。花芳香，花被片 9 片，纯白色，长 5～7 cm，宽 3.5～4.0 cm，心皮绿色，狭卵圆形，连花柱长 5～6 mm，雌蕊群有长柄。聚合果长 7～15 cm，蓇葖顶端圆钝或具短突尖头。种子红色，斜卵圆形，长约 1 cm。花期 3 月，果期 9—10 月。

原产地：我国安徽、福建、广东、广西、贵州、江西、湖南、浙江。

本地分布：博览园温室，杨凌树木园，杨凌火车站售票厅西侧。

习性：喜中性偏阳，适宜温暖湿润气候和肥厚、疏松透水酸性至微酸性土壤，忌积水、黏重土及盐碱土，较耐旱，陕西关中地区尚可露地越冬。

8.5 鹅掌楸属 *Liriodendron*

8.5.1 鹅掌楸 国家二级保护植物

学名：*Liriodendron chinense*

别名：马褂木

形态特征：落叶乔木，小枝灰色或灰褐色，树皮裂纹不明显，(左)。叶马褂状，长 4～18 cm，近基部每边具 1 个侧裂片，先端具 2 浅裂，下面苍白色。花杯状，花被片 9，外轮 3 片萼片状，向外弯垂，内两轮 6 片，直立，长约 3 cm，绿色，具黄色纵条纹，花期时雌蕊群超出花被之上，心皮黄绿色。聚合果长 7～9 cm，具翅的小坚果长约 6 mm，顶端钝或钝尖，具种子 1～2 颗。花期 4—5 月，果期 9—10 月。

原产地：我国安徽、重庆、福建、广西、贵州、湖北、湖南、江西、陕西、四川、云南、浙江；越南。

本地分布：博览园动物馆北侧，南校区 3 号教学楼南行道树。

习性：喜光，宜温暖湿润气候和肥厚、疏松酸性土壤，在碱性土壤中叶片有黄化现象，稍耐旱，忌积水。陕西关中可正常越冬。

8.5.2 杂种鹅掌楸

学名：*Liriodendron chinense × tulipifera*

形态特征：落叶乔木，树皮裂纹显著，较整齐，（左）。叶马褂状，长 4～18 cm，近基部每边具 1～2 个侧裂片，先端具 2 浅裂，下面苍白色。花杯状，花被片 9，外轮 3 片萼片状，向外弯垂，内两轮 6 片、直立，长约 4 cm，黄色，花期时雌蕊群略超出花被之上。聚合果长 7～9 cm。花期 4 月中下旬，果期 9—10 月。杂交亲本为鹅掌楸 *L. chinense* 和北美鹅掌楸 *L. tulipifera*。

原产地：我国江苏。

本地分布：博览园游客中心背侧，北校区医务所两侧，南校区 3 号教学楼南行道树。

习性：喜光，宜温暖湿润气候和肥厚、疏松土壤，生长健壮，适应性较强，陕西关中可正常越冬。

8.5.3 北美鹅掌楸

学名：*Liriodendron tulipifera*

别名：美国鹅掌楸

形态特征：落叶乔木，树皮裂纹显著，（左），小枝褐色或紫褐色，常带白粉。叶马褂状，长 4～18 cm，近基部每边具 2 个侧裂片，先端具 2 浅裂，下面苍白色。花杯状，花被片 9，外轮 3 片绿色，萼片状，向外弯垂，内两轮 6 片，直立，长约 4.5 cm，黄绿色，中下部具橘黄色横块，花期时雌蕊群不超出花被之上。聚合果长约 7 cm，具翅的小坚果淡褐色，长约 5 mm。花期 4—5 月，果期 9—10 月。

原产地：北美洲。

本地分布：博览园大门内北侧，南校区 3 号教学楼南行道树。

习性：喜光和温润气候及深厚、疏松透水、弱酸性土壤，畏水湿与干旱，耐寒；树皮味苦。

9.1 蜡梅属 *Chimonanthus*

9.1.1 蜡梅

学名:*Chimonanthus praecox*

别名:腊梅

形态特征:落叶灌木,幼枝四方形,老枝近圆柱形,灰褐色。叶卵状椭圆形,长 5 ~ 15 cm,宽 2 ~ 6 cm,顶端渐尖,基部圆形,叶柄短。花着生于第二年生枝条叶腋内,花被片黄色,圆形至披针形,长 5 ~ 20 mm,宽 5 ~ 15 mm,如上蜡一般光滑,芳香,品种繁多,如狗牙蜡梅、素心蜡梅、磬口蜡梅等。果托近木质化,坛状或倒卵状椭圆形,长 2 ~ 5 cm,直径 1.0 ~ 2.5 cm,口部收缩,并具有钻状披针形的被毛附生物。花期 12 月至翌年 3 月,果期 8—9 月。

原产地:我国安徽、福建、贵州、河南、湖北、湖南、江苏、江西、陕西、山东、四川、云南、浙江。

本地分布:博览园动物馆北侧,北校区南大门附近、南校区 3 号教学楼两侧等多地。

习性:喜光亦耐半阴,宜凉爽气候与肥厚、疏松透水中性或微酸性沙质壤土,耐干旱、高温及严寒,忌涝、盐碱土及黏重土。

10.1 润楠属 *Machilus*

10.1.1 宜昌润楠

学名:*Machilus ichangensis*

形态特征:常绿乔木,顶芽近球形,芽鳞近圆形,边缘常有浓密的缘毛。叶倒披针形,长 10 ~ 24 cm,宽 2 ~ 6 cm,先端短渐尖,基部楔形,下面带粉白色。圆锥花序生自当年生枝基部脱落苞片的腋内,总梗带紫红色;花白色,外面和内面上端有贴伏小绢毛;雄蕊较花被稍短,第三轮雄蕊腺体近球形,有柄;退化雄蕊三角形,稍尖。果近球形,直径约 1 cm,黑色,宿存花萼反折;果梗不增大。花期 4 月,果期 8 月。

原产地:我国湖北、四川、陕西、甘肃。

本地分布:博览园农史馆西侧。

习性:喜阴凉、湿润气候,不耐干旱,在陕西关中露地环境下生长及越冬尚正常。

10.2 山胡椒属 *Lindera*

10.2.1 山胡椒

学名:*Lindera glauca*

别名:牛筋条

形态特征:落叶灌木至小乔木,树皮平滑,灰色或灰白色。冬芽(混合芽)长角锥形,长约 1.5 cm,直径 4 mm。叶互生,椭圆形,长 4 ~ 9 cm,宽 2 ~ 4 cm,下面被白色柔毛,秋叶枯后不落,翌年新叶发出时落下。雌雄异株,伞形花序腋生,有 3 ~ 8 朵花,花梗被毛,雄花花被片黄色,雄蕊 9,近等长,退化雌蕊细小,雌花花被片黄色,子房椭圆形。果球形,直接约 2 mm,熟时黑褐色。花期 3—4 月,果期 7—8 月。

原产地:我国安徽、福建、甘肃、广东、广西、贵州、河南、湖北、湖南、江西、陕西、山东、山西、四川、台湾、浙江;日本、朝鲜、韩国、缅甸、越南。

本地分布:博览园东北角。

习性:喜光,好肥沃、湿润土壤,耐干旱瘠薄,适应性强,耐寒。根深。

10.2.2 黑壳楠

学名:*Lindera megaphylla*

形态特征:常绿乔木,树皮灰黑色,顶芽大,卵形,长 1.5 cm,芽鳞外面被白色微柔毛。叶互生,倒卵状长圆形,长 10 ~ 23 cm,先端渐尖,基部渐狭,革质。雌雄异株,伞形花序多花,雄的多达 16 朵,雌的 12 朵,花梗密被柔毛。果椭圆形至卵形,长约 1.8 cm,宽约 1.3 cm,成熟时紫黑色,无毛;宿存果托杯状、肉质,长约 8 mm,直径达 1.5 cm,全缘,略成微波状。花期 3—4 月,果期 9—12 月。

原产地:我国安徽、福建、甘肃、广东、广西、贵州、湖北、湖南、江西、陕西、四川、云南。

本地分布:博览园动物馆南侧。

习性:喜光亦耐阴,宜温润气候和肥厚、酸性土壤,不耐积水和干旱,陕西关中可越冬。

10.2.3 三桠乌药

学名:*Lindera obtusiloba*

形态特征:落叶乔木或灌木,树皮黑棕色,小枝黄绿色。叶互生,近圆形至扁圆形,先端急尖,全缘或 3 裂,通常明显 3 裂,三出脉,基部近圆形或心形,下面绿苍白色,有时带红色。花雌雄异株,腋生的混合芽椭圆形,棕黄色,花被片 6,长椭圆形,外被柔毛。果广椭圆形,成熟时红色,后变紫黑色,果梗被毛。花期 3—4 月,先叶开花,果期 8—9 月。

原产地:我国辽宁、山东、安徽、江苏、河南、陕西、甘肃、浙江、江西、福建、湖南、湖北、四川、西藏;日本;朝鲜半岛。

本地分布:博览园动物馆南侧。

习性:喜光亦耐阴,适宜温暖湿润气候,不耐旱,耐寒。

10.3 木姜子属 *Litsea*

10.3.1 木姜子

学名：*Litsea pungens*

别名：黄花子

形态特征：落叶小乔木，幼枝黄绿色，被柔毛。顶芽圆锥形，鳞片无毛。叶互生，常聚生于枝顶，披针形或倒卵状披针形，先端短尖，基部楔形，膜质，幼叶下面具绢状柔毛，后脱落。伞形花序腋生，每一花序有雄花 8 ~ 12 朵，先叶开放，花梗长 5 ~ 6 mm，花被裂片 6，黄色。果球形，直径 7 ~ 10 mm，成熟时蓝黑色，果梗长 1.0 ~ 2.5 cm，先端略增粗。花期 3—4 月，果期 7—9 月。

原产地：我国甘肃、广东、广西、贵州、河南、湖北、湖南、陕西、山西、四川、西藏、云南、浙江。

本地分布：博览园蝴蝶园西侧。

习性：喜光稍耐阴，宜温暖湿润气候与富腐殖质的微酸性沙壤土，较耐旱，耐寒。

10.3.2 秦岭木姜子

学名：Litsea tsinlingensis

形态特征：落叶灌木或小乔木，有香味，枝灰绿色，无毛。叶互生，倒卵形或倒卵状椭圆形，先端短渐尖或钝圆，基部渐狭，质薄，幼时两面被白色绒毛，老时下面被毛。伞形花序单生，花黄色，与叶同时开放，花序总梗长 3 ~ 4 mm，花梗长 8 ~ 12 mm，被灰黄色柔毛。果球形，成熟时黑色，直径 5 ~ 6 mm，果梗细长。花期 4—5 月，果期 7—8 月。

原产地：我国甘肃、陕西。

本地分布：博览园蝴蝶园西侧。

习性：喜光稍耐阴，宜温暖湿润气候与富腐殖质的微酸性沙壤土，较耐旱，耐寒。

10.4 樟属 *Cinnamomum*

10.4.1 樟 国家二级保护植物

学名: *Cinnamomum camphora*

别名: 香樟

形态特征: 常绿乔木,枝、叶及木材均有樟脑气味,树皮黄褐色,有不规则的纵裂。叶互生,叶形变异较大,卵状椭圆形,长 6 ~ 12 cm,宽 2.5 ~ 5.5 cm,先端急尖,基部宽楔形至近圆形,全缘,侧脉及支脉脉腋上面明显凸起。圆锥花序腋生,长 3.5 ~ 7.0 cm,花序轴无毛或被灰白至黄褐色微柔毛,花绿白或带黄色。果卵球形,直径 6 ~ 8 mm,紫黑色,果托杯状,顶端截平。花期 5 月,果期 8—11 月。

原产地: 我国长江以南;日本、越南;朝鲜半岛。

本地分布: 博览园动物馆西南侧。

习性: 喜光稍耐半阴,宜温润气候和肥厚、湿润土壤,不耐干瘠、盐碱土,忌积水,陕西关中背风向阳处可越冬,临界低温为 -14℃。

11.1 菝葜属 *Smilax*

11.1.1 托柄菝葜

学名:*Smilax discotis*

形态特征:落叶灌木,多少攀缘,疏生刺。叶纸质,通常近椭圆形,基部心形,下面苍白色,叶柄长具贝壳状叶鞘。伞形花序生于叶尚稍幼嫩的小枝上,雌花序通常只有几朵花,总花梗长 2 ~ 4 cm,花绿黄色,雄花外花被片长约 4 mm,雌花比雄花略小,具 3 枚退化雄蕊。浆果直径 6 ~ 8 mm,熟时黑色,具粉霜。花期 4—5 月,果期 10 月。

原产地:我国甘肃、陕西、河南、安徽、江西、福建、湖南、湖北、四川、贵州、云南。

本地分布:博览园农史馆西侧。

习性:喜阴凉、湿润气候,适宜土壤肥沃之地。较耐寒。

12.1 丝兰属 *Yucca*

12.1.1 软叶丝兰

学名: *Yucca flaccida*

别名: 丝兰

形态特征: 常绿灌木,茎粗短或近无。叶近莲座状簇生,近剑形或长条状披针形,长 25 ~ 60 cm,宽 2.5 ~ 3.0 cm,顶端具 1 硬刺,边缘有丝状纤维,叶片较柔软,老叶通常弯折。花葶高大而粗壮,花序轴密被柔毛,圆锥花序稍开展,花近白色,下垂,花瓣 6,雄蕊 6,花丝棒状,下部密被柔毛,上部向外弯曲。花期 5—6 月,果未见。

原产地: 北美洲。

本地分布: 北校区 5 号教学楼北侧。

习性: 喜光,好温暖、潮湿环境和疏松、透水沙壤土,耐水湿,较耐旱,耐寒。

12.1.2 凤尾丝兰

学名: *Yucca gloriosa*

别名: 凤尾兰

形态特征: 常绿灌木,茎粗短。叶近莲座状簇生,坚硬,剑形,长 25 ~ 60 cm,宽 8 ~ 10 cm,顶端具一硬刺,边缘几乎无丝状纤维。花葶高大而粗壮,花近白色,下垂,排成狭长而紧密的圆锥花序,花瓣 6,披针形。花期 9—11 月,果未见。

原产地: 北美洲。

本地分布: 北校区 8 号食堂东侧,南校区 0 号楼东侧,水保所等地。

习性: 喜光,好温暖、潮湿环境和疏松、透水沙壤土,耐水湿,较耐旱,耐寒。

13.1 棕榈属 *Trachycarpus*

13.1.1 棕榈

学名: *Trachycarpus fortunei*

别名: 棕树

形态特征: 常绿乔木,干圆柱形,不分枝,被密集的网状纤维叶鞘。叶簇生茎端,圆扇形,深裂成30~50片具皱褶的线状剑形裂片。雌雄异株,花序大型,花小、密集,雄花黄绿色,雌花淡绿色,花瓣3。果实阔肾形,成熟后淡蓝色。花期4月下旬至5月上旬,果期12月。

原产地: 我国长江和秦岭以南地区;不丹、印度、缅甸、尼泊尔、越南。

本地分布: 博览园农史馆南侧,北校区3号教学楼周围,南校区图书馆南侧、文化生态园、林学院实验楼东侧等地。

习性: 喜光亦耐阴,宜温暖湿润气候,对土壤要求不甚严,较耐旱,忌积水,较耐寒。

14.1 箬竹属 *Indocalamus*

14.1.1 阔叶箬竹

学名:*Indocalamus latifolius*

别名:箬竹

形态特征:竿高可达 2 m,直径 0.5 ~ 1.5 cm,节间长 5 ~ 22 cm,竿每节具 1 小枝,枝直立或微上举。箨鞘硬纸质或纸质,背部常具棕色疣基小刺毛,箨片直立,披针形。叶片长圆状披针形,长 10 ~ 45 cm,宽 2 ~ 9 cm,可用于包粽子,下面中脉之两侧均无成纵行的毛茸,小横脉明显,形成近方格形,叶缘生有小刺毛。圆锥花序,小穗常带紫色,几呈圆柱形,花药紫色或黄带紫色。笋期 4—5 月。

原产地:我国山东、江苏、安徽、浙江、江西、福建、湖北、湖南、广东、四川。

本地分布:博览园人工湖西北角、蝴蝶园内、南校区文化生态园、百竹园,北校区 8 号教学楼两侧等地。

习性:喜疏阴和温暖、湿润气候,宜疏松、排水良好的酸性土壤,较耐旱、耐寒。

14.2 刚竹属 *Phyllostachys*

14.2.1 斑竹

学名:*Phyllostachys bambusoides* 'Lacrima-deae'

形态特征:常绿乔木状竹类,竿高可达 20 m,幼竿无毛,秆绿色,通常有紫色斑点。每节具 2 小枝,末级小枝具 2 ~ 4 叶。箨鞘革质,背面有较密的紫褐色斑块与小斑点和脉纹,疏生脱落性淡褐色直立刺毛,箨耳紫褐色,箨片带状,中间绿色,两侧紫色,边缘黄色。叶片披针形,长 5.5 ~ 15.0 cm,宽 1.5 ~ 2.5 cm。笋期 5 月。

原产地:我国黄河流域及其以南各地。

本地分布:博览园蝴蝶园北,南校区百竹园。

习性:喜疏阴与暖湿气候,好疏松、肥厚的微酸性湿润土壤,不耐干瘠。较耐寒。

14.2.2 毛竹

学名:*Phyllostachys edulis*

形态特征:常绿乔木状竹类,竿高达 20 m,基部节间甚短而向上则逐节较长,中部节间长达 40 cm。箨鞘背面黄褐色或紫褐色,具黑褐色斑点及密生棕色刺毛,箨舌宽短,强隆起乃至为尖拱形,边缘具粗长纤毛;箨片较短,长三角形至披针形,有波状弯曲,绿色,初时直立,以后外翻。末级小枝具 2 ~ 4 叶。叶片较小较薄,披针形,长 4 ~ 11 cm,宽 0.5 ~ 1.2 cm。笋期 4 月,可供食用。

原产地:我国安徽、福建、广东、广西、贵州、河南、湖北、湖南、江苏、江西、陕西、四川、台湾、云南、浙江。

本地分布:博览园动物馆北侧,南校区百竹园。

习性:喜疏光与温暖、凉爽、湿润气候和肥厚、透水、酸性壤土,厌干燥沙荒地、盐碱地及积水地。本种是我国分布最广的竹种;陕西关中可越冬。

14.2.3 紫竹

学名: Phyllostachys nigra

形态特征:常绿灌木状竹类,竿高 3 ~ 5 m,稀可高达 10 m,直径可达 5 cm,幼竿绿色,一年生以后的竿逐渐先出现紫斑,老竿全变为紫黑色;中部节间长 25 ~ 30 cm。箨鞘背面红褐色,无斑点,或常具极微小不易观察的深褐色斑点,箨舌拱形至尖拱形,紫色,边缘生有长纤毛。末级小枝具 2 或 3 叶。叶片质薄,长 7 ~ 10 cm,宽约 1.2 cm。笋期 4 月下旬。

原产地:我国湖南。

本地分布:南校区文化生态园,杨凌树木园。

习性:喜疏阴与温暖湿润环境,好疏松、肥沃的微酸性土壤,忌积水,适应性强。耐寒。

14.2.4 金竹

学名:*Phyllostachys sulphurea*

别名:黄皮刚竹

形态特征:常绿乔木状竹类,竿高 6 ~ 15 m,直径 4 ~ 10 cm,幼时无毛,微被白粉,绿色,成长的竿呈黄绿色,秆每节具 2 小枝。箨鞘背面呈乳黄色或绿黄褐色又多少带灰色,有绿色脉纹;箨耳及鞘口繸毛俱缺;箨舌绿黄色,拱形或截形,边缘生淡绿色或白色纤毛;箨片狭三角形至带状,外翻,微皱曲,绿色,但具橘黄色边缘。末级小枝有 2 ~ 5 叶。叶片长圆状披针形或披针形,长 5.6 ~ 13.0 cm,宽 1.1 ~ 2.2 cm。笋期 5 月中旬。

原产地:我国安徽、福建、河南、湖南、江苏、江西、陕西、山东、浙江。

本地分布:博览园蝴蝶园北侧,南校区百竹园。

习性:喜疏阴与暖湿气候,好疏松、肥厚的微酸性湿润土壤,不耐干瘠。陕西关中露地越冬无虞。

14.3 矢竹属 *Pseudosasa*

14.3.1 茶竿竹

学名:*Pseudosasa amabilis*

形态特征:竿直立,圆筒形,幼时疏被棕色小刺毛,老则变为光滑无毛,橄榄绿色,具一层薄灰色蜡粉,每节分 1 ~ 3 枝,其枝贴竿上举,主枝梢较粗,二级分枝通常为每节 1 枝。箨鞘背面密被栗色刺毛,鞘口于箨片两边各有数条直而坚硬先端略弯曲的刚毛状繸毛,箨片狭长三角形,直立。小枝顶端具 2 ~ 4 叶,叶鞘口两边具几根直而先端扭曲的繸毛,叶片厚而坚韧,长披针形,次脉 7 ~ 9 对。笋期 3 月至 5 月下旬。

原产地:江西、福建、湖南、广东、广西。

本地分布:博览园动物馆北门东侧,南校区百竹园。

习性:喜疏阴与温暖环境,宜湿润、肥沃及疏松的土壤,适应性较强,冬季可耐 −15℃。

14.3.2 矢竹

学名：*Pseudosasa japonica*

别名：日本箭竹

形态特征：常绿灌木状竹类，竿高 2 ~ 5 m，粗 0.5 ~ 1.5 cm，节间长 15 ~ 30 cm，绿色，无毛，每节通常具 1 分枝，枝先贴竿然后展开。箨鞘宿存，背面常密生向下的刺毛，全缘，箨耳小或不明显，具少数条短刺毛，箨舌圆拱形，箨片线状披针形，无毛，全缘。小枝具 5 ~ 9 叶，叶鞘在近枝顶部的无毛，枝下部的具密毛，叶片狭长披针形。笋期 6 月。

原产地：日本；朝鲜半岛。

本地分布：博览园动物馆北门西侧，南校区百竹园。

习性：喜疏阴与温暖环境，宜湿润、肥沃的土壤，适应性较强，冬季可耐 −15℃。

15.1 领春木属 *Euptelea*

15.1.1 领春木

学名: *Euptelea pleiosperma*

别名: 少子云叶

形态特征: 落叶灌木或小乔木,树皮紫黑色或棕灰色,具横向椭圆形皮孔。叶纸质,卵形或近圆形,长 5 ~ 14 cm,宽 3 ~ 9 cm,先端有 1 突生尾尖,基部楔形或宽楔形,叶柄长 2 ~ 5 cm。花丛生,无花瓣,雄蕊 6 ~ 14,长 8 ~ 15 mm,花药红色,比花丝长,心皮 6 ~ 12,子房歪形,长 2 ~ 4 mm。翅果长 5 ~ 10 mm,宽 3 ~ 5 mm,常呈粉红色,子房柄长 7 ~ 10 mm,果梗长 8 ~ 10 mm。种子 1 ~ 3 个,卵形,黑色。先叶开花,花期 3—4 月,果期 7—8 月。

原产地: 我国安徽、甘肃、贵州、河北、河南、湖北、湖南、江西、陕西、山西、四川、西藏、云南、浙江;不丹、印度。

本地分布: 博览园农史馆西侧。

习性: 喜半阴,宜温凉、湿润气候与疏松肥厚、富腐殖质中性或微酸性土壤,稍耐旱,畏积水,耐寒。

16.1 猫儿屎属 *Decaisnea*

16.1.1 猫儿屎

学名:*Decaisnea insignis*

别名:猫屎瓜

形态特征:落叶灌木,枝粗而脆,易断,有粗大的髓部。羽状复叶长 50 ~ 80 cm,有小叶 13 ~ 25 片,小叶膜质,卵形至卵状长圆形,长 6 ~ 14 cm,宽 3 ~ 7 cm,先端渐尖或尾状渐尖,基部圆或阔楔形。总状花序或圆锥花序腋生,雌雄异株,花被片卵状披针形至狭披针形,先端长渐尖。果圆柱形,成熟后蓝色,长 5 ~ 10 cm,直径约 2 cm。种子倒卵形,黑色,种子外面一层瓤可食。花期 4—6 月,果期 7—8 月。

原产地:我国安徽、甘肃、广西、贵州、湖北、湖南、江西、陕西、四川、西藏、云南、浙江;不丹、印度、缅甸、尼泊尔。

本地分布:博览园农史馆西南侧。

习性:适生半阴湿环境,喜深厚、疏松、湿润又透水土壤,不耐干瘠、荫蔽。较耐寒。

16.2 木通属 *Akebia*

16.2.1 三叶木通

学名:*Akebia trifoliata*

别名:八月炸

形态特征:落叶木质藤本,皮灰褐色。掌状复叶具 3 小叶,叶卵形,长 4.0 ~ 7.5 cm,先端通常钝或略凹入,具小凸尖,缘具波状齿。总状花序,基部有 1 ~ 2 朵雌花,以上约有 15 ~ 30 朵雄花,雄花萼片 3,淡紫色,雌花萼片 3,紫红色。肉质果长圆形,灰紫色。种子极多,扁卵形,种子外面的瓤可食,味美。花期 4 月,果期 8 月。

原产地:我国安徽、福建、甘肃、广东、贵州、河南、湖北、湖南、江苏、江西、陕西、山东、山西、四川、台湾、云南、浙江;日本。

本地分布:博览园西南角透视墙。

习性:喜光稍耐阴,适宜温暖湿润气候和疏松、透水土壤,不耐涝。较耐寒。

16.3 八月瓜属 *Holboellia*

16.3.1 牛姆瓜

学名: *Holboellia grandiflora*

别名: 大花牛姆瓜

形态特征: 常绿藤本,皮褐色,枝具线纹。掌状复叶具长柄,有小叶 5 ~ 7 片,革质,倒卵状长圆形,长 6 ~ 14 cm,中部以上最宽,先端渐尖或钝。雌雄同株,数朵组成伞房式总状花序,大部分花为雄花,绿白色,雌花萼片紫色,1 ~ 2 朵,生花序基部。果长圆形,常孪生。花期 4—5 月,果期 7—9 月。

原产地: 我国贵州、四川、云南;越南。

本地分布: 博览园蝴蝶园西侧。

习性: 喜光与温润气候,宜肥沃、疏松透水壤土,略耐干瘠、半阴环境。较耐寒。

17.1 风龙属 *Sinomenium*

17.1.1 风龙

学名:*Sinomenium acutum*

形态特征:落叶木质藤本,老茎灰色,树皮有不规则纵裂纹。叶革质至纸质,心状圆形至阔卵形,边全缘、有角至5~9裂,叶形变异极大,掌状脉5条,叶柄长5~15 cm。雌雄异株,圆锥花序,雄花小苞片2,紧贴花萼,花瓣稍肉质,雄蕊长1.6~2.0 mm;雌花退化雄蕊丝状,心皮无毛。核果红色至暗紫色。花期夏季,果期秋末。

原产地:安徽、广东、广西、贵州、河南、湖北、江西、陕西、四川、云南、浙江;日本。

本地分布:博览园农史馆西侧。

习性:喜疏阴,适宜温暖、湿润气候和疏松土壤,忌干瘠,较耐寒。

17.2 木防己属 *Cocculus*

17.2.1 木防己

学名:*Cocculus orbiculatus*

别名:青藤

形态特征:落叶木质藤本,小枝密被柔毛,老枝近无毛。叶形变异极大,线状披针形至心形,有时3裂。聚伞花序少花,腋生,或排成多花,狭窄聚伞圆锥花序,顶生或腋生,雄花萼片6,花瓣6,顶端2裂,裂片叉开,雄蕊6,雌花心皮6。核果近球形,红色至紫红色,果核骨质,背部有小横肋状雕纹。花期6月,果期9月。

原产地:我国秦岭及以南各省,亚洲其他国家也有分布。

本地分布:博览园农史馆西北角。

习性:喜光,适宜温暖湿润气候和疏松沙壤,畏积水,耐寒。

18.1 南天竹属 *Nandina*

18.1.1 南天竹

学名：*Nandina domestica*

形态特征：常绿灌木，常丛生而少分枝，光滑无毛。叶互生，集生于茎的上部，三回羽状复叶，长30 ~ 50 cm，小叶薄革质，椭圆形或椭圆状披针形，长2 ~ 10 cm，宽0.5 ~ 2.0 cm，顶端渐尖，基部楔形，全缘，冬季变红色。圆锥花序直立，长20 ~ 35 cm，花小，白色，具芳香，萼片多轮，长1 ~ 2 mm。花瓣长圆形，长约4.2 mm，雄蕊6。浆果球形，直径5 ~ 8 mm，熟时鲜红色。种子扁圆形。花期5—6月，果期5—11月。

原产地：我国安徽、福建、广东、广西、贵州、河南、湖北、湖南、江苏、江西、山东、山西、四川、云南、浙江；印度、日本。

本地分布：博览园后稷像附近，北校区喷泉广场，南校区绣山活动中心、小西湖等地。

习性：喜半阴畏暴晒，适宜温润气候和富腐殖质、透水钙质土，不耐干瘠。较耐寒。

18.2 小檗属 *Berberis*

18.2.1 短柄小檗

学名：*Berberis brachypoda*

形态特征：落叶灌木，老枝黄灰色，幼枝具条棱，茎刺三分叉，长1 ~ 3 cm。叶厚纸质，长3 ~ 8 cm，宽1.5 ~ 3.5 cm，先端急尖或钝，基部楔形，上面暗绿色，有折皱，背面脉上密被长柔毛，叶缘每边具20 ~ 40刺齿，叶柄长3 ~ 10 mm，被柔毛。穗状总状花序下垂，长5 ~ 12 cm，通常密生20 ~ 50朵花，花序梗长1.5 ~ 4.0 cm。花黄色，花萼三轮。浆果长圆形，长6 ~ 9 mm，直径约5 mm，鲜红色，顶端具明显宿存花柱。花期5—6月，果期7—9月。

原产地：我国甘肃、河南、湖北、青海、陕西、山西、四川。

本地分布：南校区灌木园。

习性：喜光稍耐阴，较耐干旱瘠薄，耐寒。

18.2.2 首阳小檗

学名: *Berberis dielsiana*

形态特征: 落叶灌木,老枝灰褐色,具棱槽,茎刺单一或3分叉,较粗壮。叶薄纸质,椭圆形或椭圆状披针形,侧脉不显,叶缘平展,每边具8~20刺齿,幼枝叶全缘;叶柄长约1 cm。总状花序具6~20朵花,长5~6 cm,花梗长3~5 mm,花黄色,萼片2轮,花瓣椭圆形,先端缺裂,基部具2枚分离腺体。浆果长圆形,红色,不被白粉。花期3—4月,果期8—9月。

原产地: 我国陕西、河南、河北、甘肃、山西、山东、湖北。

本地分布: 南校区灌木园中部。

习性: 喜光,适应温暖湿润气候,稍耐干瘠土壤,耐寒。

18.2.3 细叶小檗

学名: *Berberis poiretii*

形态特征: 落叶灌木,树高约1 m,老枝暗灰色或紫红色,近圆柱形或稍具棱槽,幼枝常紫褐色,光滑无毛,茎刺单一,有时3分叉,长1~2 cm。叶纸质,倒披针形,长1~4 cm,宽4~8 mm,先端急尖,基部渐狭,两面无毛,侧脉和网脉显著,叶缘平展,每边具2~15刺齿或全缘。穗状总状花序具15~25朵花,长3~5 cm,花黄色,花萼2轮。浆果长圆形,长5~6 mm,直径3~4 mm,红色,顶端无宿存花柱。花期4月,果期7月。

原产地: 我国甘肃、青海、陕西、山西。

本地分布: 南校区灌木园。

习性: 喜光,耐旱,耐贫瘠土壤,不耐水湿。耐寒。

18.2.4 少齿小檗

学名:*Berberis potaninii*

形态特征:常绿灌木,老枝光滑无毛,暗紫红色或暗灰色,幼枝有时灰黄色,具条棱,茎刺3分叉,粗壮,长2~6 cm。叶革质,长2~4 cm,宽3~18 mm,先端急尖,具硬尖头,基部渐狭或楔形,叶缘每边中部以上具1~4刺锯齿,但枝顶叶常全缘。总状花序具4~12朵花,长2~4 cm,花梗长5~15 mm,无毛,花黄色,萼片2轮,花瓣倒卵形。浆果长圆形,长7~8 mm,直径5~6 mm,红色,顶端具明显宿存花柱,不被白粉。花期4—5月,果期8—10月。

原产地:我国甘肃、陕西、四川。

本地分布:南校区灌木园。

习性:喜光,适宜温暖湿润气候,稍耐干瘠土壤,耐寒。

18.2.5 假豪猪刺

学名:*Berberis soulieana*

形态特征:常绿灌木,老枝圆柱形,暗灰色,幼枝灰黄色;茎刺粗状,3分叉,长1.0~2.5 cm。叶革质,坚硬,狭长圆形,长3.5~10.0 cm,宽1.0~2.5 cm,先端急尖,具1硬刺尖,基部楔形,叶缘每边具5~18刺齿。花7~20朵簇生,花梗长5~11 mm,花黄色,浆果倒卵状长圆形,长7~8 mm,直径约5 mm,熟时红色,顶端具明显宿存花柱,被白粉。花期3—4月,果期6—9月。

原产地:我国甘肃、湖北、陕西、四川。

本地分布:博览园蝴蝶园内。

习性:喜光,稍耐阴,对土壤要求不严,较耐旱,生长强健,耐寒。

18.2.6 紫叶小檗

学名: *Berberis thunbergii* 'Atropurpurea'

形态特征: 落叶小灌木,高约 2 m,幼枝紫红色,节部有针刺。叶匙形,长 0.5 ~ 2.0 cm,深紫色或红色,全缘,在短枝上簇生。花 2 ~ 5 朵组成具总梗的伞形花序,或近簇生的伞形花序或无总梗而呈簇生状,花小,黄色,花萼 2 轮,外轮萼片带红色。浆果椭圆形,鲜红色。花期 4 月,果期 9—10 月。

原产地: 日本。

本地分布: 博览园后稷广场,北校区西区食堂附近,南校区小西湖等地。

习性: 喜光亦稍耐阴,好温暖湿润环境,适宜肥沃、透水沙壤,耐干瘠,忌涝,耐寒,萌芽力强,耐修剪。

18.2.7 秦岭小檗

学名: Berberis circumserrata

形态特征: 落叶灌木,老枝具条棱,茎刺 3 分叉,长 1.5 ~ 3.0 cm。叶倒卵状形,长 1.5 ~ 3.5 cm,宽 5 ~ 25 mm,先端圆形,边缘密生 15 ~ 40 整齐刺齿,背面灰白色,网脉明显。花大,黄色,1 ~ 5 朵簇生;花梗长 1.5 ~ 3.0 cm,无毛;萼片 2 轮,长 7 ~ 10 mm;花瓣倒卵形,长 7.0 ~ 7.5 mm,先端 2 裂或全缘,基部具 2 枚分离腺体;胚珠通常 6 ~ 7 枚。浆果椭圆形或长圆形,红色,具宿存花柱。花期 5 月,果期 7—9 月。

原产地: 我国湖北、陕西、河南、甘肃、青海。

本地分布: 博览园植物馆东南侧。

习性: 喜光,常生于干旱阳坡,忌积水,耐寒。

18.3 十大功劳属 *Mahonia*

18.3.1 阔叶十大功劳

学名：*Mahonia bealei*

形态特征：常绿灌木至小乔木，树皮条状深裂。奇数羽状复叶，长 27～51 cm，宽 10～20 cm，小叶 4～10 对，厚革质，自叶下部往上小叶渐次变长而狭，边缘每边具 2～6 粗锯齿，先端具硬尖，顶生小叶较大。总状花序直立，通常 3～9 个簇生，长 5～15 cm，花黄色，萼片 3 轮。浆果卵形，长约 1.5 cm，直径约 1.0～1.2 cm，成熟时深蓝色，被白粉。花期 9 月至翌年 2 月，果期 3—5 月。

原产地：我国安徽、福建、广东、广西、河南、湖北、湖南、江苏、江西、陕西、四川、浙江。

本地分布：博览园大门内北侧、北校区 8 号教学楼两侧，南校区灌木园。

习性：喜半阴与温润气候，好肥沃、疏松透水偏酸性土壤，忌积水。不耐干瘠，稍耐寒。

18.3.2 十大功劳

学名：*Mahonia fortunei*

别名：狭叶十大功劳

形态特征：常绿灌木。奇数羽状复叶，小叶 2～5 对，最下一对小叶外形与往上小叶相似，狭披针形至狭椭圆形，长 4.5～14.0 cm，宽 0.9～2.5 cm，基部楔形，边缘每边具 5～10 刺齿。总状花序 4～10 个簇生，长 3～7 cm，花黄色萼片 3 轮，花瓣长圆形，长 3.5～4.0 mm，雄蕊长 2.0～2.5 mm，子房长 1.1～2.0 mm，无花柱。浆果球形，直径 4～6 mm，紫黑色，被白粉。花期 9—10 月，果期 12 月。

原产地：我国广西、贵州、湖北、湖南、江西、重庆、四川、台湾、浙江。

本地分布：博览园蝴蝶园内，南校区灌木园，北校区 8 号教学楼两侧。

习性：喜阴湿环境与温暖气候，宜肥沃、疏松透水土壤，萌蘖力强。略耐寒。

19.1 铁线莲属 *Clematis*

19.1.1 短尾铁线莲

学名：*Clematis brevicaudata*

形态特征：落叶灌木状藤本，枝有棱。一至二回羽状复叶或二回三出复叶，有 5 ~ 15 小叶，小叶片长卵形至披针形，长 1.5 ~ 6.0 cm，宽 0.7 ~ 3.5 cm，边缘疏生粗锯齿或有时 3 裂。圆锥状聚伞花序腋生或顶生，常比叶短，花直径 1.5 ~ 2.0 cm，萼片 4，开展，白色，狭倒卵形，雄蕊无毛，花药长 2.0 ~ 2.5 mm。瘦果卵形，长约 3 mm，密生柔毛，宿存花柱长 1.5 ~ 2.0 cm。花期 7—8 月，果期 9—10 月。

原产地：我国西藏、云南、四川、甘肃、青海、宁夏、陕西、河南、湖南、浙江、江苏、山西、河北、内蒙古；蒙古、俄罗斯、日本；朝鲜半岛。

本地分布：博览园中药园东北部。

习性：喜光，宜温润气候，对土壤要求不甚严，较耐干瘠，耐寒。

19.1.2 陕西铁线莲

学名：*Clematis shensiensis*

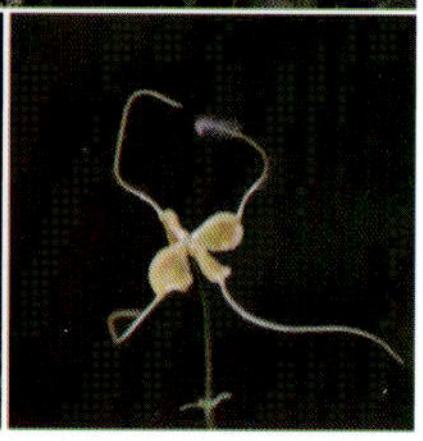

形态特征：落叶灌木状藤本，茎枝圆柱形，有纵条纹和短柔毛。一回羽复叶，小叶通常 5 片，卵形或宽卵形，长 2.5 ~ 7.0 cm，宽 1.5 ~ 5.5 cm，顶端锐尖、短渐尖或钝，基部浅心形或圆形，全缘。聚伞花序腋生或顶生，3 ~ 9 花或花单生，常稍比叶短，花直径 2 ~ 3 cm，萼片 4，开展，白色，雄蕊无毛。瘦果卵形，扁，长 5 ~ 8 mm，宽 3 ~ 5 mm，宿存花柱长达 4 cm，有金黄色长柔毛。花期 5 月至 6 月，果期 8 月至 9 月。

原产地：我国甘肃、河南、湖北、陕西、山西、四川。

本地分布：博览园农史馆西北角。

习性：喜光，宜温润气候，对土壤要求不甚严，较耐干瘠，耐寒。

20.1 泡花树属 *Meliosma*

20.1.1 泡花树

学名: *Meliosma cuneifolia*

别名: 降龙木

形态特征: 落叶灌木或乔木，小枝暗黑色，无毛。单叶互生，倒卵状楔形，长 8 ~ 12 cm，宽 2.5 ~ 4.0 cm，先端短渐尖，叶缘除基部外具侧脉伸出的锐尖齿，侧脉近平行。圆锥花序顶生，花梗短，萼片5，极小，花瓣5，其中两枚极小，白色，药室2，球形或椭圆形，横裂。核果扁球形，黑色。花期6月，果期9—11月。

原产地: 我国安徽、甘肃、贵州、河南、湖北、湖南、陕西、山西、四川、西藏、云南。

本地分布: 博览园蝴蝶园西侧、动物馆东侧。

习性: 喜疏阴与温暖湿润气候，适宜肥沃、湿润而排水良好的沙质壤土，畏积水、黏重土。较耐寒。

21.1 悬铃木属 *Platanus*

21.1.1 一球悬铃木

学名:*Platanus occidentalis*

别名:美国梧桐

形态特征:落叶高大乔木,树皮有浅沟,呈小块状开裂,常裂而不落。叶通常3浅裂,稀为5浅裂,宽10~22 cm,中央裂片长度远小于宽度。花通常4~6数,单性,聚成圆球形头状花序,花4~6数。头状果序圆球形,单生,稀为2个,直径约3 cm,小坚果先端钝,基部的绒毛长为坚果之半,不突出头状果序外。花期4—5月,果期10—11月。

原产地:北美洲。

本地分布:北校区信息工程学院楼西侧及少数行道树。

习性:喜光和温润气候,不拘土壤,耐干瘠、水湿;耐寒;耐烟尘;根系发达,速生。

21.1.2 二球悬铃木

学名:*Platanus* × *acerifolia*

别名:英国梧桐

形态特征:落叶高大乔木,皮灰白绿色,光滑,大片块状剥落。叶阔卵形,上下两面嫩时被灰黄色毛,掌状5裂,有时7裂或3裂,中央裂片长与宽近等长。花单性同株,花常4数,聚为头状,雄花萼片被毛。头状果序常2个串生下垂,宿存花柱刺状。花期4—5月,果期10—11月。

原产地:英国。

本地分布:博览园大门内南侧,南校区小东门内行道树,北校区南大门内两侧行道树。

习性:喜光和温润气候,不拘土壤,耐干瘠、水湿;耐寒;耐烟尘;根系发达,速生,寿命长,移栽易活。

21.1.3 三球悬铃木

学名：*Platanus orientalis*

别名：法国梧桐

形态特征：落叶高大乔木，树高达 30 m，树皮光滑。叶宽 9 ~ 18 cm，长 8 ~ 16 cm，掌状 5 ~ 7 裂，中央裂片深裂过半。雌雄异花同株，花 4 数，雄性球状花序无柄，萼片短小，雄蕊远比花瓣为长，花丝极短，花药伸长，雌性球状花序常有柄，萼片被毛，花瓣倒披针形，心皮 4 个，花柱伸长。果枝长 10 ~ 15 cm，有圆球形头状果序 3 个以上，头状果序直径 2.0 ~ 2.5 cm，宿存花柱突出呈刺状，突出头状果序外。花期 4—5 月，果期 10—11 月。

原产地：欧洲东南部，亚洲西部。

本地分布：北校区东区宿舍楼间。

习性：喜光与温暖湿润气候，对土壤要求不严，抗逆性强，生长快，寿命长，耐寒。

22.1 水青树属 *Tetracentron*

22.1.1 水青树 国家二级保护植物

学名: *Tetracentron sinense*

形态特征: 落叶乔木,全株无毛,有长枝和短枝。冬芽细尖。叶纸质,卵形,长 7 ~ 15 cm,宽 4 ~ 11 cm,顶端渐尖,基部心形,掌状脉 5 ~ 7 条,叶缘密生整齐而钝圆腺齿。穗状花序生于短枝顶端(似生于叶腋),花两性,黄绿色,无柄无花瓣,雄蕊与柱头各 4。蓇果长椭圆形,棕色。花期 6—7 月,果期 8—9 月。

原产地: 我国甘肃、贵州、河南、湖北、湖南、陕西、四川、西藏、云南;不丹、印度、缅甸、尼泊尔、越南。

本地分布: 博览园动物馆西北角。

习性: 喜半阴凉、暖湿气候,适宜深厚、湿润、疏松透水的酸性或中性土,不耐干燥、干旱、黏重土和积水,较耐寒。

23.1 板凳果属 *Pachysandra*

23.1.1 顶花板凳果

学名：*Pachysandra terminalis*

别名：顶花三角咪

形态特征：常绿亚灌木，茎稍粗壮，下部根茎状。叶在茎上每间隔 2～4 cm，有 4～6 叶接近着生，似簇生状，叶片长 2.5～5.0 cm，宽 1.5～3.0 cm，菱状倒卵形，上部边缘有齿牙，基部楔形，渐狭成长 1～3 cm 的叶柄。穗状花序顶生，直立，无花瓣，萼白绿色，雄花在上部，雌花 1～3，生花序轴基部，花柱 3 个，受粉后伸出花外甚长，上端旋曲，果实形如板凳。果卵形，花柱宿存，粗而反曲。花期 3—5 月。

原产地：我国甘肃、陕西、四川、湖北、浙江。

本地分布：博览园动物馆东侧。

习性：喜林下阴湿地与肥沃土壤，忌干旱、暴晒。耐寒。

23.2 黄杨属 *Buxus*

23.2.1 雀舌黄杨

学名：*Buxus bodinieri*

别名：细叶黄杨

形态特征：常绿灌木，小枝四棱形。叶匙形或倒卵状披针形，长 2～4 cm，宽 8～18 mm，先端圆或钝，基部狭长楔形，有时急尖，叶面绿色，中脉两面凸出。花序腋生，头状，长 5～6 mm，花密集；雄花约 10 朵，雄蕊连花药长 6 mm，不育雌蕊有柱状柄，末端膨大，雌花受粉期间，子房长 2 mm，无毛，柱头倒心形。蒴果卵形，长 5 mm，宿存花柱直立。花期 3 月，果期 5—8 月。

原产地：我国甘肃、广东、广西、贵州、河南、湖北、江西、陕西、四川、云南、浙江。

本地分布：博览园昆虫馆东侧、水保所盘道西侧。

习性：喜温暖湿润的半阴环境与富腐殖质的透水沙壤土，亦耐强光，耐旱忌涝。稍耐寒。

23.2.2 黄杨

学名:*Buxus sinica*

别名:瓜子黄杨、豆瓣黄杨

形态特征:常绿灌木,分枝密,小枝具四棱。单叶对生,革质,阔椭圆形,长 1.5 ~ 3.5 cm,宽 0.8 ~ 2.0 cm,先端圆或钝,常有小凹口,全缘,基部圆或急尖,叶背中脉平坦或稍凸出。花序腋生,花密集;雄花约 10 朵,雄蕊连花药长 4 mm,不育雌蕊有棒状柄,末端膨大,雌花子房较花柱稍长,无毛,花柱粗扁。蒴果近球形,宿存花柱长 2 ~ 3 mm。花期 3 月,果期 5—6 月。

原产地:我国安徽、重庆、福建、甘肃、广东、广西、贵州、湖北、湖南、江苏、江西、陕西、山东、四川、台湾、浙江。

本地分布:博览园昆虫馆东侧、后稷广场,北校区动医学院西侧,南校区 0 号楼南侧等地。

习性:喜疏阴、湿润环境和温暖气候,宜肥沃、中性或微酸性沙壤土,耐旱忌涝,抗烟尘,根浅,生长特慢,耐修剪。

24.1 芍药属 *Paeonia*

24.1.1 牡丹

学名: *Paeonia suffruticosa*

别名: 洛阳花

形态特征: 落叶灌木,分枝短而粗。叶常为二回三出复叶,小叶基部不下延,长 7 ~ 8 cm, 3 裂至中部。花单生枝顶,直径 10 ~ 17 cm,萼片 5,绿色,花玫瑰色、红紫色、粉红色至白色,品种极多,芳香。蓇葖长圆形,密生黄褐色硬毛。花期 4—5 月初,果期 8 月。

原产地: 我国陕西。

本地分布: 博览园人工湖西南角,北校区 3 号教学楼南侧,南校区牡丹园。

习性: 喜光稍耐阴忌暴晒,宜凉爽高燥气候和肥厚、透水沙壤土,因其系深根性肉质根,故忌低湿与黏重土壤,耐寒。寿命可达数百年。

25.1 枫香树属 *Liquidambar*

25.1.1 枫香树

学名:*Liquidambar formosana*

形态特征:落叶乔木,干通直。叶互生,薄革质,阔卵形,掌状 3 裂,中央裂片较长,先端尾状渐尖,掌状脉 3 ~ 5 条,缘有细锯齿,秋叶红艳。花单性同株,雄性花序多个排成总状,雌性头状花序单生,有花 24 ~ 43 朵,花柱长先端卷曲。头状果序圆球形,木质,蒴果下半部藏于花序轴内,有宿存花柱及针刺状萼齿。种子多角形或有窄翅。花期 4 月,果期 10 月。

原产地:我国安徽、福建、广东、贵州、海南、湖北、江苏、江西、四川、台湾、浙江;老挝、越南;朝鲜半岛。

本地分布:博览园动物馆东南侧。

习性:喜阳与温润气候和肥厚、疏松透水红、黄壤,耐干瘠、火烧,抗风,忌碱性黏土及积水;较耐寒。系江南主要的红叶树种。

25.1.2 北美枫香

学名:*Liquidambar styraciflua*

形态特征:落叶乔木,干通直,小枝常有木栓质翅。叶互生,薄革质,基部浅心形,掌状 5 裂,裂片窄三角形,边缘有细锯齿,叶柄长于叶面,叶背脉腋有白簇毛。花单性同株,无花瓣,头状花序,雄性花序多个排成总状,雌性头状花序单生。蒴果圆球形,木质,花柱宿存,硬化。花期 4 月,果期 10 月。

原产地:北美洲。

本地分布:杨凌树木园。

习性:阳性树种,喜温暖湿润气候和潮湿、酸性或微酸性土壤,耐水湿,稍耐旱,较耐寒。

26.1 檵木属 *Loropetalum*

26.1.1 红花檵木

学名: *Loropetalum chinense* var. *rubrum*

形态特征: 常绿小灌木,嫩枝及花萼被星状毛。叶通常紫红色,椭圆形,变异较大,先端渐尖或钝,基部不对称,上面略有粗毛,下面被星毛。花 3～8 朵簇生,有短花梗,玫瑰红色,花瓣 4 片,带状,雄蕊 4 个,花丝极短,退化雄蕊 4 个,鳞片状,子房被星毛。蒴果卵圆形,被褐色星状绒毛。种子圆卵形,黑色,发亮。花期 3 月末至 4 月及其后断续开放,果期 9 月。下面叶片图中绿叶为原变种檵木(var.*chinense*)的叶片。

原产地: 我国广西、湖南。

本地分布: 博览园人工湖东南角、南校区灌木园、文化生态园等地。

习性: 喜温暖向阳环境,稍耐半阴,宜疏松肥沃、湿润微酸性土壤,耐干旱瘠薄,畏积水及黏重碱性土。陕西关中可越冬。

26.2 山白树属 *Sinowilsonia*

26.2.1 山白树　国家二级保护植物

学名: *Sinowilsonia henryi*

形态特征: 落叶乔木,芽裸露,嫩枝有灰黄色星状绒毛嫩枝有灰黄色星状绒毛。叶倒卵形,长 10～18 cm,宽 6～10 cm,先端急尖,基部圆形,边缘密生小齿突。雄花总状花序无正常叶片,萼筒极短,花丝极短,雌花穗状花序长 6～8 cm,基部有 1～2 片叶子,花序柄与花序轴均有星状绒毛,花柱突出萼筒外。果序长 10～20 cm,蒴果无柄,卵圆形,被灰黄色长丝毛,萼宿存。种子黑色,有光泽,种脐灰白色。花期 3—4 月,果期 9—10 月。

原产地: 我国甘肃、河南、湖北、陕西、山西、四川。

本地分布: 博览园蝴蝶园东门南侧、南校区东大门里两侧树林中。

习性: 喜略阴湿的环境和肥厚、湿润中性至微酸性土壤,根系较发达,不耐水涝,耐寒。

26.3 蚊母树属 *Distylium*

26.3.1 蚊母树

学名：*Distylium racemosum*

形态特征：常绿小乔木，树高达16 m，芽裸露无鳞状苞片。叶椭圆形，长3 ~ 7 cm，宽1.5 ~ 3.5 cm，基部阔楔形，上面发亮，网脉在上下两面均不明显，边缘无锯齿。总状花序长约2 cm，花雌雄同在一个花序上，雌花位于花序的顶端，无花瓣，雄蕊5 ~ 6个，花药红色，花柱长6 ~ 7 mm。蒴果卵圆形，先端尖，外面有褐色星状绒毛，上半部两片裂开。种子卵圆形，发亮，种脐白色。花期4月，果期9月。

原产地：我国福建、海南、台湾、浙江；日本；朝鲜半岛。

本地分布：博览园人工湖观水平台北侧、南校区文化生态园、灌木园等地。

习性：喜阳与暖湿气候，稍耐阴，对土壤要求不严，怕涝，耐寒。

27.1 连香树属 *Cercidiphyllum*

27.1.1 连香树 国家二级保护植物

学名: *Cercidiphyllum japonicum*

别名: 五君树

形态特征: 落叶大乔木,短枝在长枝上对生。叶近圆形,长 4 ~ 7 cm,宽 3.5 ~ 6.0 cm,先端圆钝或急尖,基部心形或截形,边缘有圆钝锯齿,掌状脉 7 条直达边缘。雄花常 4 朵丛生,近无梗,无花瓣,花丝细长,雌花 2 ~ 6 朵,丛生。蓇葖果 2 ~ 4 个,荚果状,先端渐细,有宿存花柱。种子数个,扁平四角形。花期 3 月下旬至 4 月初,果期 8 月。

原产地: 我国安徽、甘肃、贵州、河南、湖北、湖南、江西、陕西、山西、四川、云南、浙江;日本。

本地分布: 博览园动物馆东北角、昆虫馆西侧。

习性: 喜光也颇耐阴,适生于温凉湿润气候和肥厚、湿润、疏松酸性至中性土壤,不耐干瘠与积水,较耐寒。

28.1 茶藨子属 *Ribes*

28.1.1 冰川茶藨子

学名: *Ribes glaciale*

形态特征: 落叶灌木,小枝深褐灰色或棕灰色,皮长条状剥落,嫩枝红褐色,无刺。叶长 3 ~ 5 cm,宽 2 ~ 4 cm,基部圆形或近截形,掌状 3 ~ 5 裂,顶生裂片比侧生裂片长 2 ~ 3 倍。花单性异株,直立总状花序;雄花序长 2 ~ 5 cm,花 10 ~ 30 朵;雌花序短,长 1 ~ 3 cm,花 4 ~ 10 朵。果实近球形或倒卵状球形,直径 5 ~ 7 mm,红色,无毛。花期 3 月,果期 7—9 月。

原产地: 我国甘肃、河南、湖北、陕西、四川、西藏、云南;不丹、印度、巴基斯坦、缅甸、尼泊尔。

本地分布: 博览园蝴蝶园西侧。

习性: 喜阴凉的环境,耐旱,耐寒、不耐热。

28.1.2 尖叶茶藨子

学名: *Ribes maximowiczianum*

别名: 北方茶藨

形态特征: 落叶小灌木,枝细瘦,皮纵向剥裂,无刺。叶宽卵圆形或近圆形,基部宽楔形至圆形,掌状 3 裂,顶生裂片近菱形,长于侧生裂片。花单性异株,组成短总状花序,雄花序长约 2 ~ 4 cm,具花 10 余朵,雌花序较短,具花 10 朵以下,花萼黄褐色,外面无毛,花瓣极小。果实近球形,红色,无毛。花期 3 月,果期 8—9 月。

原产地: 我国黑龙江、吉林、辽宁、宁夏;日本;远东地区、朝鲜半岛。

本地分布: 博览园动物馆南侧。

习性: 喜阴凉的环境,对土壤不拘,耐寒,不耐热。

28.1.3 糖茶藨子

学名: *Ribes himalense*

形态特征:落叶小灌木,小枝黑紫色或暗紫色,皮长条状或长片状剥落。叶长5~10cm,宽6~11cm,基部心脏形,掌状3~5裂,顶生裂片比侧生裂片稍长大,边缘具粗锐重锯齿;叶柄红色。总状花序花两性,下垂,长5~10 cm,具花8~20余朵,花瓣直立,红色或绿色带浅紫红色;雄蕊几与花瓣等长。果实球形,直径6~7 mm,红色或熟后转变成紫黑色。花期4—6月,果期7—8月。

原产地:我国湖北、四川、云南、西藏;尼泊尔、印度、不丹等地。

本地分布:博览园农史馆北侧。

习性:喜阴凉的环境,耐寒、耐旱,不耐热。

29.1 地锦属 *Parthenocissus*

29.1.1 五叶地锦

学名:*Parthenocissus quinquefolia*

别名:美国地锦、五叶爬山虎

形态特征:落叶藤本,小枝圆柱形。卷须总状5~9分枝,顶端嫩时尖细卷曲,后遇附着物扩大成吸盘。叶为掌状复叶,具5小叶,小叶倒卵状椭圆形,长5.5~15.0 cm,宽3~9 cm,顶端短尾尖,基部楔形或阔楔形,边缘有粗锯齿。圆锥状多歧聚伞花序,花序梗无毛,花瓣5,黄绿色,反折,雄蕊5,花盘不明显。果实球形。花期6月,果期8—10月。

原产地:北美洲。

本地分布:博览园昆虫馆生态厅、蝴蝶园、游客中心前的假山石上。

习性:喜温暖与阴湿环境,对气候与土壤适应性强,不拘酸、碱性土,耐旱,耐寒。

29.1.2 地锦

学名:*Parthenocissus tricuspidata*

别名:爬山虎

形态特征:落叶藤本,小枝圆柱形。卷须5~9分枝,卷须顶端嫩时膨大呈圆珠形,后遇附着物扩大成吸盘。叶为单叶,着生在短枝上为3浅裂,偶尔有3全裂者,着生在长枝上的叶片小,且不裂,基出脉5,中央脉有侧脉3~5对。多歧聚伞花序,主轴不明显,花瓣5,绿色,舟形,雄蕊5,花柱明显。果实球形。花期5—8月,果期9—10月。

原产地:我国除海南省以外各地,亚欧非温带地区。

本地分布:博览园昆虫馆生态厅,北校区葡萄酒学院老楼,南校区绣山活动中心东侧等地。

习性:喜疏阴,适宜温暖气候和湿润、肥沃疏松土壤,不拘酸、碱性土,耐旱,耐寒。

29.2 葡萄属 *Vitis*

29.2.1 葛藟葡萄

学名: *Vitis flexuosa*

形态特征: 落叶藤本,小枝圆柱形,有纵棱纹。卷须2叉分枝,每隔2节间断与叶对生。叶卵形,长2.5 ~ 12.0 cm,宽2.3 ~ 10.0 cm,顶端急尖或渐尖,基部浅心形,边缘每侧有微不整齐5 ~ 12个锯齿,老叶两面无毛,基生脉5出,网脉不明显。圆锥花序疏散,与叶对生,基部分枝发达或细长而短,花瓣5,呈帽状黏合脱落,雄蕊5,花丝丝状,花盘发达,5裂;雌蕊1,在雄花中退化。果实球形,直径0.8 ~ 1.0 cm。花期4—5月,果期7—11月。

原产地: 我国秦岭以南各省;印度、日本、老挝、尼泊尔、菲律宾、泰国、越南。

本地分布: 博览园植物馆西侧葡萄园。

习性: 喜光,稍耐阴,适生于温暖湿润气候,对土壤适应性较强,耐寒。

29.2.2 葡萄

学名: *Vitis vinifera*

别名: 提子

形态特征: 落叶藤本,小枝圆柱形,有纵棱纹。卷须2叉分枝,每隔2节间断与叶对生。叶卵圆形,显著3 ~ 5浅裂或中裂,长7 ~ 18 cm,宽6 ~ 16 cm。圆锥花序密集或疏散,多花,花瓣绿色,帽状脱落。果实球形或椭圆形,直径1.5 ~ 2.0 cm,紫红色或绿色,味甜酸。种子倒卵椭圆形,顶短近圆形,基部有短喙。花期4—5月,果期8—9月。

原产地: 亚洲西南部、欧洲东南部。

本地分布: 博览园植物馆西侧葡萄园、农史馆北,北校区医务所东北侧等地。

习性: 喜光与夏季高温干燥环境及肥厚、潮湿又透水的微酸性或微碱性沙壤土,不耐涝、碱土和黏重土。陕西关中露地越冬一般无虞。

30.1 驼蹄瓣属 *Zygophyllum*

30.1.1 霸王

学名：*Zygophyllum xanthoxylon*

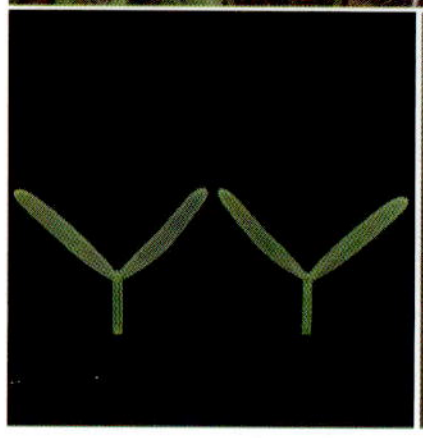

形态特征：落叶灌木，小枝弯曲开展，灰白色，顶端刺化。复叶由 2 小叶组成，狭矩圆形或条形，肉质，在幼枝上对生，老枝上簇生，长 0.2 ~ 2.0 cm。花单生老枝叶腋，黄白色，萼片、花瓣各 4，直立，雄蕊 8，伸出花瓣外，子房 3 室。蒴果近球形，具 3 宽翅。花期 4—5 月，果期 7—8 月。

原产地：我国甘肃、河北、内蒙古、宁夏、青海、新疆；蒙古。

本地分布：博览园东北角沙生植物区及陕西关中农村石器观摩区南侧。

习性：喜光，适生干燥荒漠环境，甚耐干旱瘠薄，不耐潮湿、水渍和黏重土壤，耐寒。

31.1 紫荆属 *Cercis*

31.1.1 加拿大紫荆

学名:*Cercis canadensis*

形态特征:落叶小乔木,树皮网状开裂。叶厚纸质或近革质,心脏形,先端钝尖,幼叶黄绿色。短总状花序,着花数朵,花梗较长,花粉红色,先叶开放。荚果长圆形,绿色,长 7 ~ 9 cm。花期 3—4 月,果期 8—9 月。

原产地:美国、加拿大。

本地分布:博览园昆虫馆东侧。

习性:喜光与温暖、湿润气候,对土壤要求不甚严,耐旱、耐寒,萌芽力强。

31.1.2 紫荆

学名:*Cercis chinensis*

别名:满条红

形态特征:落叶灌木至小乔木,树皮和小枝灰白色。叶纸质,长 5 ~ 10 cm,宽与长相若或略短于长,先端急尖,基部心形,两面通常无毛。花紫红色或粉红色,2 ~ 10 余朵成束,簇生于老枝和主干上,极密集,越到上部幼嫩枝条则花越少。荚果扁狭长形,长 4 ~ 8 cm,宽 1.0 ~ 1.2 cm;种子 2 ~ 6 颗,阔长圆形,黑褐色,光亮。花期 3—4 月,果期 8—10 月。

原产地:我国安徽、福建、广东、广西、贵州、河北、河南、湖北、湖南、江苏、辽宁、陕西、山东、山西、四川、云南、浙江。

本地分布:博览园昆虫馆东侧、动物馆北侧,北校区绣山活动中心南侧,南校区文化生态园、西大门两侧等地。

习性:喜光稍耐阴,好温润气候与肥沃的疏松微酸性沙壤土,也适应一般土壤,较耐旱、耐热,忌水淹,耐寒。萌芽力强,耐修剪更新。

31.1.3 湖北紫荆

学名: *Cercis glabra*

别名: 云南紫荆、巨紫荆

形态特征: 落叶乔木，树皮和小枝灰黑色，光滑。叶较大，心脏形或三角状圆形，长 5 ~ 12 cm，宽 4.5 ~ 11.5 cm，先端钝或急尖，基部浅心形至深心形，幼叶常呈紫红色，长成后绿色。短总状花序，有花数至十余朵，花淡紫红色或粉红色，先于叶或与叶同时开放。荚果狭长圆形，常呈紫红色，长 9 ~ 14 cm，先端渐尖。花期 3—4 月，果期 9—11 月。

原产地: 我国安徽、广东、广西、贵州、河南、湖北、陕西、四川、云南、浙江。

本地分布: 博览园动物馆东侧，南校区紫荆路、乔木园、小西湖等地。

习性: 喜光与温暖、湿润气候，对土壤要求不甚严，耐旱，畏涝，耐寒。

31.2 皂荚属 *Gleditsia*

31.2.1 山皂荚

学名: *Gleditsia japonica*

形态特征: 落叶乔木或小乔木，小枝具分散的白色皮孔，光滑无毛，刺略扁，粗壮，分枝。叶为一回或二回羽状复叶；小叶 3 ~ 10 对，纸质至厚纸质，卵状长圆形或卵状披针形至长圆形，先端圆钝，有时微凹，基部阔楔形或圆形，微偏斜，全缘。花黄绿色，组成穗状花序，腋生或顶生，雄花序长 8 ~ 20 cm，雌花序长 5 ~ 16 cm。荚果带形，扁平，长 20 ~ 35 cm，不规则旋扭或弯曲作镰刀状。花期 4—6 月，果期 6—11 月。

原产地: 我国辽宁、河北、山东、河南、江苏、安徽、浙江、江西、湖南；日本；朝鲜半岛。

本地分布: 博览园东大门内南侧。

习性: 喜光较耐阴，对土壤要求不严，耐旱，耐寒。

31.2.2 皂荚

学名: *Gleditsia sinensis*

别名: 皂角

形态特征:落叶乔木,枝灰色至深褐色,刺粗壮,分枝。叶为一回偶数羽状复叶,长 10 ~ 18 cm,小叶 3 ~ 9 对,卵状披针形至长圆形,先端急尖或渐尖,顶端圆钝,基部稍歪斜,边缘具细锯齿。花杂性,黄白色,组成总状花序,花序腋生或顶生,萼片与花瓣各 4 枚。荚果带状,长 12 ~ 37 cm,宽 2 ~ 4 cm,肥厚平直,棕黑色。种子长圆形或椭圆形,棕色,光亮。花期 4—5 月,果期 10 月。

原产地:我国安徽、福建、甘肃、广东、广西、贵州、河北、河南、湖北、湖南、江苏、江西、陕西、山西、四川、云南、浙江。

本地分布:博览园东南角,北校区五台山东侧、北校区 8 号教学楼北侧,南校区乔木园、基建处南侧和农科大楼西侧等地。

习性:喜光稍耐阴,适宜温暖湿润气候,在石灰质及盐碱土壤中也能正常生长,抗旱,抗风,抗污染,抗寒。根深,寿命长。

31.2.3 '金叶'美国皂荚

学名: *Gleditsia triacanthos* 'Sunburst'

形态特征:落叶乔木或小乔木,无枝刺。叶为一回或二回羽状复叶,小叶 11 ~ 18 对,幼时金黄色,纸质,椭圆状披针形,先端急尖,基部微偏斜,边缘疏生波状锯齿。花黄绿色,雄花单生或数朵簇生组成总状花序,雌花组成较纤细的总状花序,花较少,花序常单生。荚果带形,扁平,长 30 ~ 50 cm,镰刀状弯曲或不规则旋扭,褐色。花期 5 月,果期 10—12 月。

原产地:美国。

本地分布:博览园东南角、农史馆西南,南校区灌木园。

习性:喜光稍耐阴,适宜温暖湿润气候和深厚肥沃、疏松透水土壤。耐寒,寿命长。

31.3 云实属 *Caesalpinia*

31.3.1 云实

学名: *Caesalpinia decapetala*

别名: 牛王刺

形态特征: 落叶木质藤本,树皮暗红色;枝、叶轴和花序均密被柔毛和钩刺。二回羽状复叶,长20~30 cm,羽片3~10对,小叶8~13对。总状花序顶生,直立,长15~30 cm,花梗在花萼下具关节,故花易脱落,花瓣黄色,盛开时反卷,子房无毛。荚果先端具尖喙,野生者种子6~9粒,本地栽培者种子只有一粒发育。花期4月中下旬至5月初,果期9月。

原产地: 我国秦岭以南各地;南亚各国。

本地分布: 博览园西南角,南校区科研楼东南角。

习性: 喜光耐半阴,宜温润气候和疏松、肥沃微酸性土壤,耐瘠薄。较耐寒。

31.4 合欢属 *Albizia*

31.4.1 合欢

学名: *Albizia julibrissin*

别名: 绒花树

形态特征: 落叶乔木,树冠开展,小枝有棱角。二回羽状复叶,羽片4~12对,小叶10~30对,线形至长圆形,长6~12 mm,宽1~4 mm,向上偏斜。头状花序于枝顶排成圆锥花序,花粉红色,花丝极长。荚果带状,长9~15 cm,宽1.5~2.5 cm,嫩荚有柔毛,老荚无毛。花期6—7月,果期9—10月。

原产地: 亚洲中部、东部、西南部。

本地分布: 博览园动物馆东侧,北校区3号教学楼西侧、五台山山脚下。

习性: 阳性树种,广适温带、亚热带、热带气候,喜湿润、肥沃、透水土壤,耐干瘠,忌水湿,耐寒。

31.4.2 山槐

学名：*Albizia kalkora*

别名：山合欢

形态特征：落叶小乔木，枝条暗褐色，有显著皮孔。二回羽状复叶，羽片 2 ~ 4 对，小叶 5 ~ 14 对，长圆形或长圆状卵形，先端圆钝而有细尖头，基部不等侧。头状花序 2 ~ 7 枚生于叶腋，或于枝顶排成圆锥花序，花白色，花丝极长，具明显的小花梗雄蕊长 2.5 ~ 3.5 cm。荚果带状，长 7 ~ 17 cm，宽 1.5 ~ 3.0 cm。花期 5—6 月，果期 8—10 月。

原产地：我国秦岭以南各地；印度、日本、缅甸、越南。

本地分布：博览园西北处，杨凌树木园。

习性：喜光，宜温暖气候与肥沃、湿润土壤，耐干瘠，稍耐寒。

31.5 槐属 *Styphnolobium*

31.5.1 槐

学名：*Styphnolobium japonicum*

别名：国槐

形态特征：落叶乔木，树皮具纵裂纹，当年生枝绿色。羽状复叶，叶柄基部膨大，包裹着芽，小叶 4 ~ 7 对，先端渐尖，基部宽楔形或近圆形，下面灰白色。圆锥花序顶生，花冠白色，或淡黄色，雄蕊近分离。荚果串珠状，长 2.5 ~ 5.0 cm，具肉质果皮，成熟后不开裂。花期 7—8 月，果期 10 月。槐树园艺品种较多，常见的有金枝槐、五叶槐 / 蝴蝶槐、龙爪槐。

原产地：中国、日本；朝鲜半岛。

本地分布：博览园昆虫馆东侧，北校区 3 号教学楼南侧、五台山环道行道树，南校区文欢生态园、乔木园、外专公寓南行道树等地。

习性：喜光，适应干冷气候和肥厚、疏松透水沙壤，在石灰性及轻盐碱土也生长正常，耐旱忌积水，耐寒，耐烟尘。

31.6 黄花木属 *Piptanthus*

31.6.1 黄花木

学名:*Piptanthus concolor*

形态特征:半常绿灌木,树皮暗褐色。掌状三出复叶,小叶两侧不等大,长 4 ~ 10 cm,宽 1.5 ~ 3.0 cm,先端渐尖或锐尖,基部楔形,叶柄长 1 ~ 3 cm。总状花序顶生,具花 3 ~ 7 轮,序轴在花期伸长,萼长 1.0 ~ 1.4 cm,密被长柔毛,花冠黄色,旗瓣中央具暗棕色斑纹,子房柄短,密被柔毛。荚果带状,长 7 ~ 12 cm。种子肾形,暗褐色。花期 3—4 月,果期 7—9 月。

原产地:我国甘肃、陕西、四川、西藏、云南;不丹、印度、巴基斯坦、尼泊尔。

本地分布:博览园五谷园路北侧。

习性:喜光,较耐阴,宜温暖湿润气候和疏松、肥沃土壤。较耐寒。

31.7 苦参属 *Sophora*

31.7.1 白刺花

学名:*Sophora davidii*

别名:狼牙刺

形态特征:落叶灌木,不育枝末端明显变成刺,有时分叉。羽状复叶,托叶钻状,部分变成长针刺宿存,小叶 5 ~ 9 对,形态多变,一般为椭圆状卵形或倒卵状长圆形,先端常具芒尖。总状花序着生于小枝顶端,花小,花萼钟状,蓝紫色,花冠白色。荚果串珠状,稍压扁,长 6 ~ 8 cm。种子卵球形,深褐色。花期 4—5 月,果期 6—10 月。

原产地:我国甘肃、广西、贵州、河北、河南、湖北、湖南、江苏、陕西、四川、西藏、云南、浙江。

本地分布:南校区灌木园。

习性:喜光不耐阴,适生于沙壤土,耐干瘠,耐寒。

31.7.2 砂生槐

学名: *Sophora moorcroftiana*

形态特征:小灌木,分枝多而密集,不育枝末端常变成健壮的刺,有时分叉。羽状复叶,托叶初时稍硬,后变成刺宿存,小叶 5 ~ 7 对,倒卵形,先端钝或微缺,常具芒尖,两面被丝质柔毛或绒毛。总状花序生于小枝顶端,花萼蓝色,花冠蓝紫色。荚果呈不明显串珠状,稍压扁,长约 6 cm,沿缝线开裂。种子淡黄褐色,椭圆状球形。花期 4—5 月,果期 7—8 月。

原产地:我国西藏。

本地分布:博览园陕西关中农村石器观摩区南侧。

习性:喜光与冷凉气候,耐干瘠耐寒不耐热,常生于风沙地或石砾滩地,忌黏重水湿地。

31.8 毒豆属 *Laburnum*

31.8.1 毒豆

学名: *Laburnum anagyroides*

别名:金链花

形态特征:落叶小乔木,枝条平展或下垂,老枝褐色,小枝绿色,光滑。三出复叶,具长柄,小叶椭圆形至长圆状椭圆形,长 3 ~ 8 cm,宽 1.5 ~ 3.0 cm,纸质,全缘,先端钝圆。总状花序顶生,下垂,花冠黄色,小苞片线形,萼歪钟形,稍呈二唇状,雄蕊单体。荚果线形,长 4 ~ 8 cm,先端锐尖,基部楔形,缝线增厚,被贴伏柔毛。种子黑色,有毒。嫩荚果亦有毒。花期 4 月,果期 8 月。

原产地:欧洲。

本地分布: 博览园大门内南侧及农史馆西南角,南校区灌木园、小西湖,杨凌教稼园等地。

习性:喜光和冬暖夏凉气候,宜深厚、湿润、透水的钙质土,不耐阴,耐寒。

31.9 紫穗槐属 *Amorpha*

31.9.1 紫穗槐

学名:*Amorpha fruticosa*

形态特征:落叶灌木,丛生,嫩枝密被短柔毛。叶互生,奇数羽状复叶,长 10～15 cm,小叶 11～25 片,基部有线形托叶,小叶卵形或椭圆形,长 1～4 cm,宽 0.6～2.0 cm,小叶柄明显。穗状花序,常 1 至数个顶生和枝端腋生,长 7～15 cm,花紫色,无翼瓣和龙骨瓣,雄蕊 10,下部合生成鞘,上部伸出花冠外。荚果下垂,长 6～10 mm,微弯曲。花期 5 月,果期 10 月。

原产地:北美洲。

本地分布:博览园蝴蝶园北侧,南校区小西湖等地。

习性:喜光稍耐阴,耐干瘠、水湿和轻盐碱,耐寒。萌芽力强,耐刈割。

31.10 黄檀属 *Dalbergia*

31.10.1 黄檀

学名:*Dalbergia hupeana*

形态特征:落叶乔木,树皮暗灰色,常呈薄片状剥落。羽状复叶,小叶 3～5 对,互生,椭圆形,长 3.5～6.0 cm,宽 2.5～4.0 cm,先端钝或稍凹入,基部圆形或阔楔形。圆锥花序顶生或生于最上部叶腋间,花冠白色或淡紫色,雄蕊 10,成“5+5”的二体。荚果长圆形或阔舌状,长 4～7 cm,宽 13～15 cm,顶端急尖,基部渐狭成果颈。种子肾形。花期 5—6 月,果期 8—9 月。

原产地:我国山东、江苏、安徽、浙江、江西、福建、湖北、湖南、广东、广西、四川、贵州、云南。

本地分布:博览园动物馆东侧、昆虫馆北侧。

习性:喜光与温暖湿润气候,适深厚疏松土壤,耐干瘠,忌积水和盐碱土,稍耐寒。每年萌芽迟至暮春,末故名“不知春”。

31.11 木蓝属 *Indigofera*

31.11.1 多花木蓝

学名: *Indigofera amblyantha*

形态特征: 落叶直立灌木,树高 0.8 ~ 2.0 m。羽状复叶长达 18 cm,小叶 3 ~ 5 对,对生,常为卵状长圆形,长 1.0 ~ 3.7 cm,先端圆钝,具小尖头,下面被毛较密。总状花序腋生,近无总花梗,长达 15 cm,花冠淡红色。荚果棕褐色,线状圆柱形,被短丁字毛。花期 5—7 月,果期 9—11 月。

原产地: 我国安徽、重庆、甘肃、贵州、河北、河南、湖北、湖南、江苏、江西、陕西、山西、四川、浙江。

本地分布: 博览园蝴蝶园西侧林下。

习性: 喜光不耐阴,宜温暖湿润气候和透水土壤,较耐旱,耐寒。

31.11.2 河北木蓝

学名: *Indigofera bungeana*

别名: 铁扫帚、马棘

形态特征: 直立灌木,茎褐色,被灰白色丁字毛。羽状复叶,叶轴与叶柄均被灰色平贴丁字毛,小叶 2 ~ 4 对,椭圆形,长 5 ~ 15 mm,宽 3 ~ 10 mm。总状花序腋生,远长于叶片,总花梗较叶柄长,花梗长约 1 mm,萼齿不等长,花冠紫色或紫红色,子房线形,被疏毛。荚果褐色,线状圆柱形,长不超过 2.5 cm,被白色丁字毛。花期 5—6 月,果期 8—10 月。

原产地: 我国辽宁、内蒙古、河北、山西、陕西。

本地分布: 博览园昆虫馆东侧、农史馆南侧。

习性: 喜光稍耐阴,宜冷凉气候和透水土壤,颇耐干瘠,耐寒。

31.12 胡枝子属 *Lespedeza*

31.12.1 胡枝子

学名:*Lespedeza bicolor*

形态特征:直立灌木,多分枝,小枝有条棱。羽状复叶具3小叶,小叶质薄,卵形、倒卵形或卵状长圆形,长1.5～6.0 cm,宽1.0～3.5 cm,先端钝圆或微凹。总状花序腋生,比叶长,常构成大型、较疏松的圆锥花序,花萼5浅裂,裂片通常短于萼筒,筒上密被灰白色平伏毛;花冠红紫色,长约1 cm,龙骨瓣与翼瓣近等长,花梗显著短于花被。荚果斜倒卵形,稍扁,表面具网纹。花期5月下旬至6月,果期9—10月。

原产地:我国黑龙江、吉林、辽宁、河北、内蒙古、山西、陕西、甘肃、山东、江苏、安徽、浙江、福建、台湾、河南、湖南、广东、广西;日本、俄罗斯;朝鲜半岛。

本地分布:博览园西北部,南校区灌木园。

习性:喜光耐半阴,耐干瘠,耐寒,适应性强。

31.12.2 绿叶胡枝子

学名:*Lespedeza buergeri*

形态特征:落叶灌木,枝灰褐色或淡褐色。小叶3,卵状椭圆形,长3～7 cm,宽1.5～2.5 cm,先端急尖,基部稍尖或钝圆,下面灰绿色。总状花序腋生,在枝上部者构成圆锥花序,花冠淡黄绿色,翼瓣先端带紫色,龙骨瓣倒卵状长圆形,比旗瓣稍长,雄蕊10,二体,子房有毛,花柱丝状。荚果长圆状卵形,先端有长喙。花期5—7月,果期8—9月。

原产地:我国山西、陕西、甘肃、江苏、安徽、浙江、江西、台湾、河南、湖北、四川;日本;朝鲜半岛。

本地分布:博览园农史馆西侧、蝴蝶园内。

习性:喜光略耐阴,对土壤要求不严,耐干瘠,适应性强,耐寒。

31.12.3 多花胡枝子

学名：*Lespedeza floribunda*

形态特征：小灌木，茎常近基部分枝，枝有条棱，被灰白色绒毛。三出复叶，小叶倒卵形，宽倒卵形或长圆形，长 1.0 ~ 1.5 cm，宽 6 ~ 9 cm，先端微凹或钝圆。总状花序腋生，总花梗细长，显著超出叶，花梗基部有闭锁花，花萼 5 裂，裂片披针形，花冠紫色、紫红色或蓝紫色。荚果宽卵形，长约 7 mm，超出宿存萼，密被柔毛，有网状脉。花期 6—9 月，果期 9—10 月。

原产地：我国辽宁、河北、山西、陕西、宁夏、甘肃、青海、山东、江苏、安徽、江西、福建、河南、湖北、广东、四川。

本地分布：杨凌凤凰岭公园有野生。

习性：喜光略耐阴，对土壤要求不严，耐干瘠，适应性强，耐寒。

31.13 山蚂蝗属 *Desmodium*

31.13.1 圆锥山蚂蝗

学名：*Desmodium elegans*

形态特征：落叶多分枝灌木，小枝被短柔毛至渐变无毛。三出复叶，小叶形状、大小变化较大，长 2 ~ 7 cm，宽 1.5 ~ 5.0 cm，先端圆或钝，侧生小叶基部常不对称，下面被密或疏的短柔毛至近无毛。花序顶生或腋生，顶生者多为圆锥花序，腋生者为总状花序，长 5 ~ 20 cm 或更长，花通常 2 ~ 3 朵生于每一节上，花冠紫色或紫红色，长 9 ~ 17 mm。荚果扁平，呈蝎尾状，长 3 ~ 5 cm，有荚节 4 ~ 6。花果期 5 月下旬至 9 月。

原产地：我国陕西、甘肃、四川、贵州、云南、西藏；阿富汗、印度、尼泊尔、不丹。

本地分布：博览园昆虫馆东侧主环道路边。

习性：喜光与温暖湿润气候，稍耐阴，对土壤适应性强，较耐旱耐寒。

31.14 刺槐属 *Robinia*

31.14.1 香花槐

学名:*Robinia* × *ambigua* 'Idahoensis'

别名:红花刺槐

形态特征:落叶乔木,树高达 20 m,树皮纵裂,全株近无毛。奇数羽状复叶具小叶 9 ~ 12 对,卵状长圆形。总状花序生多年生枝条顶端,下垂,具花多数,花红色,芳香。荚果带状,褐色。花期 4 月中下旬至 5 月初,果期 8 月。本品种由刺槐 *R. pseudoacacia* 和粘毛刺槐 *R. viscosa* 的杂交种培育而成。

原产地:西班牙。

本地分布:博览园昆虫馆东侧,南校区 2 号教学楼西侧等地。

习性:喜光,不甚择土壤,耐干旱瘠薄,耐酸碱,耐寒。

31.14.2 毛洋槐

学名:*Robinia hispida*

别名:毛刺槐

形态特征:落叶灌木(通常嫁接于刺槐上,看上去像小乔木),幼枝绿色,密被紫红色硬腺毛及白色曲柔毛,小枝密被刺毛。羽状复叶长 15 ~ 30 cm,小叶 5 ~ 7 对,椭圆形。总状花序腋生,除花冠外,均被紫红色腺毛及白色细柔毛,花 3 ~ 8 朵,花冠红色至玫瑰红色。荚果线形,长 5 ~ 8 cm,宽 8 ~ 12 mm,扁平,密被腺刚毛。花期 4 月末至 5 月,果期 7—10 月。

原产地:北美洲。

本地分布:博览园东南角。

习性:喜光与排水良好土壤,耐干瘠,耐寒。萌蘖性强。

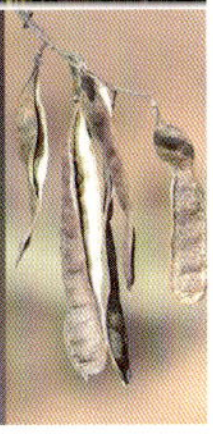

31.14.3 刺槐

学名：*Robinia pseudoacacia*

别名：洋槐

形态特征：落叶乔木，树皮深裂，小枝具托叶刺，(部分品种无刺)，长达 2 cm。羽状复叶长 10 ~ 25(~ 40)，小叶 2 ~ 12 对，常对生，长椭圆形，长 2 ~ 5 cm，宽 1.5 ~ 2.2 cm。总状花序，花序腋生，长 10 ~ 20 cm，下垂，花多数，芳香，花冠白色。荚果褐色，带形，长 5 ~ 12 cm，宽 1.0 ~ 1.3 cm，花萼宿存。种子肾形，褐色至黑褐色。花期 4 月末至 5 月上旬，果期 8—9 月。

原产地：北美洲。

本地分布：博览园中药园北侧，北校区亦乐园宾馆南侧、五台山两侧，南校区乔木园、小西湖、文化生态园等地。

习性：喜光不耐阴，不拘土壤，耐干旱瘠薄，忌涝，耐寒。

31.15 紫藤属 *Wisteria*

31.15.1 紫藤

学名：*Wisteria sinensis*

形态特征：落叶大藤本，茎左旋，枝较粗壮。奇数羽状复叶，长 15 ~ 25 cm，小叶 3 ~ 6 对，卵状椭圆形至卵状披针形，上部小叶较大，基部 1 对最小。总状花序发自去年年短枝的腋芽或顶芽，长 15 ~ 30 cm，花序轴被白色柔毛，花萼杯状，花冠紫色，芳香，旗瓣圆形，花开后反折。荚果倒披针形，长 10 ~ 15 cm，坚硬，密被绒毛，悬垂枝上不脱落。种子圆形，褐色。花期 4 月，果期 8 月。

原产地：我国安徽、福建、广西、河北、河南、湖北、湖南、江苏、江西、陕西、山东、山西、浙江；日本。

本地分布：博览园蝴蝶园西侧廊架、昆虫馆北侧，北校区学生西区，南校区文化生态园等地。

习性：喜光稍耐阴，宜肥厚、湿润透水土壤，较耐水湿和干瘠，耐寒。根系发达，根蘖力强。

31.16 锦鸡儿属 *Caragana*

31.16.1 树锦鸡儿

学名:*Caragana arborescens*

形态特征:落叶小乔木,树干直立,小枝有棱和托叶刺,绿色或黄褐色。偶数羽状复叶(稀奇数羽状复叶),小叶4~8对,长1~2 cm,宽5~10 mm,托叶针刺状,脱落,小叶两端圆钝。花梗细长,长3~5 cm,关节在上部,苞片小,刚毛状,花萼钟状,萼齿短宽,花冠黄色,长16~20 mm,子房无毛或被短柔毛。荚果圆筒形,长3.5~6.0 cm先端渐尖,无毛。花期4月上中旬,果期8—9月。

原产地:我国黑龙江、新疆;哈萨克斯坦、蒙古、俄罗斯。

本地分布:博览园农史馆南侧。

习性:喜光和沙质土或砾石沙地,极耐干旱瘠薄、严寒。

31.16.2 柠条锦鸡儿

学名:*Caragana korshinskii*

形态特征:落叶灌木,老枝金黄色,有光泽,嫩枝密被白色柔毛。偶数羽状复叶有6~8对小叶,托叶在长枝者硬化成针刺,小叶披针形或狭长圆形,长7~8 mm,先端有刺尖,灰绿色,两面密被白色伏贴柔毛。花梗长6~15 mm,密被柔毛,关节在中上部,花冠长约2 cm,金黄色,子房无毛。荚果扁,披针形,长2.0~2.5 cm,无毛。花期4月,果期6月。

原产地:我国内蒙古、宁夏、甘肃。

本地分布:博览园东北角沙生植物区,南校区灌木园。

习性:喜光,常生于沙地,耐干瘠,耐寒。根系发达,萌蘖力强。

本种是干旱荒漠地区优良防风固沙树种。

31.16.3 毛掌叶锦鸡儿

学名:*Caragana leveillei*

形态特征:落叶灌木,多分枝,树皮深褐色,小枝有条棱,嫩枝密被灰白色毛。假掌状复叶有4片小叶,托叶硬化成针刺,小叶楔状倒卵形,长5～20 mm,宽2～10 mm,下面密被柔毛,老叶毛被脱落。花梗单生,长8～12 mm,关节在下部,花冠长2.5～2.8 cm,黄色或浅红色,子房密被长柔毛。荚果圆筒状,长2～3 cm,具短尖头,密被长柔毛。花期4月,果期6月。

原产地:我国河北、山西、山东、陕西、河南。

本地分布:杨凌凤凰岭公园山坡上有野生。

习性:喜光,多生长干旱的黄土坡。耐寒。

31.16.4 小叶锦鸡儿

学名:*Caragana microphylla*

形态特征:落叶灌木,枝条直立或弯曲。羽状复叶,小叶5～10对,小叶倒卵形或倒卵状长圆形,长3～10 mm,宽2～8 mm,先端圆或钝,具短刺尖。花梗长约1 cm,近中部具关节,花萼管状钟形,萼齿宽三角形,花冠黄色,长约25 mm,子房无毛。荚果圆筒形,稍扁,长4～5 cm,具锐尖头。花期3—4月,果期7—8月。

原产地:我国吉林、辽宁、内蒙古;蒙古、俄罗斯。

本地分布:博览园西北角,南校区灌木园。

习性:喜光,多生长于丘陵坡地和沙丘,极耐干瘠,耐寒。根系甚发达,萌芽力强,性强健。

本种是我国三北地区防风固沙保土优良树种。

31.16.5 红花锦鸡儿

学名:*Caragana rosea*

形态特征:落叶灌木,树皮绿褐色或灰褐色,小枝细长,具条棱。托叶在长枝者成细针刺,叶假掌状,小叶4,楔状倒卵形,长1.0~2.5 cm,宽4~12 mm。花梗单生,长8~18 mm,关节在中部以上,花冠黄色,常紫红色或全部淡红色,凋时变为红色,长20~22 mm,子房无毛。荚果圆筒形,长3~6 cm,无毛,具渐尖头。花期3月末至4月上中旬,果期6—7月。

原产地:我国安徽、甘肃、河北、黑龙江、河南、吉林、辽宁、内蒙古、陕西、山东、山西、四川。

本地分布:南校区灌木园。

习性:喜光,耐干旱瘠薄,甚耐寒。

31.16.6 矮脚锦鸡儿

学名:*Caragana brachypoda*

形态特征:落叶灌木,树皮黄褐色或灰褐色,剥裂,稍有光泽。假掌状复叶有4片小叶,叶柄宿存并硬化成针刺,短枝上叶无轴,簇生,小叶倒披针形,长2~13 mm,宽1~4 mm,先端锐尖,有短刺尖,基部渐狭,两面有短柔毛,灰绿色或绿色。花单生,花梗短粗,长2~5 mm,花冠黄色,长20~25 mm。荚果披针形,长20~27 mm,先端渐尖,有毛或无毛。花期4月,果期6月。

原产地:我国内蒙古、宁夏、甘肃。

本地分布:博览园农史馆北侧。

习性:喜光,耐干旱瘠薄,耐寒。

31.17 岩黄耆属 *Corethrodendron*

31.17.1 红花岩黄耆

学名:*Corethrodendron multijugum*

别名:红花山竹子

形态特征:落叶半灌木,茎直立,多分枝,密被灰白色短柔毛。奇数羽状复叶,长6~18 cm,叶轴被灰白色短柔毛,小叶7~14对,一般长5~8 mm,宽3~5 mm,顶端钝圆或微凹,基部圆形或圆楔形。总状花序腋生,上部明显超出叶,花序长达28 cm,花9~25朵,疏散排列,萼斜钟状,萼齿钻状,花冠紫红色或玫瑰状红色。荚果通常2~3节,边缘具较多的刺。花期4月下旬至5月,果期6月。

原产地:我国四川、西藏、新疆、青海、甘肃、宁夏、陕西、山西、内蒙古、河南、湖北。

本地分布:博览园陕西关中农村石器观摩区南侧。

习性:喜光,多生长干旱的山坡,不耐阴湿,耐寒。

31.18 鹰爪豆属 *Spartium*

31.18.1 鹰爪豆

学名:*Spartium junceum*

形态特征:常绿丛生灌木。枝圆柱形,具细棱,无毛,嫩枝绿色,老干灰色。单叶互生,叶片狭椭圆形至线状披针形,长10~40 mm,宽5~17 mm,先端钝圆,基部渐狭,叶柄短;花蝶形,单生叶腋,在枝上部排成疏松的总状花序,花5~20朵;花梗长2~3 mm;花冠金黄色,旗瓣阔卵形至圆形,翼瓣较短。荚果扁条形,茶褐色;有种子12~20粒。种子长圆形,红棕色。花期5—6月,果期9—10月。

原产地:欧洲西部、大西洋和地中海区域。

本地分布:博览园昆虫馆东边主环路北侧。

习性:喜光与凉爽湿润气候,对土壤要求不严,耐干旱瘠薄。较耐寒。

32.1 悬钩子属 *Rubus*

32.1.1 山莓

学名: *Rubus corchorifolius*

形态特征: 落叶灌木,枝条披散,具皮刺,幼时被柔毛。单叶,卵形,长 5 ~ 12 cm,宽 2.5 ~ 5.0 cm,顶端渐尖,基部微心形,老时近无毛,沿中脉疏生小皮刺,边缘不分裂或 3 浅裂,通常不育枝上的叶 3 裂。花单生或少数生于短枝上,花梗长 0.6 ~ 2.0 cm,花直径可达 3 cm,白色,雄蕊多数,花丝宽扁;雌蕊多数,子房有柔毛。聚合果大,直径 1.0 ~ 1.2 cm,红色,密被细柔毛,味美可食。花期 3 月,果期 4—6 月。

原产地: 我国秦岭及以南各省区;日本、缅甸、越南;朝鲜半岛。

本地分布: 博览园蝴蝶园西侧。

习性: 喜光亦耐阴,对土壤要求不严,适应性强,耐寒。

32.1.2 插田藨

学名: *Rubus coreanus*

别名: 插田泡

形态特征: 落叶灌木,枝粗壮,红褐色,被白粉,具近直立或钩状扁平皮刺。小叶通常 5 片,长 3 ~ 8 cm,宽 2 ~ 5 cm,顶端急尖,基部楔形至近圆形,顶生小叶顶端有时 3 浅裂。伞房花序生于侧枝顶端,具花数朵至 30 余朵,总花梗和花梗均被灰白色短柔毛,花直径 7 ~ 10 mm,花萼披针形,顶端渐尖,花瓣直立,红色。果实直径 5 ~ 8 mm,成熟前深红色,成熟后紫黑色,味美。花期 4—5 月,果期 6—8 月。

原产地: 我国安徽、福建、甘肃、贵州、河南、湖北、湖南、江苏、江西、陕西、四川、新疆、云南、浙江;日本;朝鲜半岛。

本地分布: 博览园蝴蝶园西北侧。

习性: 喜光稍耐阴,不拘土壤和气候,可作生荒地绿化先锋树种,蔓延扩展性甚强,耐寒。

32.1.3 黑莓

学名: *Rubus fruticosus*

别名: 树莓

形态特征: 落叶灌木,树高 2~3 m,茎和叶轴密被皮刺。掌状复叶,具小叶 3~5 片,营养枝上的叶有时呈羽状,小叶卵形,边缘具重锯齿,长 4~8 cm,宽 3~4 cm。花单生叶腋,花梗长于叶柄,花大,直径达 5 cm,花瓣白色,雌蕊极多。聚合果椭圆形,长约 1.5 cm,直径约 1 cm,成熟前红色,成熟后黑色,可食用。花期 4 月下旬至 5 月,果期 6 月。

原产地: 北美洲。

本地分布: 博览园农史馆西南角。

习性: 喜光与冷凉气候,对土壤要求不严,适应性较强,较耐旱、耐寒。

32.1.4 光滑高粱藨

学名: *Rubus lambertianus* var. glaber

别名: 高粱泡

形态特征: 半常绿灌木,茎铺散,长达 3 m。单叶,长 5~10 cm,宽 6~8 cm,顶端渐尖,基部心形,两面无毛,边缘明显 3~5 裂,或呈波状。圆锥花序顶生,生于枝上部叶腋内的花序常近总状,有时仅数朵花簇生于叶腋,花萼裂片三角形,花直径约 8 mm,花瓣白色。聚合果小,近球形,黄色,直径约 6~8 mm。花期 7—8 月,果期 9—11 月。

原产地: 我国甘肃、贵州、湖北、江西、陕西、四川、云南、浙江;日本。

本地分布: 博览园蝴蝶园内。

习性: 喜光和温暖湿润气候,适宜疏松、微酸性土壤,不耐积水。较耐寒。

32.1.5 蓬蘽

学名：*Rubus hirsutus*

形态特征：落叶低矮灌木，小枝被柔毛和腺毛，疏生皮刺。羽状复叶，小叶 3 ~ 5 片，卵形或宽卵形，长 3 ~ 7 cm，宽 2.0 ~ 3.5 cm，顶端急尖，边缘具尖锐重锯齿，叶柄长 2 ~ 3 cm，托叶披针形。花常单生于侧枝顶端，花梗长 3 ~ 6 cm，具柔毛和腺毛，花大，白色，直径 3 ~ 4 cm，花萼外密被柔毛和腺毛，萼片顶端长尾尖，外面边缘被灰白色绒毛，花后反折，心皮极多。果实近球形，直径 1 ~ 2 cm，无毛。花期 4 月上中旬，果期 5—6 月。

原产地：我国河南、江西、安徽、江苏、浙江、福建、台湾、广东；日本；朝鲜半岛。

本地分布：博览园中草药园南部。

习性：喜光亦耐阴，不拘土壤，地上部分不甚耐寒。

32.1.6 茅莓

学名：*Rubus parvifolius*

形态特征：落叶灌木，枝呈弓形弯曲，被柔毛和稀疏钩状皮刺。小叶 3 枚，在新枝上偶有 5 枚，菱状圆形或倒卵形，长 2.5 ~ 6.0 cm，宽 2 ~ 6 cm，下面密被灰白色绒毛，边缘有缺刻状重锯齿，常具浅裂片。伞房花序顶生或腋生，具花数朵，花直径约 1 cm，花萼外面密被柔毛和疏密不等的针刺，花瓣粉红至紫红色，直立，雄蕊花丝白色。果实卵球形，直径约 1 cm，红色，可食。花期 5—6 月，果期 7—8 月。

原产地：我国绝大部分省区；日本、越南；朝鲜半岛。

本地分布：杨凌凤凰岭公园山坡上野生。

习性：喜光亦耐阴，不拘土壤，适应性强、广，耐寒。

32.2 蔷薇属 *Rosa*

32.2.1 木香花

学名：*Rosa banksiae*

形态特征： 半常绿攀缘灌木，茎长达 6 m，枝细、绿色并疏生短小皮刺，栽培者无刺。奇数羽状复叶，小叶 3～5 片，椭圆状披针形，长 2～5 cm，先端急尖或稍钝，缘有紧贴细锯齿。花小花繁，3～15 朵成伞形花序，重瓣，白色，芳香，或花黄色（黄木香花 *R. banksiae* f. Lutea，香味淡），萼片全缘。果近球形，红色。花期 4 月中下旬至 5 月。

原产地： 我国甘肃、贵州、河南、湖北、江苏、四川、云南。

本地分布： 博览园月季园东北侧廊架、蝴蝶园内，南校区文化生态园等地。

习性： 喜光也耐半阴，宜温润气候与肥厚、透水沙壤，不畏热、旱，怕水涝；较耐寒。扦插不易生根。

32.2.2 当代月季

学名：*Rosa hybrida*

别名：杂种月季、现代月季

形态特征： 落叶灌木，树高 1～2 m。羽状复叶，小叶 3～5 片。花单瓣或重瓣，色彩、品种极多。果实球形，红色。花果期几乎全年。按美国月季协会 1966 年的定义，1867 年第一个杂交茶香月季 'LaFrance' 出现以后的品种群称为当代月季，而 1867 年以前的品种统称为古典蔷薇。当代月季现约有品种 20 000 个，不同品种间的形态差异较大。

本地分布： 博览园的月季园，北校区五台山台阶两侧、东西区食堂附近，南校区月季园、国际交流中心附近等地。

习性： 喜阳不耐阴，好温润、通风环境和肥厚、疏松透水的钙质土，畏炎热暴晒，稍耐旱，不耐盐，忌积水，较耐寒。

近年来，国内以高砧培育树状月季或独干月季，可明显提升其观赏性。

32.2.3 野蔷薇

学名:*Rosa multiflora*

别名:多花蔷薇

形态特征:落叶灌木,小枝圆柱形,通常无毛,有短、粗稍弯曲皮束。羽状复叶,小叶 5 ~ 9,连叶柄长 5 ~ 10 cm;小叶长 1.5 ~ 5.0 cm,宽 8 ~ 28 mm,先端急尖或圆钝,基部近圆形或楔形;托叶篦齿状,大部贴生于叶柄。花多朵,排成圆锥状花序,花直径 1.5 ~ 2.0 cm,单瓣,白色,花柱结合成束,比雄蕊稍长。园艺品种七姊妹 'Grevillei',重瓣,粉红色。果近球形,无宿存花萼,直径 6 ~ 8 mm。花期 5 月,果期 10—12 月。

原产地:我国安徽、福建、甘肃、广东、广西、贵州、河北、河南、湖南、江苏、江西、陕西、山东、台湾、浙江;日本;朝鲜半岛。

本地分布:博览园蝴蝶园及动物馆北侧人工湖岸,南校区灌木园。

习性:喜光,对土壤要求不严,即使黏重土中亦可生长,耐旱,耐水湿,性强健,耐寒。

32.2.4 缫丝花

学名:*Rosa roxburghii*

别名:刺梨

形态特征:落叶灌木,树皮成片状剥落,小枝圆柱形,有皮刺。羽状复叶有小叶 9 ~ 15,连叶柄长 5 ~ 11 cm,小叶片椭圆形,长 1 ~ 2 cm,宽 6 ~ 12 mm,边缘有细锐锯齿,两面无毛,托叶大部贴生于叶柄,离生部分呈钻形。花单生或 2 ~ 3 朵生于短枝顶端,直径 5 ~ 6 cm,萼片外面密被针刺,花单瓣或重瓣,粉红色,雄蕊多数着生在杯状萼筒边缘。果扁球形,直径 3 ~ 4 cm,黄色,外面密生硬刺,萼片宿存,直立。花期 5 月,果期 8—10 月。

原产地:我国安徽、福建、甘肃、广西、贵州、湖北、湖南、江西、陕西、四川、西藏、云南、浙江;日本。

本地分布:博览园蝴蝶园东南角路边,南校区灌木园、小西湖等地。

习性:喜光稍耐阴,适应性强,对土壤要求不严,忌涝,耐寒。

32.2.5 玫瑰

学名：*Rosa rugosa*

形态特征：落叶灌木，高约 2 m，茎枝密被针刺和腺毛。羽状复叶，小叶 5 ~ 7，椭圆形，长 1.5 ~ 4.5 cm，先端急尖或圆钝，叶缘有尖锐锯齿，上面叶脉下陷，有褶皱，托叶大型，贴生于叶柄。花单生叶腋或数朵簇生，单瓣至重瓣，芳香，紫红色至白色。果扁球形，成熟时砖红色，萼片宿存。花期 4 月末至 5 月，果期 8—9 月。

原产地：我国吉林、辽宁、山东；日本、俄罗斯；朝鲜半岛。

本地分布：博览园昆虫馆东北侧、植物馆门口，南校区灌木园、小西湖等地。

习性：喜光，稍耐阴，适宜肥沃、透水的中性或微酸性土壤，亦或微碱性土壤，耐旱，不耐积水，耐寒。

32.2.6 扁刺蔷薇

学名：*Rosa sweginzowii*

别名：油瓶子

形态特征：落叶灌木，小枝圆柱形，皮刺基部膨大而扁，老枝常混有针刺。羽状复叶，连叶柄长 6 ~ 11 cm，小叶 7 ~ 11，椭圆形至卵状长圆形，长 2 ~ 5 cm，宽 8 ~ 20 mm，边缘有重锯齿，托叶大部贴生于叶柄，边缘有腺齿。花单生或 2 ~ 3 朵簇生，花梗有腺毛，花直径 3 ~ 5 cm，萼片先端浅裂扩展成叶状，外面有腺毛，花瓣粉红色，花柱离生。果长圆形，红色，外面有腺毛，萼片直立宿存。花期 4 月末至 5 月，果期 8—10 月。

原产地：我国云南、四川、湖北、陕西、甘肃、青海、西藏。

本地分布：博览园农史馆西南角。

习性：喜光不耐阴，宜凉润气候，耐干旱瘠薄土壤，适应性强，耐寒。

32.2.7 小叶蔷薇

学名:*Rosa willmottiae*

形态特征:落叶灌木,小枝细弱,无毛,有成对或散生的细皮刺。小叶 7～9,小叶片椭圆形、倒卵形或近圆形,长 6～17 mm,宽 4～12 mm,先端圆钝,基部宽楔形,边缘中部以上具重锯齿,托叶大部贴生于叶柄。花单生,花梗和子房常有腺毛,花萼片三角状披针形,先端稍伸长,全缘,花瓣粉红色,先端微凹,花柱离生。果近球形,直径约 1 cm,橘红色,成熟时萼片脱落。花期 5—6 月,果期 7—9 月。

原产地:我国四川、陕西、甘肃、青海、西藏。

本地分布:南校区灌木园。

习性:喜光,适应性强,耐干旱瘠薄,忌涝,耐寒。

32.2.8 黄刺玫

学名:*Rosa xanthina*

形态特征:落叶灌木,枝披散,小枝无毛,有散生皮刺,无针刺。羽状复叶,小叶 7～13,连叶柄长 3～5 cm;小叶片宽卵形或近圆形,边缘有圆钝锯齿,托叶带状披针形,大部贴生于叶柄,离生部分呈耳状。花单生于叶腋,重瓣或单瓣(单瓣黄刺玫),黄色,无苞片,花直径 3～4 cm,萼片披针形,全缘。果近球形,紫褐色,直径 8～10 mm,无毛,宿存萼片反折。花期 4 月,果期 8 月。

原产地:我国甘肃、河北、黑龙江、吉林、辽宁、内蒙古、陕西、山东、山西。

本地分布:博览园蝴蝶园南侧路边,北校区秀山中心南侧,南校区西区学生公寓北侧、灌木园、小西湖等地。

习性:喜光稍耐阴,对土壤要求不严,耐干旱瘠薄,忌涝,耐寒。

32.3 金露梅属 *Dasiphora*

32.3.1 银露梅

学名：*Dasiphora glabra*

形态特征：灌木，树皮纵向剥落。羽状复叶，有小叶 2 对，上面 1 对小叶基部下延与轴汇合，小叶片椭圆形，长 0.5 ~ 1.2 cm，宽 0.4 ~ 0.8 cm，边缘平坦或微向下反卷，全缘。花顶生，花梗细长，花直径 1.5 ~ 2.5 cm；萼片卵形，急尖或短渐尖，副萼片披针形；花瓣白色，近圆形；花柱近基生，棒状，基部较细。瘦果表面被毛。花期 5 月，果期 8 月。

原产地：我国内蒙古、河北、山西、陕西、宁夏、甘肃、青海、安徽、湖北、四川、云南；俄罗斯、蒙古；朝鲜半岛。

本地分布：博览园农史馆北侧。

习性：喜光与凉爽气候，常生于山坡灌丛，较耐干旱，耐寒。

32.4 风箱果属 *Physocarpus*

32.4.1 风箱果

学名：*Physocarpus amurensis*

形态特征：落叶灌木，小枝稍弯曲，树皮成纵向剥裂。叶片长 3.5 ~ 5.5 cm，宽 3 ~ 5 cm，先端急尖或渐尖，基部心形或近心形，通常 3 裂，边缘有重锯齿。花序伞形总状，直径 3 ~ 4 cm，花萼筒杯状，萼片三角形，花瓣白色，雄蕊 20 ~ 30，着生在萼筒边缘，花药紫色，心皮 2 ~ 4。蓇葖果膨大，卵形，长渐尖头，熟时沿背腹两缝开裂，外面微被星状柔毛，内含光亮黄色种子 2 ~ 5 枚。花期 4 下旬至 5 月，果期 7—8 月。

原产地：我国河北、黑龙江；俄罗斯；朝鲜半岛。

本地分布：博览园昆虫馆西北角，南校区小西湖等地。

习性：喜光，好湿润气候，耐瘠薄土壤，耐寒。

32.5 绣线梅属 *Neillia*

32.5.1 中华绣线梅

学名：*Neillia sinensis*

形态特征：落叶灌木，小枝圆柱形，无毛。叶片卵形至卵状长椭圆形，长 5 ~ 11 cm，宽 3 ~ 6 cm，先端长渐尖，基部圆形或近心形，边缘有重锯齿，常不规则分裂。顶生总状花序，长 4 ~ 9 cm，萼筒筒状，长 1.0 ~ 1.2 cm，花淡粉色，雄蕊 10 ~ 15，花丝不等长，着生于萼筒边缘。蓇葖果长椭圆形，萼筒宿存，外被疏生长腺毛。花期 4 月下旬至 5 月，果期 8—9 月。

原产地：我国甘肃、广东、广西、贵州、河南、湖北、湖南、江西、陕西、四川、云南。

本地分布：博览园昆虫馆东边主环道北侧。

习性：喜光尚耐阴，适宜温暖湿润气候，对土壤要求不甚严，较耐旱、耐寒。

32.6 李属 *Prunus*

32.6.1 樱李梅

学名：*Prunus × blireana*

别名：美人梅

形态特征：落叶乔木，树高 2 ~ 4 m。叶卵圆形，长 5 ~ 9 cm，紫红色，盛夏稍返青。花粉红色，重瓣，繁密，花梗长约 1 cm，先花后叶。核果球形，果面及肉皆紫红色，被毛，味酸涩，核表面有蜂窝状小凹陷。花期 3 月中旬至 4 月初，果期 6 月。杂交亲本分别是梅 *P. mume* 和紫叶李 *P. cerasifera* 'Pissardii'。

本地分布：博览园人工湖周边，南校区灌木园、小西湖、文化生态园，杨凌汽车站旁渭惠渠南岸等地。

习性：喜光与温润气候，对土壤要求不严，较耐干旱瘠薄，怕涝，耐寒。

32.6.2 紫叶矮樱

学名：*Prunus* × *cistena*

形态特征：落叶灌木或小乔木，株高约 2.5 m，小枝紫红色。叶长卵形，紫红色，长 2～8 cm，先端渐尖，缘有不整齐细齿。花常单生，近白色，花瓣常多于 5 枚，花梗长 2～3 cm，微香，萼片常 8 个，多不反折，其与花梗皆紫红色，花柱 1～3。核果紫红色。花期 4 月，果期 6 月。杂交亲本分别是紫叶李 *P. cerasifera* 'Pissardii' 和矮樱 *P. pumila*。

原产地：法国。

本地分布：博览园昆虫馆东侧、蝴蝶园西门，南校区文化生态园、灌木园等地。

习性：喜光稍耐阴，宜湿润气候和疏松、透水土壤，耐干瘠，怕涝，耐寒。

32.6.3 紫叶李

学名：*Prunus cerasifera* 'Pissardii'

别名：红叶李

形态特征：落叶乔木，小枝淡红褐色。叶紫红色或暗绿色，卵圆形，长 4.5～6.0 cm，先端短尖，缘具尖细锯齿。花叶同放，花单生或 2 朵簇生，白色，花瓣 5 枚，花梗长约 2 cm，萼片 5，反折，花柱 1。核果扁球形，无梗洼，暗酒红色，光滑无毛。花期 3 月，果期 6 月。

原产地：我国新疆；伊朗；中亚、小亚细亚、巴尔干半岛。

本地分布：博览园大门内北侧，南校区 3 号教学楼两侧、文化生态园、农科大楼西侧，北校区 8 号教学楼、学生西区、亦乐园等地。

习性：喜光与凉润气候，不甚择土壤，较耐干瘠和水湿，耐寒。

32.6.4 李

学名：*Prunus salicina*

别名：李子

形态特征：落叶乔木，树皮灰褐色，起伏不平，小枝黄红色。叶片倒卵形至倒披针形，长 6 ~ 8 cm，宽 3 ~ 5 cm，基部楔形，边缘有圆钝重锯齿，叶柄长 1 ~ 2 cm。花数朵并生，花梗 1 ~ 2 cm，花直径 1.5 ~ 2.2 cm，萼筒钟状，无毛，花瓣白色，雄蕊多数，花丝长短不等，雌蕊 1。核果球形、卵球形或近圆锥形，黄色、红色、紫红或紫黑色，外被蜡粉，不同品种果实形态差异显著。花期 3 月，果期 7—8 月。

原产地：我国东北南部、华北、华东与华中。

本地分布：博览园东门南侧、蝴蝶园东北侧，南校区经济树木园、文化生态园等地。

习性：喜光耐半阴，适宜肥沃湿润黏质土，不拘酸性土或钙质土，稍耐干瘠，忌积水。耐寒。

32.6.5 稠李

学名：*Prunus padus*

别名：臭李子

形态特征：落叶乔木，树皮粗糙而多斑纹，小枝红褐色或带黄褐色。叶片椭圆形、长圆形或长圆倒卵形，长 4 ~ 10 cm，宽 2.0 ~ 4.5 cm，先端尾尖，基部圆形或宽楔形，叶柄长 1.0 ~ 1.5 cm。总状花序，具有多花，长 7 ~ 10 cm，基部通常有 2 ~ 3 叶，花梗长 1.0 ~ 1.5 cm，花直径 1.0 ~ 1.6 cm，萼筒钟状，花瓣白色，雄蕊多数，花丝长短不等，雌蕊 1。核果球形，直径 8 ~ 10 mm，成熟时黑色，光滑。花期 3 月末至 4 月上旬，果期 5—10 月。

原产地：我国河北、黑龙江、河南、吉林、辽宁、青海、山东、山西；日本、俄罗斯；朝鲜半岛。

本地分布：博览园蝴蝶园南侧、南校区灌木园。

习性：喜光尚耐阴，适宜肥厚、湿润且排水好的中性沙壤土，较耐旱，忌积水。耐寒。

32.6.6 紫叶稠李

学名: *Prunus virginiana* 'Canada Red'

别名: 加拿大红樱

形态特征: 落叶乔木,树高达 7 m,小枝褐色。叶椭圆状倒卵形,先端急尖,基部宽楔形,边缘具整齐细锯齿,春季绿色,入夏变紫色。总状花序生于侧生新枝基部叶腋,花多数,白色,雄蕊 18 ~ 26 枚。果实卵形。花期 4 月,果期 6 月。

原产地: 北美洲。

本地分布: 博览园大门内北侧。

习性: 喜光稍耐阴,好肥厚、疏松的土壤,耐干瘠,耐寒。

32.6.7 锐齿臭樱

学名: *Prunus incisoserrata*

别名: 假稠李

形态特征: 落叶灌木,多年生枝条黑色或紫黑色,当年生小枝红褐色。叶卵状长圆形,长 5 ~ 10 cm,先端急尖或尾尖,边缘有缺刻状重锯齿,叶背无毛。总状花序,长 3 ~ 5 cm,花多数密集,无花瓣,雄蕊 30 ~ 35,雌蕊 1。核果卵球形,紫黑色,直径约 8 mm,顶端有尖头。花期 3 月,果期 6 月。

原产地: 我国河南、山西、陕西、甘肃、四川、贵州。

本地分布: 博览园农史馆西侧。

习性: 喜光,较耐阴,适生于温润气候和富腐殖质的壤土,略耐旱,耐寒。

32.6.8 钟花樱桃

学名：*Prunus campanulata*

别名：重瓣钟花樱桃

形态特征：落叶乔木，树皮茶褐色。叶椭圆形，薄革质，长 6 ~ 11 cm，先端急尖，边有急尖锯齿，常稍不整齐。伞形花序，有花 2 ~ 4 朵，先叶开放，花梗下垂，萼筒钟状，紫红色，花瓣绯红色，先端常下凹，重瓣（野生者为单瓣）。核果卵球形，核表面微具棱纹。花期 3 月。

原产地：我国福建、广东、广西、海南、湖南、台湾、浙江；日本、越南。

本地分布：博览园动物馆东侧，南校区经济树木园南侧。

习性：喜光稍耐阴，宜温润气候及疏松透水、肥沃、湿润沙壤，不耐盐碱，忌积水，较耐寒。

32.6.9 多毛樱桃

学名：*Prunus polytricha*

形态特征：落叶灌木或小乔木，小枝灰红褐色，密被长柔毛。叶片椭圆形，长 4 ~ 8 cm，宽 3 ~ 5 cm，先端尾状渐尖，基部近圆形，边有单锯齿或重锯齿，叶柄长 0.8 ~ 1.0 cm，顶端常有 1 ~ 3 个腺体。花序伞形或近伞形，有花 2 ~ 4 朵，总梗长 2 ~ 10 mm，苞片卵形或近圆形，边有腺齿，果期宿存，花梗长 1 ~ 2 cm，密被柔毛，萼筒钟状，密被柔毛，花瓣白色或粉色。核果红色，卵球形，直径约 7 mm。花期 3 月下旬至 4 月上旬，果期 6—7 月。

原产地：我国陕西、河南、甘肃、四川、湖北。

本地分布：博览园蝴蝶园西侧。

习性：喜光稍耐阴，适宜湿润、肥沃土壤，忌积水，耐寒。

32.6.10 刺毛樱桃

学名：*Prunus setulosa*

形态特征：落叶灌木或小乔木，树皮灰棕色。叶片卵形、倒卵形或卵状椭圆形，先端尾状渐尖或骤尖，基部圆形，边有圆钝重锯齿，齿尖有小腺体，托叶边有腺齿。花序伞形，有花 2～3 朵，苞片 2～3 片，绿色，呈叶状，边有锯齿，齿端有腺体，萼筒管状，外面疏被糙毛，萼片开展，花瓣倒卵形或近圆形，粉红色；雄蕊 30～40，与萼片近等长或短于萼片。核果红色，纵径约 8 mm。花期 4 月，果期 6—8 月。

原产地：我国陕西、甘肃、四川、贵州。

本地分布：博览园农史馆北侧。

习性：喜光和温润气候，宜肥厚、疏松透水土壤，较耐干旱，怕涝，耐寒。

32.6.11 欧洲甜樱桃

学名：*Prunus avium*

别名：车厘子

形态特征：落叶乔木，树皮黑褐色，嫩枝绿色，无毛。叶片倒卵状椭圆形，长 3～13 cm，宽 2～6 cm，先端短渐尖，基部圆形或楔形，叶边有缺刻状圆钝重锯齿，叶柄长 2～7 cm。花序伞形，有花 3～4 朵，花叶同开，花芽鳞片大形，开花期反折，萼筒钟状，萼片开花后反折，花瓣白色，雄蕊多数。果实近球形或卵球形，成熟时黄色或红色至紫红色，直径 1.5～2.5 cm，果味甜。花期 3 月末至 4 月初，果期 5 月底至 6 月。

原产地：西南亚；欧洲。

本地分布：博览园农史馆东北角，南校区文化生态园、经济树木园等地。

习性：喜光与温润气候，宜肥厚、疏松透水土壤，较耐干旱，怕涝，耐寒。

32.6.12 樱桃

学名：*Prunus pseudocerasus*

形态特征：落叶乔木，树皮灰白色。叶片卵形或长圆状卵形，长 5 ~ 12 cm，宽 3 ~ 5 cm，先端渐尖或尾状渐尖，基部圆形，边有尖锐重锯齿，侧脉 9 ~ 11 对，叶柄长 0.7 ~ 1.5 cm。花序伞房状或近伞形，有花 3 ~ 6 朵，先叶开放，总苞倒卵状椭圆形，褐色，开花时不反折，花梗、萼筒皆被疏柔毛，萼筒钟状，花瓣白色，先端有缺刻，雄蕊多数。核果近球形，成熟时红色或黄色，直径 0.9 ~ 1.3 cm。花期 3 月上旬，果期 5—6 月。

原产地：我国安徽、福建、甘肃、贵州、河北、河南、湖北、湖南、江苏、江西、辽宁、陕西、山东、山西、四川、云南、浙江。

本地分布：博览园动物馆东侧，南校区经济树木园，水保所林草室北侧。

习性：喜光与温润气候，宜疏松透水、肥厚沙壤土，较耐干瘠，忌涝，耐寒。

32.6.13 山樱花

学名：*Prunus serrulata*

别名：樱花

形态特征：落叶乔木，小枝无毛。叶片卵状椭圆形或倒卵椭圆形，先端尾状渐尖，基部圆形，边有渐尖单锯齿及重锯齿，叶柄长 1 ~ 4 cm(品种间叶形有差异，)。花序伞房总状或近伞形，有花 2 ~ 5 朵，总苞片褐红色，花梗长 1.5 ~ 2.5 cm，无毛，基部有小苞片，萼萼裂片三角披针形，开展，原变种(var. *serrulata*)花白色，单瓣。花期 3 月末至 4 月初，果期 6—7 月。园林上栽培的还有变种大岛樱(var. *lannesiana*)培育出的日本晚樱品系，常见的有关山樱 'Kwanzan'，花重瓣粉红色；郁金樱 'Ukon'，花黄绿色，后期变粉；一叶樱 'Hisakura'，花粉白色，花心有叶化的雌蕊。花期 4 月上中旬。

原产地：中国、日本；朝鲜半岛。大岛樱原产日本。

本地分布：博览园昆虫馆东侧，南校区牡丹园，北校区动医学院西侧，水保所等多地。

习性：温带树种，喜光与温润气候，适肥厚、疏松透水中性偏酸土壤，稍耐旱，忌涝，耐寒。

32.6.14 东京樱花

学名：*Prunus* × *yedoensis*

别名：日本樱花

形态特征：落叶乔木，小枝淡紫褐色，无毛。叶片椭圆形，长 5 ~ 11 cm，宽 2.5 ~ 7.0 cm，先端短渐尖，基部圆形，边有尖锐重锯齿，有侧脉 7 ~ 10 对，叶柄长 1.3 ~ 2.0 cm，密被柔毛。花序伞形总状，总梗极短，有花 3 ~ 4 朵，先叶开放，花梗被短柔毛，萼筒管状，萼片三角状长卵形，边有腺齿，开展，花瓣白色或粉红色。果实椭圆形，成熟时红色。花期 4 月，果期 5 月。本种是日本园艺师于江户时代末期到明治时代初期人工杂交而成，亲本是大岛樱 *P. speciosa* 和大叶早樱 *P. subhirtella*。

原产地：日本。

本地分布：北校区 3 号教学楼附近，水保所重点实验室西侧。

习性：温带树种，喜光和疏松透水、肥厚土壤，不耐水湿，较耐寒。

32.6.15 毛樱桃

学名：*Prunus tomentosa*

形态特征：落叶灌木，小枝紫褐色或灰褐色，嫩枝密被绒毛。叶片倒卵状椭圆形，长 2 ~ 7 cm，宽 1.0 ~ 3.5 cm，先端急尖或渐尖，基部楔形，边有急尖或粗锐锯齿，侧脉 4 ~ 7 对，叶柄长 2 ~ 8 mm。花单生或 2 朵簇生，花叶同开，花近无梗，萼筒管状或杯状，花瓣白色或粉红色。果实近球形，红色，直径 0.5 ~ 1.2 cm，表面有柔毛，可食。花期 3 月，果期 6 月。

原产地：我国黑龙江、吉林、辽宁、内蒙古、河北、山西、陕西、甘肃、宁夏、青海、山东、四川、云南、西藏。

本地分布：博览园昆虫馆北侧、东侧。

习性：喜光稍耐阴，耐干旱瘠薄及轻碱土，性强健，耐寒。

32.6.16 麦李

学名:*Prunus glandulosa*

形态特征:落叶灌木,小枝灰棕色或棕褐色。叶片长圆披针形或椭圆披针形, 长 2.5 ~ 6.0 cm,宽 1 ~ 2 cm,先端渐尖,基部楔形至圆形,最宽处在中部,边有细钝重锯齿,侧脉 4 ~ 5 对,叶柄长 1.5 ~ 3.0 mm。花单生或 2 朵簇生,花叶同开或近同开,花瓣白色或粉红色,单瓣或重瓣(粉花重瓣麦李 *P.glandulosa* f. *sinensis*)。核果红色或紫红色,近球形,直径 1.0 ~ 1.3 cm。花期 3—4 月,果期 5—8 月。

原产地:我国陕西、河南、山东、江苏、安徽、浙江、福建、广东、广西、湖南、湖北、四川、贵州、云南;日本。

本地分布:博览园昆虫馆西南侧、南校区灌木园。

习性:喜光与温润气候,好肥沃、疏松透水壤土,耐旱,稍耐水湿,忌涝。

32.6.17 甘肃桃

学名:*Prunus davidiana*

别名:山桃

形态特征: 落叶灌木至小乔木; 小枝细长,无毛,绿褐色,向阳处转变成红褐色。叶片卵状披针形或披针形,长 5 ~ 12 cm,宽 1.5 ~ 3.5 cm,中下部最宽,先端渐尖,基部宽楔形,叶边有稀疏细锯齿。花单生,先于叶开放,花萼外被短柔毛,花瓣近圆形,白色或浅粉红色,雄蕊约 20 ~ 30,花柱长于雄蕊。果实卵圆形或近球形,直径约 2 cm,外面密被短柔毛,熟时不开裂,不堪食;核表面具纵、横浅沟纹,但无孔穴。花期 2 月末至 3 月上旬,果期 7—8 月。

原产地:我国陕西、甘肃、湖北、四川。

本地分布:博览园昆虫馆南侧平石桥旁。

习性:喜光不耐阴,耐干旱瘠薄土壤,较耐盐碱,忌水湿,耐寒。

32.6.18 桃

学名: *Prunus persica*

形态特征:落叶乔木,树皮暗红褐色。叶长圆状披针形,先端渐尖,基部楔形。花单生,花瓣粉红色,单瓣。果实大,常在向阳面具红晕,核具纵、横沟纹和孔穴。花期3—4月,果期多6—9月。桃品种非常多,常见的有紫叶桃 'Atropurpurea',叶紫色,花重瓣,深红色;塔形碧桃 'Pyramidalis',树形窄塔形或窄圆锥形;绯桃 'Magnifica',花重瓣,鲜红色;碧桃 'Duplex',花重瓣,粉红色;撒金碧桃 'Versicolor',花半重瓣,一枝上之花兼有红色和白色,或白花而有红色条纹;菊花桃 'Kikumomo',花瓣条形,似菊花;垂枝碧桃 'Pendula',枝条下垂。

原产地:中国。

本地分布:博览园昆虫馆东及陕西关中农村石器观摩区旁,南校区文化生态园、经济树木园等地。

习性:喜光不耐阴,广适南、北方气候,好疏松透水、肥厚中性沙壤,甚不耐涝,耐寒。

32.6.19 榆叶梅

学名: *Prunus triloba*

形态特征:落叶灌木,枝条开展。短枝上的叶常簇生,一年生枝上的叶互生,叶片宽椭圆形至倒卵形,长2~6 cm,宽1.5~3.0 cm,先端短渐尖,常3裂,基部宽楔形。花先于叶开放,花梗长4~8 mm,萼筒宽钟形,萼片卵状披针形,花粉红色或近白色,单瓣或重瓣(重瓣榆叶 'Multiplex',)。果实近球形,直径1.0~1.8 cm,顶端具短小尖头,红色,外被短柔毛,核近球形,表面具不整齐的网纹。花期3—4月,果期6—7月。

原产地:我国安徽、甘肃、河北、河南、黑龙江、江苏、江西、吉林、辽宁、内蒙古、陕西、山东、山西、浙江;俄罗斯;朝鲜半岛。

本地分布:博览园昆虫馆东侧及月季园廊架东侧,北校区五台山西侧、南校区灌木园、文化生态园、小西湖等地。

习性:喜光不耐阴,好湿润、中性或微碱性肥沃沙壤土,耐旱,忌涝,耐轻盐碱土,耐寒。

32.6.20 梅

学名: *Prunus mume*

别名: 春梅、干枝梅

形态特征: 落叶小乔木,小枝绿色,光滑无毛。叶椭圆形,长 4～8 cm,先端尾尖,叶边常具小锐锯齿。原变种(var. *mume*)花单生或有时 2 朵同生,近无梗,花萼常红褐色,花瓣白色至粉红色、深红,单瓣或重瓣,味清香。果近球形,味酸,核表面具蜂窝状孔穴。花期 2—3 月,果期 6 月。常见梅花品种或变种有:照水梅 'Pendula',枝条下垂;杏梅 var. *bungo*,为梅花和山杏杂交种,小枝与主枝近垂直,花繁多,花丝短于花瓣。

原产地: 我国四川、云南;日本、老挝、越南;朝鲜半岛。

本地分布: 博览园昆虫馆东及人工湖周边,北校区南大门附近,南校区文化生态园等地。

习性: 喜光与温暖湿润气候,对土壤要求不甚严,耐旱,忌涝,较耐寒。寿命上百年或千年。

32.6.21 杏

学名: *Prunus armeniaca*

形态特征: 落叶乔木,一年生枝浅红褐色,无毛。叶宽卵形或圆卵形,长 5～9 cm,先端急尖至短渐尖,叶边有圆钝锯齿,两面无毛或下面脉腋间具柔毛。花单生,先叶开放,萼紫红色,萼裂片反折,花瓣白色或带红色,雄蕊约 20～45。果实黄色至黄红色,常具红晕,微被短柔毛,核卵形或椭圆形,两侧扁平,表面稍粗糙或平滑。花期 3 月,果期 6—7 月。

原产地: 我国甘肃、河北、河南、江苏、辽宁、内蒙古、宁夏、青海、陕西、山东、山西、四川、新疆;日本;朝鲜半岛。

本地分布: 博览园农史馆北侧、蝴蝶园南侧,南校区文化生态园、经济树木园等地。

习性: 喜光,适应大陆干燥性气候,对土壤要求不严,耐旱,耐高温,抗盐性较强,不耐涝,抗严寒。

32.7 白鹃梅属 *Exochorda*

32.7.1 白鹃梅

学名:*Exochorda racemosa*

形态特征:落叶灌木,小枝圆柱形,幼时红褐色。叶片椭圆形,长 3.5 ~ 6.5 cm,宽 1.5 ~ 3.5 cm,先端圆钝或急尖稀有突尖,基部楔形或宽楔形,全缘或中部以上有钝锯齿,叶柄长 5 ~ 15 mm,无托叶。总状花序,有花 6 ~ 10 朵,花直径 2.5 ~ 3.5 cm,花瓣倒卵形,白色,开花时不互相重叠,雄蕊 3 ~ 4 枚一束着生在花盘边缘,与花瓣对生,心皮 5,花柱分离。蒴果,倒圆锥形,无毛,有 5 脊。花期 3 月末至 4 月,果期 6—8 月。

原产地:我国河南、江苏、江西、浙江。

本地分布:博览园植物馆南侧,南校区灌木园。

习性:喜光耐半阴,宜肥厚、疏松土壤,耐干旱瘠薄,忌水湿。耐寒。

32.8 扁核木属 *Prinsepia*

32.8.1 蕤核

学名:*Prinsepia uniflora*

别名:马茹子、扁核木

形态特征:落叶灌木,老枝紫褐色,树皮光滑,有枝刺。叶互生,披针形,长 2.0 ~ 5.5 cm,宽 6 ~ 8 mm,先端圆钝或急尖,基部楔形或宽楔形,全缘,有时呈浅波状或有不明显锯齿。花单生或 2 ~ 3 朵簇生于叶腋,花梗长 3 ~ 5 mm,萼筒陀螺状,花瓣白色,近圆形,雄蕊 10,花丝扁而短,心皮 1。核果球形,红褐色或黑褐色,直径 8 ~ 12 mm,有光泽,萼片宿存,反折,果汁酸甜,核左右压扁的卵球形,有沟纹。花期 3—4 月,果期 8—9 月。

原产地:我国甘肃、河南、内蒙古、宁夏、青海、陕西、山西、四川。

本地分布:博览园农史馆西南角、南校区灌木园。

习性:阳性树种,不耐阴,好冷凉干燥气候,不择土壤,耐干瘠,忌积水,抗碱性强,耐寒。

32.9 鸡麻属 *Rhodotypos*

32.9.1 鸡麻

学名：*Rhodotypos scandens*

别名：白棣棠

形态特征：落叶灌木，小枝紫褐色，嫩枝绿色，光滑。叶对生，卵形至椭圆形，长 4 ~ 11 cm，宽 3 ~ 6 cm，顶端渐尖，基部圆形至微心形，侧脉显著，边缘有尖锐重锯齿，叶柄长 2 ~ 5 mm。单花顶生于新梢上，直径 3 ~ 5 cm，萼片大，花瓣白色，4 枚。核果 1 ~ 4，黑色或褐色，斜椭圆形，长约 8 mm，光滑。花期 4 月，果期 6—9 月。

原产地：我国安徽、甘肃、河南、湖北、江苏、辽宁、陕西、山东、浙江；日本；朝鲜半岛。

本地分布：博览园蝴蝶园南侧，南校区灌木园。

习性：喜光亦耐半阴，适宜温暖、湿润气候和肥沃、疏松透水土壤，较耐旱，耐寒。

32.10 棣棠属 *Kerria*

32.10.1 棣棠花

学名：*Kerria japonica*

形态特征：落叶灌木，小枝绿色，圆柱形，无毛，常拱垂，嫩枝有棱角。叶互生，卵形，顶端长渐尖，基部圆形、截形或微心形，边缘有尖锐重锯齿，两面绿色，叶柄长 5 ~ 10 mm。单花，着生在当年生侧枝顶端，花直径 2.5 ~ 6.0 cm，萼片卵状椭圆形，无毛，果时宿存，花瓣黄色，单瓣，或重瓣（重瓣棣棠花，'Pleniflora'）。瘦果倒卵形至半球形，褐色或黑褐色。花期 4—6 月，果期 8 月。

原产地：我国安徽、福建、甘肃、贵州、河南、湖北、湖南、江苏、江西、陕西、山东、四川、云南、浙江；日本。

本地分布：博览园昆虫馆西南侧及蝴蝶园，南校区 1 号教学楼前、小西湖等地。

习性：喜光及温润环境和肥沃、湿润沙壤土，耐半阴，较耐旱、耐湿、耐寒，萌蘖力强。

32.11 珍珠梅属 *Sorbaria*

32.11.1 华北珍珠梅

学名:*Sorbaria kirilowii*

别名:珍珠梅

形态特征:落叶灌木,枝条开展,小枝幼时绿色,老时红褐色。羽状复叶,小叶6~10对,披针形至长圆披针形,长4~7 cm,宽1.5~2.0 cm,先端渐尖,基部圆形至宽楔形,边缘有尖锐重锯齿。顶生大型密集的圆锥花序,花序斜出,花蕾球形,如珍珠,花白色,雄蕊20,与花瓣等长或稍短于花瓣,心皮5,无毛,花柱稍短于雄蕊。蓇葖果长圆柱形,无毛,萼片宿存,反折,果梗直立。花期5—7月,果期9—10月。

原产地:我国甘肃、河北、河南、内蒙古、青海、陕西、山东、山西。

本地分布:博览园蝴蝶园东侧,北校区西区食堂东侧、体育场外,南校区灌木园、小西湖等地。

习性:喜疏阴和凉润气候,宜疏松、富腐殖质土壤,耐寒,萌蘖性强。

32.11.2 珍珠梅

学名:*Sorbaria sorbifolia*

别名:东北珍珠梅

形态特征:落叶灌木,枝条近直立,小枝初时绿色,老时暗红褐色或暗黄褐色。羽状复叶,小叶5~8对,披针形至卵状披针形,长5~7 cm,宽1.8~2.5 cm,先端渐尖至尾尖,基部近圆形或宽楔形,边缘有尖锐重锯齿。顶生大型密集圆锥花序,花序近于直立,花白色,雄蕊40~50,约长于花瓣1.5~2.0倍,生在花盘边缘,心皮5。蓇葖果长圆形,有顶生弯曲花柱,长约3 mm,果梗直立,萼片宿存,反折。花期7—8月,果期9月。

原产地:我国黑龙江、吉林、辽宁、内蒙古;日本、蒙古;朝鲜半岛。

本地分布:北校区3号教学楼西侧、体育场周围,南校区灌木园、小西湖等地。

习性:喜光也耐阴,对土壤要求不严,但好肥沃、湿润土壤,耐寒。

32.12 绣线菊属 *Spiraea*

32.12.1 菱叶绣线菊

学名:*Spiraea × vanhouttei*

形态特征:落叶灌木,小枝细瘦,呈拱形弯曲。叶片菱形,长 3 ~ 5 cm,宽 1.5 ~ 2.0 cm,边缘自近中部以上有缺刻状锯齿,两面无毛。伞形花序具多数花朵,花梗无毛,萼筒钟状,外面无毛,花白色,雄蕊 20 ~ 28,稍短于花瓣或几与花瓣等长,子房近无毛。花期 4 中下旬至 5 月。本种的杂交亲本为麻叶绣线菊(*S. cantoniensis*)和三裂绣线菊(*S. trilobata*)。

原产地:法国。

本地分布:博览园昆虫馆北侧、蝴蝶园,南校区灌木园、文化生态园,北校区体育场周围等地。

习性:喜光稍耐阴,对土壤要求不严,较耐干瘠,忌湿涝,耐寒,分蘖力强。

32.12.2 粉花绣线菊

学名:*Spiraea japonica*

别名:日本绣线菊

形态特征:落叶灌木,枝条细长。叶片椭圆状披针形,长 2 ~ 8 cm,宽 1 ~ 3 cm,先端急尖至短渐尖,基部楔形,边缘有缺刻状重锯齿或单锯齿,下面色浅或有白霜。复伞房花序生于当年生的直立新枝顶端,花朵密集,密被短柔毛,花粉红色,雄蕊 25 ~ 30,远较花瓣长。蓇葖果半开张,萼片常直立。花期 5—6 月,果期 8—9 月。园林上常见品种有金焰绣线菊 'Goldflame',金山绣线菊 'Gold Mound'。

原产地:我国安徽、福建、甘肃、广东、广西、贵州、河南、湖北、湖南、江苏、江西、陕西、山东、四川、西藏、云南、浙江;日本;朝鲜半岛。

本地分布:博览园蝴蝶园、昆虫馆南侧,南校区文化生态园、小西湖,北校区体育场周围等地。

习性:喜光,不甚耐阴,适宜肥沃、湿润、疏松土壤,稍耐旱,忌积水,耐寒。

32.12.3 李叶绣线菊

学名：*Spiraea prunifolia*

别名：笑靥花

形态特征：落叶灌木，小枝细长，稍有稜角，幼时被短柔毛。叶片长圆披针形，长 1.5 ~ 3.0 cm，宽 0.7 ~ 1.4 cm，先端急尖，基部楔形，边缘有细锐单锯齿，叶柄长 2 ~ 4 mm，被短柔毛。伞形花序无总梗，具花 3 ~ 6 朵，基部着生数枚小形叶片，花梗长 6 ~ 10 mm，有短柔毛，花单瓣，直径达 1 cm，白色。花期 3—4 月，果期 4—5 月。

原产地：我国湖北、湖南、江苏、浙江、江西、福建。

本地分布：南校区灌木园。

习性：喜光与温暖湿润气候，对土壤要求不甚严，较耐旱。耐寒。

32.12.4 土庄绣线菊

学名：*Spiraea pubescens*

别名：柔毛绣线菊

形态特征：落叶灌木，小枝开展，稍弯曲，嫩时被短柔毛。叶片椭圆形，长 2.0 ~ 4.5 cm，宽 1.3 ~ 2.5 cm，先端急尖，基部宽楔形，边缘自中部以上有深刻锯齿，有时 3 裂，上面有稀疏柔毛，下面被灰色短柔毛，叶柄长 2 ~ 4 mm。伞形花序具总梗，有花 15 ~ 20 朵，花梗无毛，花白色，雄蕊 25 ~ 30，约与花瓣等长，子房无毛。蓇葖果开张，仅在腹缝微被短柔毛，花柱顶生，多数具直立萼片。花期 5—6 月，果期 7—8 月。

原产地：我国安徽、甘肃、河北、黑龙江、河南、湖北、吉林、辽宁、内蒙古、陕西、山东、山西、四川；蒙古、俄罗斯；朝鲜半岛。

本地分布：南校区灌木园。

习性：喜光稍耐阴，对土壤要求不严，耐干旱瘠薄石砾土，耐寒。

32.12.5 毛果绣线菊

学名:*Spiraea trichocarpa*

形态特征:落叶灌木,小枝有棱角。叶片近椭圆形,长 1.5 ~ 3.0 cm,宽 0.7 ~ 1.5 cm,先端急尖或稍钝,基部楔形,全缘或不孕枝上的叶片先端有数个锯齿,两面无毛,叶柄长 2 ~ 6 mm。复伞房花序着生在侧生小枝顶端,多花,密被短柔毛,萼筒钟状,内外两面被短柔毛,花白色,雄蕊 18 ~ 20,约与花瓣等长,子房有短柔毛。蓇葖果直立,合拢成圆筒状,密被短柔毛,花柱顶生于背部,常具直立萼片。花期 4—5 月,果期 7—9 月。

原产地:我国吉林、辽宁、内蒙古、山西;朝鲜半岛。

本地分布:博览园昆虫馆东侧。

习性:喜光,适宜湿润、疏松土壤,耐旱,不耐阴、积水。耐寒。

32.12.6 细枝绣线菊

学名:*Spiraea myrtilloides*

形态特征:落叶灌木,嫩时有棱角,暗红褐色,近无毛,冬芽卵形,具数枚褐色鳞片。叶片卵形至倒卵状长圆形,长 1.0 ~ 2.5 cm,宽 5 ~ 10 mm,先端圆钝,基部楔形,全缘,稀先端有 3 至数个钝锯齿。伞形总状花序具花 7 ~ 20 朵,花梗和花萼无毛,花白色;雄蕊 20,与花瓣等长。蓇葖果直立开张,萼片直立或开张。花期 4—5 月,果期 8—9 月。

原产地:我国甘肃、河南、湖北、江西、青海、陕西、四川、西藏、云南。

本地分布:杨凌教稼园。

习性:喜光稍耐阴,适宜湿润土壤,耐旱,不耐积水。耐寒。

32.13 唐棣属 *Amelanchier*

32.13.1 树唐棣

学名：*Amelanchier arborea*

形态特征：落叶小乔木，树皮灰褐色，具灰白色条纹。叶椭圆形，先端钝尖，基部浅心形，边缘具整齐锯齿，幼叶密被白柔毛。总状花序生枝端，密被白色柔毛，花 5～7 朵，花瓣白色，长椭圆形，雄蕊 18～20 枚，两轮，柱头 3～4 裂。果实球形，成熟时红色，萼宿存，反折。花期 3 月末至 4 月初，果期 5 月。

原产地：北美洲。

本地分布：北校区亦乐园宾馆东墙外侧。

习性：喜光与温暖、湿润气候，对土壤要求不严，适应性较强，耐寒。

32.14 山楂属 *Crataegus*

32.14.1 山楂

学名：*Crataegus pinnatifida*

形态特征：落叶乔木，树皮粗糙，枝刺长约 1～2 cm。原变种(var. *pinnatifida*)叶片宽卵形或三角状卵形，长 5～10 cm，宽 4.0～7.5 cm，通常两侧各有 3～5 羽状深裂片，裂片边缘有尖锐稀疏不规则重锯齿，叶柄长 2～6 cm，托叶镰形。伞房花序具多花，花直径约 1.5 cm，萼筒钟状，花白色，雄蕊 20，短于花瓣，花柱 3～5。果实近球形或梨形，直径 1.0～1.5 cm，深红色，有浅色斑点。花期 4 月中下旬，果期 8—9 月。商品山楂一般是变种山里红 var. *major*，叶片浅裂，B，果实较大。花期 4 月下旬。

原产地：我国河北、黑龙江、河南、湖北、江苏、吉林、辽宁、内蒙古、陕西、山东、山西、新疆、浙江；朝鲜半岛。

本地分布：博览园蝴蝶园南侧，南校区经济树木园、文化生态园等地。

习性：喜光稍耐阴，适冷凉干燥气候及肥沃、湿润又透水沙壤土，耐干瘠，耐寒。

32.15 石楠属 *Photinia*

32.15.1 红叶石楠

学名:*Photinia × fraseri*

形态特征:常绿灌木至小乔木,株高约 3 m。叶革质,长椭圆形,长约 10 cm,缘具细锯齿,春秋新叶、新梢红艳,老叶或背阴处返青。复伞房花序,花白色,花瓣圆形,基部具爪,雄蕊 20 枚,短于花瓣。果卵状,红色。花期 4 月中下旬,果期 10 月。杂交亲本为光叶石楠 *P. glabra* 和石楠 *P. serrulata*,最常见的品种为红罗宾 'Red Robin'。

原产地:新西兰、日本等国。

本地分布:博览园植物馆北侧、月季园廊架东侧,南校区小西湖等多地。

习性:喜光亦耐半阴,宜温润气候及疏松透水土壤,耐热,耐干旱瘠薄,忌涝,较耐寒。萌芽力强,耐修剪。

32.15.2 贵州石楠

学名:*Photinia bodinieri*

别名:*椤木石楠*

形态特征:常绿乔木,幼枝褐色,老枝上通常有长达 5 cm 的枝刺。叶片革质, 卵形至长圆形,长 4.5 ~ 9.0 cm,宽 1.5 ~ 4.0 cm,先端急尖或渐尖,基部楔形,边缘有细齿,两面皆无毛,叶柄长 1.0 ~ 1.5 cm。复伞房花序顶生,总花梗和花梗有柔毛,花直径约 1 cm,萼筒杯状,花瓣白色,近圆形,雄蕊 20 枚,较花瓣稍短,花柱 2 ~ 3,合生。果实球形或卵形,直径 7 ~ 10 mm。花期 5 月,果期 10 月。

原产地:我国安徽、福建、广东、广西、贵州、湖北、湖南、江苏、陕西、四川、云南、浙江;印度尼西亚、越南。

本地分布:博览园游客中心后侧、蝴蝶园南侧。

习性:喜光稍耐阴,宜温暖湿润气候和肥厚、透水土壤,较耐干瘠,不耐水湿,稍耐寒。

32.15.3 石楠

学名：*Photinia serratifolia*

形态特征：常绿乔木，枝褐灰色，无毛。叶片革质，叶形变异大，长 9～22 cm，宽 3.0～6.5 cm，边缘有疏生具腺细锯齿，幼叶有刺齿，叶柄粗壮，长 2～4 cm。复伞房花序顶生，总花梗和花梗无毛，花密生，直径 6～8 mm，花瓣白色，近圆形，雄蕊 20，外轮较花瓣长，内轮较花瓣短，花柱 2。果实球形，直径 5～6 mm，红色，后成褐紫色。花期 4 月上、中旬，果期 10 月。

原产地：我国安徽、福建、甘肃、广东、广西、贵州、河北、河南、湖北、湖南、江苏、江西、陕西、四川、台湾、云南、浙江；印度、印度尼西亚、日本、菲律宾。

本地分布：博览园农史馆南侧，南校区东大门两侧、林学院门前，北校区 3 号教学楼东侧、五台山西侧等地。

习性：喜光与温暖湿润气候，对土壤要求不甚严，稍耐阴，较耐干瘠、耐寒，不耐水湿。

32.15.4 中华石楠

学名：*Photinia beauverdiana*

别名：中华落叶石楠

形态特征：落叶小乔木，小枝无毛，紫褐色，有散生灰色皮孔。叶片长圆形至卵状披针形，长 5～10 cm，宽 2.0～4.5 cm，先端突渐尖，基部圆形或楔形，边缘有具腺细锯齿，侧脉 9～14 对，叶柄长 5～10 mm。花多数，成复伞房花序，直径 5～7 cm，花梗无毛，密生疣点，萼筒杯状，萼片三角卵形，花瓣白色，长 2 mm，先端圆钝，雄蕊 20，花柱 3，基部合生。果实卵形，长 7～8 mm，紫红色，先端有宿存萼片。花期 5 月，果期 7—8 月。

原产地：我国陕西、河南、江苏、安徽、浙江、江西、湖南、湖北、四川、云南、贵州、广东、广西、福建。

本地分布：博览园动物馆东侧。

习性：喜光与温暖、湿润气候，适宜疏松透气、湿润土壤，稍耐阴，不甚耐旱，较耐寒。

32.16 火棘属 *Pyracantha*

32.16.1 窄叶火棘

学名:*Pyracantha angustifolia*

形态特征:常绿灌木,多枝刺,小枝密被灰黄色绒毛。叶片窄长圆形至倒披针状长圆形,长 1.5 ~ 5.0 cm,宽 4 ~ 8 cm,先端圆钝而有短尖或微凹,基部楔形,叶边全缘,下面密生灰白色绒毛。复伞房花序,总花梗、花梗、萼筒和萼片均密被灰白色绒毛,花白色,雄蕊 20,花丝长 1.5 ~ 2.0 mm,花柱 5,与雄蕊等长,子房上具白色绒毛。果实扁球形,直径 5 ~ 6 mm,砖红色,顶端具宿存萼片。花期 5—6 月,果期 10—12 月。

原产地:我国湖北、四川、云南、西藏。

本地分布:博览园昆虫馆西南角。

习性:喜光稍耐阴,宜温暖湿润气候,对土壤要求不严,耐干瘠,怕涝,耐寒。

32.16.2 火棘

学名:*Pyracantha fortuneana*

别名:救兵粮

形态特征:常绿灌木,侧枝短,先端成刺状。叶片倒卵形或倒卵状长圆形,叶片最宽部靠上,长 1.5 ~ 6.0 cm,宽 0.5 ~ 2.0 cm,先端圆钝或微凹,基部楔形,下延连于叶柄,边缘有钝锯齿,两面皆无毛。花集成复伞房花序,花梗和总花梗近于无毛,花瓣白色,近圆形,长约 4 mm,雄蕊 20,花丝长 3 ~ 4 mm,药黄色,花柱 5,离生。果实近球形,直径约 5 mm,橘红色。花期 5 月,果期 9—11 月。本地栽培品种'小丑'火棘 'Harlequin'。

原产地:我国福建、广西、贵州、河南、湖南、江苏、陕西、四川、西藏、云南、浙江。

本地分布:博览园蝴蝶园内,南校区灌木园、经济树木园、小西湖,北校区五台山两侧等地。

习性:喜光稍耐阴,宜温暖湿润气候,对土壤要求不严,耐旱,怕涝。较耐寒。

32.16.3 细圆齿火棘

学名: *Pyracantha crenulata*

形态特征: 常绿灌木或小乔木,有时具短枝刺,嫩枝有锈色柔毛,老时脱落。叶片长圆形或倒披针形,最宽部靠近中间,长 2 ~ 7 cm,宽 0.8 ~ 1.8 cm,先端通常急尖或钝,有时具短尖头,边缘有细圆锯齿,或具稀疏锯齿。复伞房花序生于主枝和侧枝顶端,无毛,花瓣圆形,长 4 ~ 5 mm,雄蕊 20,花柱 5,子房上部密生白色柔毛。梨果几球形,直径 3 ~ 8 mm,熟时橘黄色至橘红色。栽培变种黄果细圆齿火棘'Flava',果鲜黄色。花期 4 月末至 5 月上旬,果期 9—12 月。

原产地: 我国陕西、江苏、湖北、湖南、广东、广西、贵州、四川、云南;印度、不丹、尼泊尔。

本地分布: 博览园昆虫馆南侧,南校区乔木园等地。

习性: 喜光稍耐阴,宜温暖湿润气候,对土壤要求不严,耐旱,怕涝。较耐寒。

32.17 木瓜海棠属 *Chaenomeles*

32.17.1 木瓜

学名: *Chaenomeles sinensis*

形态特征: 落叶乔木,无枝刺,树皮成片状脱落。叶片椭圆卵形或椭圆长圆形,长 5 ~ 10 cm,宽 3.5 ~ 5.5 cm,先端急尖,基部宽楔形或圆形,边缘有刺芒状尖锐锯齿,叶柄长 5 ~ 10 mm,托叶卵状披针形。花单生于叶腋,花梗短粗,长 5 ~ 10 mm,萼筒钟状,萼片三角披针形,有锯齿,反折,花瓣淡粉红色,花柱 3 ~ 5。果实长椭圆形,长 10 ~ 15 cm,暗黄色,木质,气味芳香,果梗短。花期 4 月,果期 10 月。

原产地: 我国安徽、福建、广东、广西、贵州、河北、湖北、江苏、江西、陕西、浙江。

本地分布: 博览园动物馆东侧,北校区图书馆南侧,南校区经济树木园、0 号楼南侧等地。

习性: 喜光与温暖湿润气候及肥厚、透水土壤,不耐盐碱和低湿地,较耐寒。

32.17.2 毛叶木瓜

学名:*Chaenomeles cathayensis*

别名:木瓜海棠

形态特征:落叶灌木,枝条直立,具短枝刺。叶片椭圆形、披针形至倒卵披针形,长 5 ~ 11 cm,宽 2 ~ 4 cm,先端急尖或渐尖,基部楔形至宽楔形,边缘有芒状细尖锯齿,幼时下面密被褐色绒毛,托叶肾形。花先叶开放,2 ~ 3 朵簇生于二年生枝上,淡红色或白色,花梗短粗或近于无梗,萼筒钟状,萼片直立,雄蕊 45 ~ 50,花柱 5。果实卵球形或近圆柱形,花萼宿存,突起,长 8 ~ 12 cm,宽 6 ~ 7 cm,气味芳香。花期 3—4 月,果期 9—10 月。

原产地:我国福建、甘肃、广西、贵州、湖北、湖南、江苏、江西、陕西、四川、西藏、云南、浙江。

本地分布:博览园蝴蝶园东门南侧,南校区灌木园。

习性:喜光,略耐阴,宜温润气候和疏松透水、肥沃中性或微酸性土壤,稍耐旱,不甚耐湿及碱性土,耐寒。

32.17.3 日本木瓜

学名:*Chaenomeles japonica*

别名:倭海棠

形态特征:落叶低矮灌木,枝条广开,有细刺。叶片倒卵形、匙形至宽卵形,长 3 ~ 5 cm,宽 2 ~ 3 cm,先端圆钝,稀微有急尖,基部楔形或宽楔形,边缘有圆钝锯齿,托叶肾形有圆齿。花 3 ~ 5 朵簇生,花梗短或近于无梗,花直径 2.5 ~ 4.0 cm,萼筒钟状,萼片卵形,花砖红色,雄蕊 40 ~ 60,花柱 5,基部合生。果实近球形,直径 3 ~ 4 cm,果脐明显,黄色,萼片脱落。花期 3—4 月,果期 8—10 月。

原产地:我国福建、湖北、江苏、陕西、浙江;日本。

本地分布:博览园动物馆东侧。

习性:性喜阳光,亦耐半阴,在酸性和中性湿润、透水土壤中生长为好,盐碱土和黏性土中生长不良,畏渍水易烂根,较耐寒。

32.17.4 皱皮木瓜

学名: *Chaenomeles speciosa*

别名: 贴梗海棠

形态特征: 落叶灌木，枝条直立开展，有刺。叶片倒卵形至椭圆形，长 3 ~ 9 cm，宽 1.5 ~ 5.0 cm，边缘具有尖锐锯齿，齿尖开展，托叶肾形，边缘有尖锐重锯齿。花 3 ~ 5 朵簇生于二年生老枝上，花梗短粗，花直径 3 ~ 5 cm，猩红色，萼筒钟状，萼片直立，半圆形稀，雄蕊 45 ~ 50，花柱 5。果实球形或卵球形，直径 4 ~ 6 cm，味芳香；萼片脱落。花期 3—4 月，果期 9—10 月。本种园林上栽培品种很多，有白花的、重瓣的和粉红色的。

原产地: 我国福建、甘肃、广东、贵州、湖北、江苏、陕西、四川、西藏、云南；缅甸。

本地分布: 博览园人工湖东南角、蝴蝶园内，南校区 1 号教学楼南侧、灌木园，北校区西区食堂东侧等地。

习性: 喜光亦较耐阴，宜肥厚、透水土壤，耐干旱瘠薄，不耐水湿，耐寒。

32.18 苹果属 *Malus*

32.18.1 西府海棠

学名: *Malus × micromalus*

形态特征: 落叶乔木，枝直立性强。叶片长椭圆形或椭圆形，长 5 ~ 10 cm，宽 2.5 ~ 5.0 cm，先端急尖或渐尖，基部楔形稀近圆形，边缘有尖锐锯齿，叶柄长 2.0 ~ 3.5 cm。花 4 ~ 7 朵，集生于小枝顶端，花直径约 4 cm，粉红色，萼筒外面密被白色长绒毛，雄蕊约 20，花丝长短不等，花柱 5。果实近球形，直径 1.0 ~ 1.5 cm，红色，萼洼梗洼均下陷，萼片多数脱落。花期 3—4 月，果期 8—9 月。杂交亲本可能是海棠花 *M. spectabilis*（果实黄色，萼片通常宿存）和山荆子 *M. baccata*.

原产地: 我国北方地区。

本地分布: 博览园蝴蝶园东侧，北校区亦乐园北，水保所西区，南校区 1 号教学楼南侧等地。

习性: 喜光，对土壤适应力较强，耐旱，较耐盐碱与水湿，耐寒。

32.18.2 山荆子

学名:*Malus baccata*

形态特征:落叶乔木,幼枝细弱,红褐色。叶片椭圆形或卵形,长 3 ~ 8 cm,宽 2.0 ~ 3.5 cm,先端渐尖,基部楔形或圆形,边缘有锐锯齿,叶柄长 2 ~ 5 cm。伞形花序,4 ~ 6 朵集生在小枝顶端,花梗细长,1.5 ~ 4.0 cm,萼筒外面无毛,萼片披针形,先端渐尖,花白色,雄蕊 15 ~ 20,花柱 5 或 4。果实近球形,直径 8 ~ 10 mm,红色或黄色,柄洼及萼洼稍微陷入,萼片脱落。花期 4 月,果期 9 月。

原产地:我国甘肃、河北、黑龙江、吉林、辽宁、内蒙古、陕西、山东、山西、新疆、西藏;不丹、印度、巴基斯坦、蒙古、尼泊尔、俄罗斯;朝鲜半岛。

本地分布: 博览园动物馆东及蝴蝶园南侧,南校区 3 号教学楼东侧。

习性:喜光,宜凉润气候和疏松透水、微酸性土壤,耐干旱瘠薄,不大耐涝和黏重碱性土,抗寒,抗病,根深,寿命较长。

32.18.3 湖北海棠

学名:*Malus hupehensis*

形态特征:落叶乔木,常有刺状短枝,老枝紫色至紫褐色。叶片卵形至卵状椭圆形,长 5 ~ 10 cm,宽 2.5 ~ 4.0 cm,先端渐尖,基部宽楔形,边缘有细锐锯齿,叶柄长 1 ~ 3 cm。伞房花序,具花 4 ~ 6 朵,花梗长 3 ~ 6 cm,萼片三角卵形,先端渐尖或急尖,紫色;花粉白色或浅粉红色,蕾期粉红色,雄蕊 20,花丝长短不齐,花柱 3。果实近球形,直径约 1 cm,黄绿色稍带红晕,萼片脱落。花期 3 下旬至 4 月初,果期 8—9 月。

原产地:我国安徽、福建、甘肃、广东、贵州、河南、湖北、湖南、江苏、江西、陕西、山东、山西、浙江。

本地分布:博览园蝴蝶园东南路旁,南校区 1 号教学楼南侧等地。

习性:喜光,适生于温润气候,较耐水湿,不耐干旱,耐寒。

32.18.4 海棠杂交品种

学名: *Malus hybrida*

别名: 北美海棠

形态特征: 落叶小乔木。叶椭圆形,先端渐尖,基部宽楔形至圆形,边缘具钝齿。花簇生状,花萼披针形,花瓣5,花色丰富,花梗细长。果实球形,人小及颜色多种多样,直径1~2 cm,花萼宿存或脱落,直立。花期4月,果期8—10月。本种是一系列杂交品种的统称。

原产地: 美国;欧洲。

本地分布: 博览园大门内南侧,南校区3号教学楼东侧、文化生态园等地。

习性: 喜光,不大耐阴,对土壤适应力较强,耐旱,较耐盐碱与水湿,耐寒。

32.18.5 楸子

学名: *Malus prunifolia*

形态特征: 落叶乔木,小枝粗壮,圆柱形。叶片卵形或椭圆形,长5~9 cm,宽4~5 cm,先端渐尖或急尖,基部宽楔形,边缘有细锐锯齿,叶柄长1~5 cm。花4~10朵,近似伞形花序,花梗长2.0~3.5 cm,被短柔毛,萼筒外面被柔毛,萼片披针形或三角披针形,花白色,含苞未放时粉红色,雄蕊20,花柱4(5)。果实卵形,直径2.0~2.5 cm,大多红色,先端渐尖,稍具隆起,萼洼微突,萼片宿存肥厚,果梗细长,果味酸甜可食。花期4月,果期8—9月。

原产地: 河北、山东、山西、河南、陕西、甘肃、辽宁、内蒙古。

本地分布: 博览园蝴蝶园东门南侧。

习性: 喜光,适生于冷凉干燥气候与肥厚、透水沙壤土,不耐湿热,较耐旱,耐寒。

32.18.6 苹果

学名：*Malus pumila*

别名：柰、频婆果

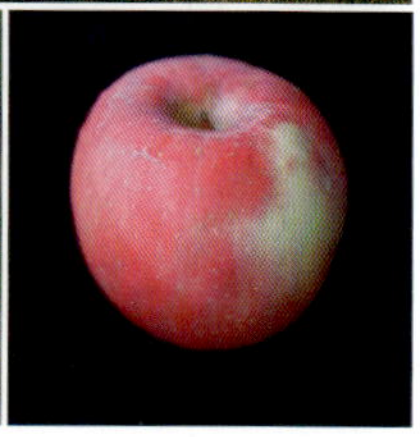

形态特征：落叶乔木，小枝短而粗。叶片椭圆形、卵形至宽椭圆形，长 4.5 ~ 10.0 cm，宽 3.0 ~ 5.5 cm，先端急尖，基部宽楔形或圆形，边缘具有圆钝锯齿，叶下面被柔毛，叶柄长 1.5 ~ 3.0 cm。伞房花序，具花 3 ~ 7 朵，集生于小枝顶端，花梗和花萼密被绒毛，萼片三角披针形或三角卵形，花白色，含苞未放时带粉红色，雄蕊 20，花柱 5。果实扁球形，直径 4 cm 以上，萼洼下陷，萼片永存。花期 4 月，果期 7—10 月。苹果是由新疆野苹果 *M. sieversii* 和欧洲野苹果 *M. sylvestris* 杂交选育而成。

原产地：欧洲东南部；小亚细亚、南高加索。

本地分布：博览园昆虫馆西侧，北校区园艺园，南校区 1 号教学楼前、经济树木园等地。

习性：温带主要果树，喜光，适生于冷凉干燥气候与肥厚、透水沙壤土，不耐湿热、瘠薄，较耐旱，耐寒。

32.18.7 三叶海棠

学名：*Malus sieboldii*

形态特征：落叶灌木至小乔木，枝条开展。叶片卵形、椭圆形或长椭圆形，先端急尖，基部圆形或宽楔形，边缘有尖锐锯齿，不裂或 3 浅裂。花 4 ~ 8 朵，集生于小枝顶端，花梗长 2.0 ~ 2.5 cm，近于无毛，萼片三角卵形，花瓣白色，雄蕊 20，花丝长短不齐，花柱 3 ~ 5。果实近球形，直径 6 ~ 8 mm，红色或褐黄色，萼片脱落。花期 4—5 月，果期 8—9 月。

原产地：辽宁、山东、陕西、甘肃、江西、浙江、湖北、湖南、四川、贵州、福建、广东、广西。

本地分布：博览园蝴蝶园东门南侧。

习性：喜光，适生于冷凉干燥气候与肥厚、透水沙壤土，不耐湿热，较耐旱，耐寒。

32.18.8 新疆野苹果

学名：*Malus sieversii*

形态特征：落叶乔木，小枝短粗，圆柱形。叶片卵形、宽椭圆形，长 6 ~ 11 cm，宽 3.0 ~ 5.5 cm，先端急尖，基部楔形，稀圆形，幼叶下面密被长柔毛，叶柄长 1.2 ~ 3.5 cm。花序近伞形，具花 3 ~ 6 朵，花梗密被白色绒毛，萼筒钟状，外面密被绒毛，萼片宽披针形或三角披针形，花白色至粉红色，雄蕊 20，花丝长短不等，花柱 5。果实大，球形或扁球形，直径 3.0 ~ 4.5 cm，黄绿色有红晕，萼洼下陷，萼片宿存。果味酸甜可食。花期 3—4 月，果期 8—9 月。

原产地：我国新疆。

本地分布：博览园蝴蝶园东门南侧，北校区园艺园。

习性：喜光，适生于冷凉干燥气候与肥厚、透水沙壤土，不耐湿热，耐干瘠，耐寒。

32.19 枇杷属 *Eriobotrya*

32.19.1 枇杷

学名：*Eriobotrya japonica*

形态特征：常绿乔木，小枝黄褐色，密生锈色或灰棕色绒毛。叶片革质，披针形至倒卵形，长 12 ~ 30 cm，宽 3 ~ 9 cm，先端急尖或渐尖，基部楔形或渐狭成叶柄，上部边缘有疏锯齿，上面光亮，多皱，下面密生灰棕色绒毛。圆锥花序顶生，总花梗、花梗、花萼密生锈色绒毛萼筒及萼片外面有锈色绒毛，花瓣白色，雄蕊 20，远短于花瓣，花柱 5。果实球形或长圆形，直径 2 ~ 5 cm，黄色或橘黄色，外有锈色柔毛，味酸甜。花期初冬，果期翌年 6 月。

原产地：我国重庆、湖北。

本地分布：博览园昆虫馆外、动物馆后侧，北校区 3 号教学楼前侧、西区 5 号食堂北侧，南校区文化生态园、学生区、国际交流中心、小西湖、游泳池东侧等多地。

习性：喜光耐半阴，宜温润气候和肥厚、透水中性或酸性土壤，不耐积水，稍耐寒。

32.20 栒子属 *Cotoneaster*

32.20.1 麻核栒子

学名:*Cotoneaster foveolatus*

形态特征:落叶灌木,枝条开张,小枝圆柱形,暗红褐色,嫩时密被黄色糙伏毛。叶片椭圆形,长3.5~8.0 cm,宽1.5~4.0 cm,先端渐尖或急尖,基部宽楔形或近圆形,全缘。聚伞花序有花3~7朵,总花梗和花梗被柔毛,花直径约7 mm;萼筒钟状,外面密被柔毛,内面无毛,花瓣直立,粉红色;雄蕊15~17,短于花瓣。果实椭圆形,成熟时黑色;小核3~4个。花期4月,果期9—10月。

原产地:我国陕西、甘肃、湖北、湖南、四川、云南、贵州。

本地分布:博览园蝴蝶园南侧、西侧,南校区灌木园。

习性:喜光稍耐阴,对土壤要求不严,忌涝,耐寒。

32.20.2 散生栒子

学名:*Cotoneaster divaricatus*

形态特征:落叶灌木,分枝稀疏开展,小枝暗红褐色。叶片椭圆形或宽椭圆形,长7~20 mm,宽5~10 mm,全缘,幼时面、背有短柔毛,叶柄长1~2 mm。总状花序有花2~4朵,萼筒钟状,外面有稀疏短柔毛,萼片三角形,花瓣直立,粉红色,雄蕊10~15,花柱2。果实椭圆形,直径5~7 mm,红色,有稀疏毛,具1~3核,通常2小核。花期4—5月,果期9—10月。

原产地:我国安徽、甘肃、贵州、湖北、江西、陕西、四川、新疆、西藏、云南、浙江。

本地分布:南校区灌木园。

习性:喜光,稍耐阴,适宜温润气候,耐干旱瘠薄石砾土,耐寒。

32.20.3 平枝栒子

学名：*Cotoneaster horizontalis*

别名：铺地蜈蚣

形态特征：落叶灌木，枝水平开张成整齐两列状。叶片近圆形或宽椭圆形，长 5～14 mm，宽 4～9 mm，全缘，上面无毛，下面有稀疏平贴柔毛，叶柄长 1～3 mm。花序具花 1～3 朵，近无梗，萼筒钟状，外面有稀疏短柔毛，萼片三角形，花瓣直立，粉红色，雄蕊约 12，花柱常为 3。果实近球形，直径 4～6 mm，鲜红色，常具 3 小核。花期 4—5 月，果期 9—10 月。

原产地：我国甘肃、贵州、湖北、湖南、陕西、四川、台湾、西藏、云南、浙江；尼泊尔。

本地分布：博览园农史馆北侧，南校区灌木园。

习性：喜光和温暖湿润环境，对土壤要求不严，耐干瘠，稍耐湿，耐寒。

32.20.4 水栒子

学名：*Cotoneaster multiflorus*

别名：多花栒子

形态特征：落叶灌木，枝条细瘦，常呈弓形弯曲，无毛，幼时带紫色。叶片椭圆形，长 2～4 cm，宽 1.5～3.0 cm，先端急尖或圆钝，基部宽楔形或圆形，上面无毛，叶柄长 3～8 mm。花多数组成疏松的聚伞花序，花梗及萼筒无毛，萼片三角形，花瓣平展，近圆形，白色，雄蕊约 20，花柱通常 2，离生。果实近球形或倒卵形，直径 8 mm，红色，有 1 个由 2 心皮合生而成的小核。花期 4 月，果期 9 月。

原产地：我国甘肃、河北、黑龙江、河南、湖北、辽宁、内蒙古、青海、陕西、山西、四川、新疆、西藏、云南；俄罗斯；中亚、西南亚。

本地分布： 博览园昆虫馆和植物馆西南侧，南校区灌木园。

习性：喜光稍耐阴，对土壤要求不严，特耐干旱瘠薄，忌涝，耐寒。

32.21 梨属 *Pyrus*

32.21.1 杜梨

学名：*Pyrus betulifolia*

形态特征：落叶乔木，树冠开展，枝常具刺，小枝嫩时密被灰白色绒毛。叶片菱状卵形至长圆卵形，长 4 ~ 8 cm，宽 2.5 ~ 3.5 cm，先端渐尖，基部宽楔形至圆形，边缘有粗锐锯齿，幼叶上下两面均密被灰白色绒毛，叶柄长 2 ~ 3 cm。伞形总状花序，有花 10 ~ 15 朵，总花梗和花梗均被灰白色绒毛，花萼密被灰白色绒毛，花白色，雄蕊 20，花药紫色，花柱 2 ~ 3。果实近球形，直径 5 ~ 10 mm，褐色，有淡色斑点，萼片脱落，味涩酸。花期 4 月，果期 8—9 月。

原产地：我国安徽、甘肃、贵州、河北、河南、湖北、江苏、江西、辽宁、内蒙古、陕西、山东、山西、西藏、浙江；老挝。

本地分布：博览园农史馆西南角，北校区 3 号教学楼东杂树林、五台山东环道内侧，南校区乔木园。

习性：喜光稍耐阴，甚耐干旱瘠薄、盐碱土壤，耐涝，适应性强，耐寒。

32.21.2 沙梨

学名：*Pyrus pyrifolia*

形态特征：落叶乔木，小枝嫩时具黄褐色长柔毛或绒毛，不久脱落。叶片卵状椭圆形或卵形，长 7 ~ 12 cm，宽 4.0 ~ 6.5 cm，先端长尖，基部圆形或近心形，边缘有刺芒锯齿，叶柄长 3.0 ~ 4.5 cm。伞形总状花序，具花 6 ~ 9 朵，花直径 2.5 ~ 3.5 cm，萼片三角卵形，外面无毛，花白色，雄蕊 20，花柱 5。果实近球形，浅褐色，有浅色斑点，先端微向下陷，萼片脱落，品种甚多，果型变异大，著名品种砀山酥梨。花期 3 月下旬至 4 月初，果期 8—9 月。

原产地：我国安徽、福建、广东、广西、贵州、湖北、湖南、江苏、江西、四川、云南、浙江；老挝、越南。

本地分布：博览园昆虫馆西南角，南校区文化生态园、经济树木园，北校区坡地公园等地。

习性：喜光和温暖湿润气候，适宜肥厚、疏松偏酸性土壤，耐旱又较耐水涝，耐寒。

32.21.3 杏叶梨

学名：*Pyrus armeniacifolia*

形态特征：落叶乔木，当年生枝紫褐色，无毛。叶片宽卵形或近圆形，长宽各约 4～5 cm，先端急尖或圆钝，基部圆形或截形，边缘具有圆钝锯齿，叶柄长 2～3 cm。伞形总状花序，有花 6～10 朵，总花梗与花梗均无毛，花直径 2～3 cm，萼片卵状披针形，花白色，雄蕊 20～22，花柱 5 或 4。果实扁球形，直径 2.5～3.0 cm，黄绿色，顶端萼片宿存，外面具斑点，果梗长 2.5～3.0 cm。花期 3 月，果期 9—10 月。

原产地：我国新疆。

本地分布：北校区动医学院东侧、五台山东环道。

习性：喜光，适生于冷凉干燥气候，适应性强，耐寒。

32.22 花楸属 *Sorbus*

32.22.1 石灰花楸

学名：*Sorbus folgneri*

形态特征：落叶乔木，小枝黑褐色，幼时被白色绒毛。叶片卵形至椭圆卵形，长 5～8 cm，宽 2.0～3.5 cm，先端渐尖，基部宽楔形或圆形，下面密被白色绒毛，叶柄长 5～15 mm。复伞房花序具多花，总花梗和花萼均被白色绒毛，萼筒钟状，萼片三角卵形，花白色，雄蕊 18～20，花柱 2～3。果实椭圆形，直径 6～7 mm，红色，密被柔毛，先端萼片脱落后留有圆穴。花期 4—5 月，果期 7—8 月。

原产地：我国安徽、福建、甘肃、广东、广西、贵州、河南、湖北、湖南、江西、陕西、四川、云南、浙江。

本地分布：博览园蝴蝶园西侧，北校区五台山西侧。

习性：喜光不大耐阴，适宜温暖湿润气候和肥厚、疏松透水土壤，不耐积水。耐寒。

32.22.2 陕甘花楸

学名: *Sorbus koehneana*

形态特征: 落叶乔木,小枝圆柱形,暗灰色或黑灰色。奇数羽状复叶,小叶片8对以上,长圆形至长圆披针形,长1.5～3.0 cm,宽0.5～1.0 cm,先端圆钝或急尖,基部偏斜圆形,边缘有尖锐锯齿,叶轴两面微具窄翅。复伞房花序多生在侧生短枝上,具多数花朵,总花梗和花梗有稀疏白色柔毛,花萼无毛,萼筒钟状,萼片三角形,花白色,雄蕊20,花柱5。果实球形,直径6～8 mm,白色,先端具宿存闭合萼片。花期5—6月,果期9月。

原产地: 我国甘肃、河南、湖北、青海、陕西、山西、四川、云南。

本地分布: 博览园农史馆西南侧。

习性: 喜半阴,宜凉润气候和肥沃、疏松土壤,畏酷热,耐寒。

32.22.3 花楸树

学名: *Sorbus pohuashanensis*

形态特征: 乔木,小枝圆柱形,灰褐色,具灰白色细小皮孔。奇数羽状复叶,小叶片5～7对,卵状披针形或椭圆披针形,长3～5 cm,宽1.4～1.8 cm,先端急尖或短渐尖,基部偏斜圆形,边缘有细锐锯齿,下面苍白色,有稀疏或较密集绒毛,托叶宿存。复伞房花序具多数密集花朵,总花梗和花梗均密被白色绒毛,萼筒钟状,萼片三角形,花白色,雄蕊20,花柱3。果实近球形,直径6～8 mm,红色或橘红色,具宿存闭合萼片。花期6月,果期9—10月。

原产地: 我国黑龙江、吉林、辽宁、内蒙古、河北、陕西、山西、甘肃、山东。

本地分布: 博览园植物馆东侧。

习性: 喜半阴,宜凉润气候和肥沃、疏松土壤,畏水湿、酷热,耐寒。

32.22.4 北欧花楸

学名：*Sorbus aucuparia*

别名：欧洲花楸

形态特征：落叶乔木或小乔木。小枝初有柔毛后光滑；奇数羽状复叶，互生，小叶 11 ~ 15，长椭圆形，长 3 ~ 7 cm，先端锐尖，缘有锯齿或重锯齿，背稍被白粉。秋叶变红色。多花呈紧密的复伞房花序，多绒毛，花白色；果近球形，红色或橙黄色。花期 4 月，果期 8 月。

原产地：欧洲、小亚细亚。

本地分布：博览园植物馆西南侧。

习性：喜光较耐阴，宜湿润的酸性或微酸性土壤，耐旱，耐寒性强。

33.1 沙棘属 *Hippophae*

33.1.1 中国沙棘

学名：*Hippophae rhamnoides* subsp. *sinensis*

别名：沙棘

形态特征：落叶灌木，棘刺较多，粗壮，嫩枝密被银白色而带褐色鳞片。单叶通常近对生，披针形，长 3 ~ 8 cm，宽 4 ~ 10 mm，两端钝形或基部近圆形，基部最宽，上面绿色，面、背皆被银白色鳞片，叶柄极短。花单性异株，排成短总状花序生于枝腋内，萼片 2，雄蕊 4，花柱丝状。果实圆球形，直径 4 ~ 6 mm，橙黄色或橘红色。花期 4—5 月，果期 9—10 月。

原产地：我国甘肃、河北、内蒙古、青海、陕西、山西、四川。

本地分布：博览园中草药园西南侧，南校区灌木园。

习性：喜光，适生于冷凉干燥气候与疏松透气土壤或沙丘，抗酷热、干瘠、风沙，耐盐碱和水湿，畏黏重土，抗寒。根深且发达，防风固沙保土优良树种。

33.2 胡颓子属 *Elaeagnus*

33.2.1 长叶胡颓子

学名：*Elaeagnus bockii*

形态特征：常绿灌木，常具粗壮刺，幼枝密被锈色或褐色鳞片。叶近革质，窄椭圆形或窄矩圆形，长 4 ~ 9 cm，宽 1.0 ~ 3.5 cm，两端渐尖或微钝形，边缘略反卷，下面银白色，密被银白色和散生少数褐色鳞片，叶柄长 5 ~ 8 mm。花白色，密被鳞片，常 2 ~ 5 花簇生于叶腋，短小枝上成伞形总状花序，萼筒在花蕾时四棱形，长 5 ~ 7 mm，雄蕊 4，花柱顶端弯曲，密被淡白色星状柔毛。果实短矩圆形，长 9 ~ 10 mm，成熟时红色。花期 8—11 月，果期次年 4 月。

原产地：我国甘肃、贵州、湖北、山西、四川。

本地分布：博览园动物馆东侧。

习性：喜光亦较耐阴，对土壤要求不甚严，耐干旱瘠薄，耐寒。

33.2.2 翅果油树 国家二级保护植物

学名：*Elaeagnus mollis*

别名：毛褶子

形态特征：落叶乔木，幼枝灰绿色，密被灰绿色星状绒毛和鳞片。叶纸质，稀膜质，卵形或卵状椭圆形，长 6～13 cm，宽 3～8 cm，顶端钝尖，楔形或宽楔形，上面深绿色，下面灰绿色，密被淡灰白色星状绒毛，叶柄长 6～15 mm。花灰绿色，下垂，芳香，密被灰白色星状绒毛，萼筒钟状，长 5 mm，裂片近三角形或近披针形，雄蕊 4，花柱直立，上部稍弯曲，下部密生绒毛。果实近圆形，具明显的 8 棱脊。花期 4 月，果期 8—9 月。

原产地：我国陕西、山西。

本地分布：博览园动物馆东侧，南校区灌木园。

习性：喜光不耐阴，宜温暖气候和肥厚沙壤土，耐干瘠不耐水湿，耐寒。萌芽力强，侧根发达，富根瘤菌。

33.2.3 牛奶子

学名：*Elaeagnus umbellata*

别名：秋胡颓子

形态特征：落叶灌木，茎具刺，小枝多分枝。叶纸质或膜质，形状变异较大，椭圆形至卵状椭圆形或倒卵状披针形，长 3～8 cm，宽 1.0～3.2 cm，全缘或皱卷至波状，下面密被银白色鳞片，叶柄长 5～7 mm。花黄白色，芳香，密被银白色盾形鳞片，萼筒圆筒状漏斗形，长 5～7 mm，裂片卵状三角形，雄蕊 4，花柱直立，疏生少数白色星状柔毛和鳞片。果实近球形，长 5～7 mm，成熟时红色。花期 4 月中、下旬，果期 7—8 月。

原产地：我国甘肃、湖北、江苏、辽宁、陕西、山东、山西、四川、西藏、云南、浙江；阿富汗、不丹、印度、日本、尼泊尔；朝鲜半岛。

本地分布：博览园红柱阵南侧及蝴蝶园西侧，南校区灌木园等地。

习性：喜光略耐阴，对土壤要求不严，耐干旱瘠薄，耐寒。

34.1 鼠李属 *Rhamnus*

34.1.1 甘青鼠李

学名:*Rhamnus tangutica*

别名:糙叶鼠李

形态特征:落叶灌木,小枝对生或近对生,枝端和分叉处有针刺。叶对生或近对生,或在短枝上簇生,椭圆形、倒卵状椭圆形或倒卵形,长 2.5 ~ 6.0 cm,宽 1.0 ~ 3.5 cm,边缘具钝或细圆齿,侧脉每边 4 ~ 5 条,下面凸起,脉腋常有小窝孔,叶柄长 5 ~ 10 mm,托叶线形,常宿存。花单性,雌雄异株,4 基数,有花瓣,雌花柱头 2 裂。核果近球形,具 2 分核,成熟时黑色。花期 5—6 月,果期 6—9 月。

原产地:我国甘肃、青海、陕西、河南、四川、西藏。

本地分布:博览园动物馆东侧。

习性:喜光稍耐阴,适宜肥沃、疏松土壤,耐瘠薄,耐寒。

34.1.2 冻绿

学名:*Rhamnus utilis*

形态特征:落叶灌木或小乔木,枝对生或近对生,枝端常具针刺。叶纸质,对生或近对生,或在短枝上簇生,椭圆形、矩圆形或倒卵状椭圆形,长 4 ~ 15 cm,宽 2.0 ~ 6.5 cm,顶端突尖或锐尖,基部楔形或稀圆形,叶柄长 0.5 ~ 1.5 cm。花单性,雌雄异株,4 基数,具花瓣。核果成熟时黑色,具 2 分核。花期 4—5 月,果期 5—8 月。

原产地:我国甘肃、陕西、河南、河北、山西、安徽、江苏、浙江、江西、福建、广东、广西、湖北、湖南、四川、贵州。

本地分布:博览园红柱阵南侧、昆虫馆西北角、蝴蝶园东门南侧。

习性:喜光稍耐阴,适宜肥沃、疏松土壤,耐瘠薄,较耐寒。

34.2 枳椇属 *Hovenia*

34.2.1 枳椇

学名:*Hovenia acerba*

别名:拐枣

形态特征:落叶乔木,小枝有明显白色的皮孔。叶互生,宽卵形、椭圆状卵形或心形,长 8 ~ 17 cm,宽 6 ~ 12 cm,顶端短渐尖,基部截形或心形,边缘常具整齐浅而钝的细锯齿,两面无毛,叶柄长 2 ~ 5 cm。二歧式聚伞圆锥花序,顶生和腋生,花两性,花萼三角形,花瓣椭圆状匙形,白色,花柱半裂。浆果状核果近球形,直径 5.0 ~ 6.5 mm,无毛,成熟时黄褐色或棕褐色,果序轴明显膨大(味甜可食),种子黑紫色。花期 6 月,果期 11 月。

原产地:我国安徽、福建、甘肃、广东、广西、贵州、河南、湖北、湖南、江苏、江西、陕西、四川、西藏、云南;不丹、印度、缅甸、尼泊尔。

本地分布:博览园蝴蝶园西门东侧,南校区乔木园、经济树木园等地。

习性:阳性树种,喜温润气候和肥厚、湿润且透水中性土壤,较耐旱,耐寒。

34.3 马甲子属 *Paliurus*

34.3.1 铜钱树

学名:*Paliurus hemsleyanus*

形态特征:落叶乔木,小枝紫褐色。单叶互生,宽椭圆形,顶端渐尖,基部偏斜,宽楔形或近圆形,边缘具圆锯齿或钝细锯齿,两面无毛,基生三出脉,叶柄长 0.6 ~ 2.0 cm,无托叶刺,但幼树叶柄基部有 2 个斜向直立的针刺。花序顶生或兼有腋生,无毛,萼片三角形或宽卵形,花瓣匙形,雄蕊长于花瓣,花盘五边形,5 浅裂,花柱 3 深裂。核果草帽状,周围具革质宽翅,直径 2.0 ~ 3.8 cm。花期 5 月,果期 7—9 月。

原产地:我国安徽、重庆、甘肃、广东、广西、贵州、河南、湖北、湖南、江苏、江西、陕西、四川、云南、浙江。

本地分布:博览园蝴蝶园西门东侧。

习性:喜光不耐阴,不择土壤,喜湿润又耐干旱;萌芽力强;耐寒。

34.4 枣属 *Ziziphus*

34.4.1 酸枣

学名:*Ziziphus jujuba* var. *spinosa*

形态特征:落叶灌木或乔木状,树皮褐色或灰褐色,枝上有宿存托叶刺。叶卵状椭圆形,长 3 ~ 7 cm,宽 1.5 ~ 4.0 cm,顶端钝或圆形,具小尖头,叶缘具圆齿状锯齿,基生 3 出脉。花黄绿色,两性,5 基数,具短总花梗,单生或 2 ~ 8 个密集成腋生聚伞花序,花瓣花盘厚,肉质,圆形。果实近球形,具薄的中果皮,熟时红色,味酸。种子扁椭圆形。花期 5—6 月,果期 8—9 月。原变种枣(var. *jujube*)由酸枣栽培驯化而来,果实较大,常矩圆形,味甜。

原产地:辽宁、内蒙古、河北、山东、山西、河南、陕西、甘肃、宁夏、新疆、江苏、安徽;朝鲜、俄罗斯。

本地分布:北校区西农公墓东南路崖,博览园农史馆西侧和南校区经济树木园等地为枣。

习性:阳性树种,喜干冷气候和中性或微碱性沙壤,耐干瘠、低湿、寒冷,耐南方湿热,对气候、土壤适应性强。

35.1 刺榆属 *Hemiptelea*

35.1.1 刺榆

学名: *Hemiptelea davidii*

形态特征: 落叶乔木,具粗而硬的棘刺,刺长2～10 cm。叶椭圆形,长4～7 cm,宽1.5～3.0 cm,先端急尖或钝圆,基部浅心形或圆形,缘有整齐的粗锯齿,叶柄短。花杂性,具梗,与叶同时开放,单生或2～4朵簇生于当年生枝的叶腋,花被4～5裂,雄蕊与花被片同数,超出花被,雌蕊具短花柱,柱头2。小坚果黄绿色,斜卵圆形。花期4月,果期9—10月。

原产地: 我国安徽、甘肃、广西、河北、黑龙江、河南、湖北、湖南、江苏、江西、吉林、辽宁、内蒙古、宁夏、陕西、山东、山西、浙江;朝鲜半岛。

本地分布: 博览园蝴蝶园北侧,南校区灌木园北侧。

习性: 喜光耐半阴,不择土壤,耐旱亦耐水湿,抗污染,适应性广,耐寒;根极深,萌蘖力强。

35.2 榆属 *Ulmus*

35.2.1 '金叶'荷兰榆

学名: *Ulmus* × *hollandica* 'Dampieri Aurea'

别名: 欧洲金叶榆

形态特征: 落叶乔木,小枝不开展。叶倒卵形或卵形,边缘有缺刻状重锯齿,先端渐尖,基部不对称,新叶金黄色,叶柄向上反折。本品种由欧洲野榆 *U. minor* 和光叶榆 *U. glabra* 的天然杂交种培育而成。

原产地: 欧洲。

本地分布: 博览园蝴蝶园西门西侧。

习性: 喜光,畏酷热暴晒,宜温暖湿润气候和肥厚、疏松透水土壤,耐寒。天牛易蛀干。

35.2.2 兴山榆

学名：*Ulmus bergmanniana*

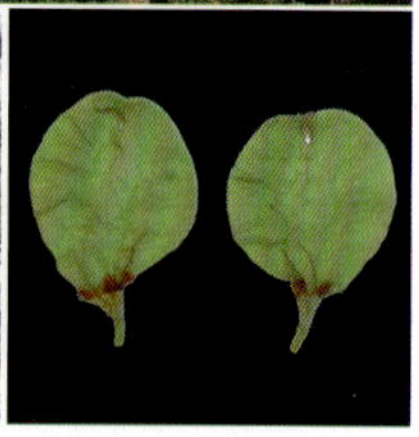

形态特征：落叶乔木，树皮纵裂，粗糙。叶大，变异大，椭圆形至矩圆形，长 6～16 cm，宽 3.0～8.5 cm，先端渐窄长尖或骤凸长尖，边缘具重锯齿，基部多少偏斜，圆、心脏形、耳形或楔形，侧脉每边 17～26 条，叶柄长 3～13 mm。花在去年生枝上排成簇状聚伞花序。翅果宽倒卵形或长圆状圆形，长 1.2～1.8 cm，宽 1.0～1.6 cm，果核部分位于翅果的中部，宿存花被钟形，上端 4～5 浅裂。花果期 3—5 月。

原产地：我国安徽、甘肃、河南、湖北、江西、陕西、山西、四川、西藏、云南、浙江。

本地分布：博览园动物馆东侧。

习性：喜光，对气候和土壤要求不严，耐旱，耐寒。

35.2.3 '垂枝'光叶榆

学名：*Ulmus glabra* 'Pendula'

别名：大叶垂榆

形态特征：落叶乔木，全株呈伞形，小枝下垂。叶宽倒卵形，甚大，长约 20 cm，宽约 15 cm，具不规则锯齿，叶脉上陷下凸，叶面粗糙，叶基不对称，叶柄极短。花多数簇生于去年生枝的叶腋。翅果椭圆形或倒卵形，长约 2.3 cm，果核位于中部。花期 3 月，果期 6 月。

原产地：欧洲。

本地分布：博览园农史馆西侧。

习性：喜光和温暖湿润气候，对土壤要求不甚严，耐旱，耐寒。

35.2.4 春榆

学名: *Ulmus davidiana* var. *japonica*

形态特征: 落叶灌木至乔木,树皮纵裂成不规则条状,小枝具向四周膨大而不规则纵裂的木栓层。叶倒卵形或倒卵状椭圆形,长 4 ~ 9 cm,宽 1.5 ~ 4.0 cm,先端尾状渐尖或渐尖,基部歪斜,边缘具重锯齿,侧脉每边 12 ~ 22 条,叶柄长 2 ~ 8 mm。花在去年生枝上排成簇状聚伞花序。翅果倒卵形或近倒卵形,长 10 ~ 19 mm,果核部分无毛,果核位于翅果中上部或上部,上端接近缺口,宿存花被无毛,裂片 4。花期 3 月,果期 4—5 月。

原产地: 我国黑龙江、吉林、辽宁、内蒙古、河北、山东、浙江、山西、安徽、河南、湖北、陕西、甘肃、青海;俄罗斯、日本;朝鲜半岛。

本地分布: 博览园昆虫馆北侧、蝴蝶园西侧。

习性: 喜光,不拘立地条件,耐干瘠,稍耐盐碱,耐寒。

35.2.5 榔榆

学名: *Ulmus parvifolia*

别名: 秋榆

形态特征: 落叶乔木,树皮灰色或灰褐,裂成不规则鳞状薄片剥落,露出红褐色内皮。叶质地厚,披针状卵形或窄椭圆形,长 2.5 ~ 5.0 cm,宽 0.8 ~ 3.0 cm,先端尖或钝,基部偏斜,边缘有钝而整齐锯齿。花在叶腋簇生或排成簇状聚伞花序,花被片 4。翅果椭圆形或卵状椭圆形,长 10 ~ 13 mm,宽 6 ~ 8 mm,果核部分位于翅果的中上部,上端接近缺口。花期 8 月,果期 10 月。

原产地: 我国河北、山东、江苏、安徽、浙江、福建、台湾、江西、广东、广西、湖南、湖北、贵州、四川、陕西、河南;日本;朝鲜半岛。

本地分布: 北校区 3 号教学楼东南杂树林,杨凌凤凰岭公园山坡上(野生)等。

习性: 喜光,耐干旱,在酸性、中性及碱性土上均能生长,但以气候温暖,土壤肥沃、排水良好的中性土壤为最适生境。耐寒。

35.2.6 榆树

学名: *Ulmus pumila*

别名: 白榆、家榆

形态特征: 落叶乔木,幼树树皮平滑,大树不规则深纵裂。叶椭圆状卵形、长卵形、椭圆状披针形或卵状披针形,长 2 ~ 8 cm,宽 1.2 ~ 3.5 cm,先端渐尖或长渐尖,基部偏斜或近对称,边缘具重锯齿或单锯齿,侧脉每边 9 ~ 16 条,叶柄长 4 ~ 10 mm,通常仅上面有短柔毛。花先叶开放,在去年生枝的叶腋成簇生状。翅果近圆形,长 1.2 ~ 2.0 cm,果核部分位于翅果的中部,宿存花被无毛,4 浅裂。花期 2—3 月,果期 6 月。榆树栽培品种金叶榆 'Jinye',叶金黄色;龙爪榆 'Pendula',枝条下垂。

原产地: 我国甘肃、河北、黑龙江、河南、吉林、辽宁、内蒙古、宁夏、青海、陕西、山东、山西、四川、新疆、西藏;蒙古、俄罗斯;朝鲜半岛。

本地分布: 博览园蝴蝶园南侧、北侧及植物馆西门和动物馆南门,北校区南大门外西侧,南校区乔木园等地。

习性: 强阳性树种,适生干凉气候,耐干瘠,忌涝,耐轻度盐碱,耐烟尘,抗风,耐寒。

35.3 榉属 *Zelkova*

35.3.1 大叶榉树 国家二级保护植物

学名: *Zelkova schneideriana*

别名: 榉树

形态特征: 落叶乔木,树皮灰褐色至深灰色,当年生枝灰绿色或褐灰色,密生伸展的灰色柔毛。叶厚纸质,大小形状变异很大,卵形至椭圆状披针形,长 3 ~ 10 cm,宽 1.5 ~ 4.0 cm,基部稍偏斜,叶背浅绿,密被柔毛,边缘具近桃状锯齿,侧脉 8 ~ 15 对,叶柄粗短。雄花 1 ~ 3 朵簇生于叶腋,雌花或两性花常单生于小枝上部叶腋。核果几无柄,凹陷。花期 4 月,果期 9—11 月。

原产地: 我国安徽、福建、甘肃、广东、广西、贵州、河南、湖北、湖南、江苏、江西、陕西、四川、西藏、云南、浙江。

本地分布: 博览园动物馆东侧、蝴蝶园西侧,北校区绣山中心南侧、五台山西环道,南校区乔木园、榉树广场、小西湖、图书馆西侧停车场等地。

习性: 喜光稍耐阴,宜温润气候和肥沃、疏松酸性至石灰性土壤,忌积水,不耐干瘠,耐寒。

36.1 朴属 *Celtis*

36.1.1 紫弹树

学名：*Celtis biondii*

别名：紫弹朴

形态特征：落叶乔木，树皮暗灰色，当年生小枝幼时黄褐色，密被短柔毛。叶宽卵形、卵形至卵状椭圆形，长 2.5 ~ 7.0 cm，宽 2.0 ~ 3.5 cm，基部偏斜，全缘或中部以上疏具浅齿，薄革质，叶柄长 3 ~ 6 mm。花小，无花被，杂性同株。果实 1 ~ 3 个生叶腋，果梗长度是叶柄的 2 倍，稀近等长，果幼时被疏或密的柔毛，后毛逐渐脱净，黄色至橘红色，近球形，直径约 5 mm。花期 4 月，果期 9—10 月。

原产地：我国安徽、福建、甘肃、广东、广西、贵州、河南、湖北、江苏、江西、陕西、四川、台湾、云南、浙江；日本；朝鲜半岛。

本地分布：北校区五台山西环道，杨凌树木园。

习性：喜光，适宜深厚、疏松、湿润山地土壤，也能生于石灰岩上，耐旱，耐寒。

36.1.2 黑弹树

学名：*Celtis bungeana*

别名：小叶朴

形态特征：落叶乔木，树皮平光，灰色或暗灰色。叶厚纸质，狭卵形、长圆形、卵状椭圆形至卵形，长 3 ~ 7 cm，宽 2 ~ 4 cm，基部宽楔形至近圆形，稍偏斜至几乎不偏斜，先端渐尖，中部以上疏具不规则浅齿，有时一侧近全缘，无毛，叶柄长 5 ~ 15 mm，萌发枝上的叶形变异较大，先端可具尾尖且有糙毛。花小，无花被，杂性同株。果单生叶腋，果柄长为叶柄 2 倍以上，果成熟时黑色，近球形。花期 4 月，果期 10—11 月。

原产地：我国安徽、甘肃、河北、河南、湖北、江苏、江西、辽宁、内蒙古、宁夏、青海、陕西、山东、山西、四川、西藏、云南、浙江；朝鲜半岛。

本地分布：博览园东大门南侧、蝴蝶园北侧。

习性：喜光亦较耐阴，好肥厚的中性黏质土，较耐旱，略耐水湿，耐寒。

36.1.3 珊瑚朴

学名：*Celtis julianae*

别名：大果朴

形态特征：落叶乔木，树皮淡灰色至深灰色，当年生小枝密生褐黄色茸毛。叶厚纸质，宽卵形至尖卵状椭圆形，长 6 ~ 12 cm，宽 3.5 ~ 8.0 cm，基部近圆形或二则稍不对称，先端具突然收缩的短渐尖至尾尖，叶面粗糙，叶背密生短柔毛，边缘具浅锯齿或锯齿，叶柄长 7 ~ 15 mm。花小，无花被，杂性同株。果单生叶腋，果梗长为叶柄 2 倍以上，果椭圆形至近球形，长 10 ~ 12 mm，金黄色至橙黄色。花期 4 月，果期 10 月。

原产地：我国安徽、福建、广东、贵州、河南、湖北、江西、陕西、四川、云南、浙江。

本地分布：博览园蝴蝶园内、动物馆东侧，北校区五台山西环道，南校区乔木园、农科大楼南侧、小西湖等地。

习性：喜光稍耐阴，喜肥厚、湿润土壤，耐干瘠，耐寒。

36.2 青檀属 *Pteroceltis*

36.2.1 青檀 中国稀有濒危三级保护植物

学名：*Pteroceltis tatarinowii*

别名：翼朴

形态特征：落叶乔木，树皮灰色或深灰色，不规则的长片状剥落。叶宽卵形至长卵形，长 3 ~ 10 cm，宽 2 ~ 5 cm，先端渐尖至尾状渐尖，基部不对称，边缘有不整齐的锯齿，基部 3 出脉，叶柄长 5 ~ 15 mm。花单性同株，雄花萼 5 裂，雄蕊 5，雌花单生。翅果状坚果近圆形或近四方形，先端凹缺，直径 10 ~ 17 mm，翅有放射线条纹，木质化，果梗纤细。花期 3—4 月，果期 9—10 月。

原产地：我国安徽、福建、甘肃、广东、广西、贵州、河北、河南、湖北、湖南、江苏、江西、辽宁、青海、陕西、山东、山西、四川、浙江。

本地分布：博览园动物馆东侧，南校区乔木园、小西湖，北校区五台山西环道等。

习性：喜光稍耐阴，常生于石灰岩山地，耐干瘠，耐寒。本种树皮为制造宣纸的优质原材。

37.1 桑属 *Morus*

37.1.1 桑

学名：*Morus alba*

别名：桑树

形态特征：落叶灌木至乔木，树皮厚，灰色，具不规则浅纵裂。叶卵形或广卵形，长 5 ~ 15 cm，宽 5 ~ 12 cm，先端急尖、渐尖或圆钝，基部圆形至浅心形，边缘锯齿粗 1，有时叶为各种分裂，叶柄长 1.5 ~ 5.5 cm。花单性，雄花序下垂，花被片淡绿色，雌花无花柱，柱头 2 裂。聚花果卵状椭圆形，长 1 ~ 2.5 cm，成熟时红色或暗紫色，味甜多汁。花期 4 月，果期 6 月。栽培品种龙游桑 'Tortuosa'，小枝蜿蜒；龙爪桑 'Pendula'，小枝下垂。

原产地：我国中部和南部。

本地分布：博览园昆虫馆北侧、蝴蝶园内及植物馆东北角，南校区乔木园、经济树木园等地。

习性：喜光，广适我国南北气候与土壤，耐湿亦耐干旱，耐轻度盐碱，耐烟尘和有害气体，耐寒。生长快，耐修剪，易更新；根深，寿命可达 300 年以上。

4000 余年前，我国古代人民就已种桑养蚕产丝绸。

37.1.2 鸡桑

学名：*Morus australis*

形态特征：落叶灌木至乔木，树皮灰褐色。叶卵形，长 5 ~ 14 cm，宽 3.5 ~ 12.0 cm，先端急尖或尾状，基部楔形或心形，边缘具粗锯齿，不分裂或 3 ~ 5 裂，表面粗糙，密生短刺毛，背面疏被粗毛，叶柄长 1.0 ~ 1.5 cm。花单性，雄花序长 1.0 ~ 1.5 cm，雌花序近球形，长约 1 cm，花柱很长，柱头 2 裂。聚花果短椭圆形，长约 1 cm，成熟时红色或暗紫色。花期 3—4 月，果期 4—5 月。

原产地：我国河北、辽宁、山东、山西、秦岭以南各省区；不丹、日本、朝鲜、韩国、缅甸、尼泊尔、印度。

本地分布：博览园东南角和昆虫馆西北角，北校区五台山西环道。

习性：喜光稍耐阴，不择土壤，可在石灰岩石山或山坡生长，耐干瘠，耐寒。

37.2 柘属 *Maclura*

37.2.1 柘

学名: *Maclura tricuspidata*

别名: 柘桑

形态特征: 落叶灌木至小乔木,小枝树皮灰褐色,有棘刺,大树树皮片状翘起。不同树龄植株形态变异很大,叶卵形、菱状卵形、菱状倒卵形,有时3裂。雌雄异株,雌雄花序均为球形头状花序,单生或成对腋生,花黄色,花被片4,肉质,先端肥厚。聚花果近球形,成熟时橘红色,可食用。花期5—6月,果期6—7月。

原产地: 我国安徽、福建、甘肃、广东、广西、贵州、河北、河南、湖北、湖南、江苏、江西、陕西、山东、山西、四川、云南、浙江;日本;朝鲜半岛。

本地分布: 博览园动物馆东侧。

习性: 喜光,对立地环境要求不严,耐干旱瘠薄,喜钙树种,耐寒。

37.3 构属 *Broussonetia*

37.3.1 构树

学名: *Broussonetia papyrifera*

形态特征: 落叶乔木,树皮暗灰色,小枝密生柔毛。叶广卵形至长椭圆状卵形,长6~18 cm,宽5~9 cm,先端渐尖,基部两侧常不相等,边缘具粗锯齿,不分裂或3~5裂,小树之叶常有明显分裂,背面密被绒毛,基生叶脉3出,叶柄长2.5~8.0 cm。花雌雄异株,雄花序为柔荑花序,雌花序球形头状,柱头线形。聚花果直径1.5~3.0 cm,成熟时橙红色,肉质。花期4—5月,果期6—7月。

原产地: 我国大部分省区,亚洲其他国家。

本地分布: 博览园水车附近,北校区五台山西环道等地。

习性: 喜光,广适南北各种气候与土壤,耐干冷亦耐湿热,耐干瘠又耐水湿,抗烟尘及有毒气体,病、虫害很少,耐寒。优良的荒山及复垦地绿化造林树种。

37.4 榕属 *Ficus*

37.4.1 无花果

学名:*Ficus carica*

形态特征:落叶灌木或乔木,树皮灰褐色,皮孔明显。叶互生,广卵圆形,长宽 10~20 cm,不裂至掌状深裂,小裂片卵形,边缘具不规则钝齿,表面粗糙,基部浅心形,基生侧脉 3~5 条,叶柄长 2~5 cm。雌雄异株(栽培者通常为雌株),雄花和瘿花同生于一榕果内壁,花被片 4~5,雄蕊 3,雌花花被与雄花同,子房卵圆形,柱头 2 裂。榕果单生叶腋,梨形,直径 3~5 cm,顶部下陷,成熟时紫红色或黄色。花期 5—6 月,果期 7—9 月。

原产地:地中海地区。

本地分布:博览园蝴蝶园西南角,南校区经济树木园,北校区五台山西侧。

习性:喜光和温润气候,对土壤要求不严,但宜肥沃沙壤土,耐旱,略耐寒。

37.4.2 异叶榕

学名:*Ficus heteromorpha*

别名:异叶天仙果

形态特征:落叶灌木或小乔木,树皮灰褐色,小枝红褐色,节间短。叶多形,琴形、椭圆形、椭圆状披针形,长 10~18 cm,宽 2~7 cm,先端渐尖或为尾状,基部圆形或浅心形,表面略粗糙,侧脉 6~15 对,红色,叶柄长 1.5~6.0 cm。雄花和瘿花同生于一榕果中,雄花花被片 4~5,雄蕊 2~3,瘿花子房光滑,雌花花被片 4~5,花柱侧生。榕果无总梗,球形或圆锥状球形,光滑,直径 6~10 mm,成熟时紫黑色。花期 4—5 月,果期 5—7 月。

原产地:我国安徽、福建、甘肃、广东、广西、贵州、河南、湖北、湖南、江苏、江西、陕西、山西、四川、云南、浙江;缅甸。

本地分布:博览园昆虫馆西北侧。

习性:喜光,宜温暖湿润气候,对土壤要求不甚严,稍耐旱,较耐寒。

38.1 苎麻属 *Boehmeria*

38.1.1 苎麻

学名：*Boehmeria nivea*

别名：野苎麻

形态特征：落叶亚灌木或灌木，茎上部与叶柄均密被开展的长硬毛。叶互生，叶片通常圆卵形或宽卵形，长 6 ~ 15 cm，宽 4 ~ 11 cm，顶端尾尖，基部近截形，边缘在基部之上有牙齿，下面密被雪白色毡毛，叶柄长 2.5 ~ 9.5 cm。圆锥花序腋生，或植株上部的为雌性，其下的为雄性，或同一植株的全为雌性，雄团伞花序有少数雄花，雌团伞花序有多数密集的雌花。瘦果近球形，长约 0.6 mm。花期 8—9 月，果期 10 月。

原产地：我国安徽、福建、广东、广西、贵州、海南、湖北、湖南、江西、陕西、四川、台湾、云南、浙江；南亚各国。

本地分布：博览园农史馆西北侧，杨陵区康乐路农大景苑西北角透视墙外侧。

习性：喜光耐半阴，适宜温暖湿润环境和富腐殖质疏松微酸性土壤。陕西关中每年越冬后地上部干枯。

39.1 青冈属 *Cyclobalanopsis*

39.1.1 细叶青冈

学名:*Cyclobalanopsis gracilis*

形态特征:常绿乔木,树皮灰褐色。叶片长卵形至卵状披针形,顶端渐尖至尾尖,基部楔形或近圆形,叶缘1/3以上有细尖锯齿,叶背灰白色。雄花序长5~7 cm,花序轴被疏毛;雌花序长1.0~1.5 cm,顶端着生2~3朵花,花序轴及苞片被绒毛。壳斗碗形,包着坚果1/3~1/2,外壁被伏贴灰黄色绒毛,小苞片合生成6~9条同心环带,环带边缘通常有裂齿,坚果椭圆形,果脐微凸起。花期3—4月,果期10—11月。

原产地:我国河南、陕西、甘肃、江苏、安徽、浙江、江西、福建、湖北、湖南、广东、广西、四川、贵州。

本地分布:博览园昆虫馆西侧、农史馆西侧。

习性:喜光与温暖湿润气候,忌积水,稍耐寒。

39.2 水青冈属 *Fagus*

39.2.1 欧洲水青冈

学名:*Fagus sylvatica*

别名:欧洲山毛榉

形态特征:落叶大乔木,嫩枝密被长柔毛,芽披针形,细长。叶互生,深绿色,宽卵形,长5~10 cm,宽3~7 cm,全缘或波状,嫩时具长柔毛,先端钝尖,基部圆形。雌雄同株,雄花序穗状,具长花序梗,下垂,雌花单生叶腋,花梗直立,花柱3。壳斗完全包被果实,外面密被硬刺,每个壳斗内有2个坚果。花期4—5月,果期9—10月。

原产地:欧洲。

本地分布:博览园植物馆东南角。

习性:喜光亦耐阴,适生于凉润气候及肥沃、疏松透水的石灰质或微酸性土壤,较耐干瘠,畏板结土与炎热气候,耐寒。

39.3 栎属 *Quercus*

39.3.1 锐齿槲栎

学名：*Quercus aliena* var. *acutiserrata*

别名：锐齿栎

形态特征：落叶乔木，树皮暗灰色，深纵裂。叶片长椭圆状倒卵形至倒卵形，长10～20 cm，宽5～14 cm，变异较大，叶缘具粗大锯齿，齿尖内弯，叶背密被灰色细绒毛，侧脉每边10～15条，叶柄长1.0～1.3 cm。雄花序长4～8 cm，花被6裂，雄蕊通常10枚，雌花序生于新枝叶腋，单生或2～3朵簇生。壳斗杯形，包着坚果约1/2，直径1.2～2.0 cm，小苞片鳞片状，排列紧密，坚果椭圆形至卵形，果脐微突起。花期4月，果期9—10月。

原产地：我国安徽、甘肃、广东、广西、贵州、河北、河南、湖北、湖南、江苏、江西、辽宁、陕西、山东、山西、四川、云南、浙江；日本；朝鲜半岛。

本地分布：博览园蝴蝶园西侧、昆虫馆北侧。

习性：喜光稍耐阴，宜凉润气候和湿润土壤，耐干旱瘠薄，耐寒。

39.3.2 槲树

学名：*Quercus dentata*

别名：柞栎

形态特征：落叶乔木，树皮暗灰褐色，深纵裂。叶片倒卵形或长倒卵形，长10～30 cm，宽6～20 cm，基部耳形，叶缘波状裂片或粗锯齿，叶背面密被灰褐色星状绒毛，侧脉每边4～10条，叶柄长2～5 mm。雄花序生于新枝叶腋，长4～10 cm，花被7～8裂，雄蕊通常8～10个，雌花序生于新枝上部叶腋。壳斗杯形，包着坚果1/2～2/3，小苞片革质，长约1 cm，反曲或直立，红棕色，坚果卵形至宽卵形，有宿存花柱。花期4月，果期9—10月。

原产地：我国安徽、甘肃、贵州、河北、黑龙江、河南、湖北、湖南、江苏、江西、吉林、辽宁、陕西、山东、山西、四川、云南、浙江；日本；朝鲜半岛。

本地分布：南校区乔木园。

习性：喜光稍耐阴，在酸性土、钙质土及轻度石灰土均能生长，耐旱，耐寒。

39.3.3 巴东栎

学名: *Quercus engleriana*

形态特征: 常绿乔木,树皮条状开裂,小枝幼时被灰黄色绒毛。叶片椭圆形、卵形、卵状披针形,长6~16 cm,宽2.5~5.5 cm,顶端渐尖,基部圆形或宽楔形,叶缘有稀疏锯齿,叶片幼时两面密被棕黄色短绒毛,后渐无毛,侧脉每边10~13条,叶柄长1~2 cm。雄花序生于新枝基部,长约7 cm,雄蕊4~6,雌花序生于新枝上端叶腋。壳斗碗形,包着坚果1/3~1/2,小苞片鳞片状,顶端紫红色,坚果长卵形,高1~2 cm。花期4月,果期11月。

原产地: 我国陕西、江西、福建、河南、湖北、湖南、广西、四川、贵州、云南、西藏。

本地分布: 博览园农史馆西北侧。

习性: 喜光与温暖湿润气候,忌积水,稍耐旱、耐寒。

39.3.4 夏栎

学名: *Quercus robur*

别名: 欧洲橡树

形态特征: 落叶乔木,小枝无毛,有灰色长圆形皮孔。叶倒卵形,长7~14 cm,边缘羽状浅裂至深裂,裂片先端圆形。雄花序穗状,生于新枝基部,雌花序生于新叶叶腋,具长梗。果序纤细,着生果实2~4个,壳斗碗形,包着坚果基部约1/4,小苞片三角形,长约1 mm,坚果当年成熟,卵形或椭圆形,长2.0~2.5 cm,无毛。花期4月,果期9—10月。

原产地: 欧洲。

本地分布: 博览园蝴蝶园西侧。

习性: 喜光与凉润气候,宜深厚、湿润、透水土壤,耐旱,极耐寒。其寿命可达800年。

本种是欧洲主要栽培的园林观赏树种之一。

39.3.5 枹栎

学名：*Quercus serrata*

别名：短柄枹栎

形态特征：落叶乔木，树皮灰褐色，深纵裂。叶片薄革质，倒卵形或倒卵状椭圆形，变异较大，长 5 ~ 17 cm，宽 1.5 ~ 9.0 cm，顶端渐尖或钝，叶缘有稀疏浅锯齿，齿尖有腺体，侧脉每边 5 ~ 12 条；叶柄长 0.2 ~ 3.0 cm。雄花序生新枝基部，长 8 ~ 12 cm，雄蕊 8，雌花序长 1.5 ~ 3.0 cm，顶生雌花 2 ~ 3 朵。壳斗杯状，包着坚果 1/4 ~ 1/3，小苞片长三角形，贴生，坚果卵形至卵圆形，直径 0.8 ~ 1.2 cm，高 1.7 ~ 2.0 cm。花期 4 月，果期 9—10 月。

原产地：我国安徽、福建、甘肃、广东、广西、贵州、河南、湖北、湖南、江苏、江西、辽宁、陕西、山东、山西、四川、台湾、云南、浙江；日本；朝鲜半岛。

本地分布：博览园农史馆北侧。

习性：喜光与肥厚、湿润、疏松透水土壤，耐干旱瘠薄，畏黏重土、水湿，耐寒。

39.3.6 刺叶高山栎

学名：*Quercus spinosa*

别名：铁橡树、刺叶栎

形态特征：常绿乔木或灌木，小枝幼时被黄色星状毛，后渐脱落。叶面气泡状凸起，叶片倒卵形、椭圆形，长 2.5 ~ 7.0 cm，宽 1.5 ~ 4.0 cm，顶端圆钝，基部圆形或心形，叶缘有刺状锯齿，中脉之字形曲折，侧脉每边 4 ~ 8 条，叶柄长 2 ~ 3 mm。雄花序长 4 ~ 6 cm 生新枝下部，雌花序生老枝上，花序梗长 1 ~ 3 cm。壳斗杯形，包着坚果 1/4 ~ 1/3，小苞片三角形，长 1.0 ~ 1.5 mm，排列紧密，坚果卵形至椭圆形，直径 1.0 ~ 1.3 cm，高 1.6 ~ 2.0 cm。花期 5 月，果期翌年 9—10 月。

原产地：我国福建、甘肃、贵州、湖北、江西、陕西、四川、台湾、西藏、云南；缅甸。

本地分布：博览园蝴蝶园西侧。

习性：喜光，常生长于石灰岩山脊及花岗岩峭壁，性强韧，耐干瘠，耐寒。

39.3.7 栓皮栎

学名：*Quercus variabilis*

形态特征：落叶乔木，树皮黑褐色，深纵裂，木栓层发达。叶片卵状披针形，长 8 ~ 15 cm，宽 2 ~ 6 cm，顶端渐尖，基部圆形或宽楔形，叶缘具刺芒状锯齿，叶背密被灰白色星状绒毛，侧脉每边 13 ~ 18 条，叶柄长 1 ~ 3 cm。秋枯叶经久不落。雄花序长达 14 cm，花被 4 ~ 6 裂，雄蕊 10 枚或较多，雌花序生于新枝上端叶腋，花柱 3。壳斗杯形，包着坚果 2/3，小苞片钻形，反曲，坚果近球形或宽卵形，高、径约 1.5 cm，果脐突起。花期 3—4 月，果期翌年 9—10 月。

原产地：我国安徽、福建、甘肃、广东、广西、贵州、河北、河南、湖北、湖南、江苏、江西、辽宁、陕西、山东、山西、四川、台湾、云南、浙江；日本；朝鲜半岛。

本地分布：博览园的蝴蝶园内、西北侧，北校区图书馆南侧，北校区五台山西环道，南校区乔木园等地。

习性：喜光，对土壤、气候适应性强，耐干瘠，忌积水，耐寒，根深，萌芽力强。

39.3.8 辽东栎

学名：*Quercus wutaishanica*

形态特征：落叶乔木，树皮灰褐色，纵裂，幼枝无毛。叶片倒卵形至长倒卵形，长 5 ~ 17 cm，宽 2 ~ 10 cm，顶端圆钝或短渐尖，基部窄圆形或耳形，叶缘有 5 ~ 7 对圆齿，背面淡绿色，侧脉每边 5 ~ 7 条，叶柄长 2 ~ 5 mm。雄花序生于新枝基部，长 5 ~ 7 cm，花被 6 ~ 7 裂，雄蕊通常 8，雌花序生于新枝上端叶腋。壳斗浅杯形，包着坚果约 1/3，小苞片长三角形，长 1.5 mm，坚果卵形至卵状椭圆形，直径 1.0 ~ 1.3 cm，果脐微突起。花期 4—5 月，果期 9 月。

原产地：我国甘肃、河北、黑龙江、河南、吉林、辽宁、内蒙古、宁夏、青海、陕西、山东、山西、四川；日本、俄罗斯；朝鲜半岛。

本地分布：博览园农史馆北侧。

习性：喜光与温凉气候，适生中性至酸性土壤，特耐干旱瘠薄，耐寒。

39.4 栗属 *Castanea*

39.4.1 栗

学名:*Castanea mollissima*

别名:板栗

形态特征:落叶乔木,小枝灰褐色。叶椭圆至长圆形,长 11 ~ 17 cm,宽稀达 7 cm,顶部短渐尖,基部近截平或圆,常一侧偏斜而不对称,边缘稀疏尖锐锯齿,叶柄长 1 ~ 2 cm。雄花序直立,长 10 ~ 20 cm,花序轴被毛,雌花 1 ~ 3 朵发育结实。壳斗外密被长针刺,有疏有密,壳斗连刺径 4.5 ~ 6.5 cm,坚果高 1.5 ~ 3.0 cm,宽 1.8 ~ 3.5 cm,成熟前不外露。花期 6 月,果期 8—10 月。

原产地:中国。

本地分布:博览园农史馆北侧,杨凌树木园。

习性:阳性树种,好肥厚、透水、富有机质微酸性沙壤土,耐旱,畏水湿、黏重、盐碱地,耐寒。根深且发达,根蘖力强;树寿命长达数百年。

本种是我国重要的特产干果树种。

40.1 枫杨属　*Pterocarya*

40.1.1 枫杨

学名: *Pterocarya stenoptera*

别名: 麻柳

形态特征: 落叶乔木,幼树树皮平滑,老时则深纵裂。枝髓片状,裸芽;叶多为偶数羽状复叶,叶轴具翅,小叶 5~8 对,长椭圆形一至长椭圆状披针形,长约 8~12 cm,宽 2~3 cm,基部歪斜,边缘有向内弯的细锯齿。雄性葇荑花序长约 6~10 cm,单独生于去年生枝条上叶痕腋内,雄花常具 1 枚发育的花被片,雄蕊 5~12 枚,雌性葇荑花序顶生,长约 10~15 cm。果序长 20~45 cm,果实长椭圆形,具果翅,果翅条形或阔条形。花期 4 月,果期 8—9 月。

原产地: 我国安徽、福建、甘肃、广东、广西、贵州、海南、河北、河南、湖北、湖南、江苏、江西、辽宁、陕西、山东、山西、四川、台湾、云南、浙江;日本;朝鲜半岛。

本地分布: 博览园东门南侧、北校区信息工程学院西北侧、西区坡地公园、理科大楼北侧,南校区乔木园、小西湖等地。

习性: 喜光和温暖湿润气候,对土壤要求不严,耐低湿,适应性强,根深且发达。

本种系固堤护岸优良树种。

40.2 胡桃属　*Juglans*

40.2.1 胡桃楸

学名: *Juglans mandshurica*

别名: 山核桃

形态特征: 落叶乔木,枝条扩展,树皮灰色,具浅纵裂。奇数羽状复叶,小叶 7~17 对,长 6~17 cm,宽 2~7 cm, 椭圆形至长椭圆形或卵状椭圆形至长椭圆状披针形,边缘具细锯齿,侧生小叶基部歪斜,顶生小叶基部楔形。雄性葇荑花序长 9~20 cm,雄花具短花柄,花被片 1 枚位于顶端,雄蕊 12 枚,雌性穗状花序具 4~10 雌花,柱头鲜红色。果序俯垂,通常具 5~10 果实,果核橄榄形,两端尖,表面具 8 条纵棱。花期 5 月,果期 8—9 月。

原产地: 我国安徽、福建、甘肃、广西、贵州、黑龙江、河南、湖北、湖南、江苏、江西、吉林、辽宁、陕西、山西、四川、台湾、云南、浙江;朝鲜半岛。

本地分布: 博览园农史馆西侧。

习性: 喜光不耐阴,宜凉爽气候和肥厚、湿润、排水良好土壤,不耐干旱瘠薄与土壤积水,耐寒。

40.2.2 黑核桃

学名: *Juglans nigra*

别名: 美国黑胡桃

形态特征: 落叶乔木,树皮灰黑色,具深沟纹。奇数羽状复叶,长 30 ~ 60 cm,小叶 7 ~ 11 对,卵形,先端渐尖,基部圆形,不对称,叶柄极短,缘有不规则锯齿,背被腺毛。雄性葇荑花序下垂,长 8 ~ 10 cm,雌花序顶生,小花 2 ~ 5 朵。果序短,果近于球状,浅绿色,面密被柔毛;果核密被纵棱,顶端具短尖头。花期 5 月,果期 10 月。

原产地: 北美洲。

本地分布: 博览园西北部,南校区乔木园等地。

习性: 喜光与凉爽湿润气候,不耐炎热,耐寒。

40.2.3 胡桃

学名: *Juglans regia*

别名: 核桃

形态特征: 落叶乔木,树干灰白色,老时纵向浅裂。奇数羽状复叶,小叶 2 ~ 4 对,椭圆状卵形至长椭圆形,长约 6 ~ 15 cm,宽约 3 ~ 6 cm,基部歪斜,侧生小叶大小差异显著。雄性葇荑花序下垂,长约 5 ~ 10 cm,雄蕊 6 ~ 30 枚,雌性穗状花序通常具 1 ~ 5 朵雌花,柱头浅绿色。果序短,具 1 ~ 5 果实,果实近于球状,果核稍具皱曲,有 2 条纵棱。花期 4 月,果期 9 月。

原产地: 我国新疆、西藏等地;西南亚、欧洲。

本地分布: 博览园西北部,南校区经济树木园,北校区 4 号教学楼北侧等地。

习性: 喜光与温凉气候,耐干冷不耐湿热,好肥厚、透水的微酸性至弱碱性土壤,畏瘠薄、盐碱、酸性强及水湿地,耐寒。根深,不耐移植。

我国重要木本油料及用材树种。

40.3 山核桃属 *Carya*

40.3.1 美国山核桃

学名:*Carya illinoinensis*

形态特征:落叶乔木。奇数羽状复叶,小叶 5 ~ 8 对,椭圆状卵形至长椭圆形,长约 5 ~ 12 cm,宽约 2 ~ 6 cm,基部显著歪斜,优势被柔毛和腺毛。雄性葇荑花序下垂,长约 10 ~ 15 cm,通常 3 个花序生于一总柄上,雌花生于新梢顶端,每 3 ~ 12 朵聚生为一束。果实长椭圆形,外果皮薄,有纵横 4 条,核长圆形或卵形。花期 4—5 月,果期 7—11 月。

原产地:北美洲。

本地分布:博览园西侧。

习性:喜光与温凉气候,耐干冷不耐湿热,好肥厚、透水的微酸性至弱碱性土壤,畏瘠薄、盐碱、酸性强及水湿地,较耐寒。

40.4 化香树属 *Platycarya*

40.4.1 化香树

学名:*Platycarya strobilacea*

形态特征:落叶乔木。奇数羽状复叶,互生,小叶 7 ~ 19,纸质,卵状披针形或长椭圆状披针形,长 5 ~ 14 cm,先端长渐尖,基部歪斜,缘有锯齿。雌雄异花,皆葇荑花序,直立,两性花序常位花序束中心:雌花居序下部,雄花在上部。无花被,花蕊黄色。果序长椭圆状圆柱形,苞片宿存。种子卵圆形,种皮黄褐色,膜质。花期 5 月,果期 10—11 月。

原产地:秦岭以南各省,西南至云南;朝鲜、日本也有分布。

本地分布:博览园东大门南侧。

习性:喜光与温暖、湿润气候,对土壤的要求不严,酸性、中性、钙质土壤甚或石灰岩缝隙均可生长。耐干旱瘠薄,深根性,萌芽力强。中原越冬无虞,华北则稍困难。

41.1 桤木属 *Alnus*

41.1.1 欧洲桤木

学名:*Alnus glutinosa*

别名:德国桤木

形态特征:落叶乔木,干直挺,枝近平展。叶宽倒卵形或近圆形,长 6 ~ 12 cm,顶端圆或凹缺,基部宽楔形或近圆形,边缘有缺刻状重锯齿,幼嫩时有黏性。雌雄同株,雄花序生于上一年枝条的顶端,圆柱形,雄花每 3 朵生于一苞鳞内,雌花序单生或聚成总状或圆锥状,秋季出自叶腋或着生于少叶的短枝上。果序球果状,长约 2 cm,果苞木质,鳞片状,宿存。花期 3 月,果期 11 月。

原产地:欧洲。

本地分布:博览园动物馆东门南侧。

习性:喜光和温暖湿润气候,对土壤适应性强,喜水湿,耐旱,耐寒。

41.2 桦木属 *Betula*

41.2.1 白桦

学名:*Betula platyphylla*

形态特征:落叶乔木,树皮灰白色,成层纸状剥裂。叶三角状卵形,长 3 ~ 9 cm,宽 2.0 ~ 7.5 cm,顶端锐尖、渐尖至尾状渐尖,基部截形,有时微心形或近圆形,边缘具重锯齿,侧脉 5 ~ 7 对,叶柄长 1.0 ~ 2.5 cm。花单性,雌雄同株,雄花序 2 ~ 4 枚簇生于上一年枝条的顶端或侧生,雌花序单生于短枝的顶端。果序单生,圆柱形或矩圆状圆柱形,通常下垂,长 2 ~ 5 cm。花期 3—4 月,果期 7—8 月。

原产地:我国甘肃、河北、黑龙江、河南、江苏、吉林、辽宁、内蒙古、宁夏、青海、陕西、山西、四川、西藏、云南;日本、蒙古、俄罗斯;朝鲜半岛。

本地分布:博览园蝴蝶园南侧,南校区乔木园,杨凌树木园。

习性:强阳性树种,适生于冷凉湿润气候与疏松的酸性土壤,耐瘠薄,畏炎热干燥及低湿洼地,耐严寒。

41.3 榛属 *Corylus*

41.3.1 华榛

学名：*Corylus chinensis*

形态特征：落叶乔木，树皮褐色，纵裂，小枝密被长柔毛和刺状腺体。叶椭圆形、宽椭圆形或宽卵形，长 8 ~ 18 cm，宽 6 ~ 12 cm，顶端骤尖至短尾状，基部心形，两侧常显著不对称，边缘具不规则的钝锯齿，侧脉 7 ~ 11 对，叶柄长 1.0 ~ 2.5 cm。花单性，雌雄同株。雄花序穗状 2 ~ 8 枚排成总状，长 2 ~ 5 cm，苞鳞三角形，锐尖。雌花球果状，有多数苞鳞，每一苞鳞内有 2 ~ 3 朵雌花，雌花无花被，仅深红色弯曲花柱外伸。果 2 ~ 6 枚簇生成头状，直径 1.0 ~ 2.5 cm，果苞管状，于果的上部缢缩，较果长 2 倍，坚果球形。花期 2 月底至 3 月，果期 9—10 月。

原产地：我国甘肃、贵州、湖北、陕西、四川、西藏、云南。

本地分布：博览园东北角、蝴蝶园南侧。

习性：阳性树种，喜温暖、湿润气候及肥厚、透水中性及酸性土壤。耐寒。

本种系榛属中少有的乔木。

41.3.2 榛

学名：*Corylus heterophylla*

别名：川榛、榛子

形态特征：落叶灌木，树皮灰色，小枝密被短柔毛兼被疏生的长柔毛。叶的轮廓为矩圆形或宽倒卵形，长 4 ~ 13 cm，宽 2.5 ~ 10.0 cm，顶端急尖或凹缺而有三角状突尖，基部心形，有时两侧不相等，边缘具不规则的重锯齿，侧脉 3 ~ 5 对，叶柄纤细，长 1 ~ 2 cm。雌雄同株异花，先叶开放。雄花序单生，长约 4 cm，雌花包藏于总苞内，花柱红色，伸出总苞。果单生或 2 ~ 6 枚簇生成头状，果苞钟状，较果长但不超过 1 倍，上部浅裂，坚果近球形。花期 2—3 月，果期 8—9 月。

原产地：我国贵州、四川、陕西、甘肃、河南、山东、江苏、安徽、浙江、江西。

本地分布：博览园蝴蝶园外西南角、昆虫馆北侧。

习性：喜光亦较耐阴，对土壤适应性较强，耐干瘠、低湿，抗寒，抗烟尘，耐火烧。

41.4 铁木属 *Ostrya*

41.4.1 铁木

学名：*Ostrya japonica*

别名：苗榆

形态特征：落叶乔木，树皮暗灰色，粗糙，纵裂。叶卵形至卵状披针形，长 3.5 ~ 12.0 cm，宽 1.5 ~ 5.5 cm，顶端渐尖，基部几圆形，边缘具不规则的重锯齿，侧脉 10 ~ 15 对，叶柄长 1.0 ~ 1.5 cm。花单性同株，雄花序单生叶腋间或 2 ~ 4 枚聚生，下垂。雌花序长 1.5 ~ 2.5 cm，花梗密被柔毛。果 4 至多枚聚生成直立或下垂的总状果序，生于小枝顶端，果苞膜质，膨胀，小坚果长卵圆形，淡褐色，有光泽。花期 4—5 月，果期 8—9 月。

原产地：我国甘肃、河北、河南、湖北、陕西、四川；日本；朝鲜半岛。

本地分布：博览园蝴蝶园西侧。

习性：喜光耐半阴，适宜湿润土壤，较耐干瘠，耐寒。

41.5 鹅耳枥属 *Carpinus*

41.5.1 千金榆

学名：*Carpinus cordata*

别名：穗子榆

形态特征：落叶乔木，树皮灰色。叶卵形或矩圆状卵形，长 8 ~ 15 cm，宽 4 ~ 5 cm，顶端渐尖，基部心形，边缘具不规则的刺毛状重锯齿，侧脉 15 ~ 20 对，叶柄长 1.5 ~ 2.0 cm。雌雄同株异花，雄花序长达 6 cm，生于无叶小枝或新枝基部，雌花序生新枝顶端。果序长 5 ~ 12 cm，直径约 4 cm，果苞宽卵状矩圆形，全部遮盖着小坚果，小坚果矩圆形，长 4 ~ 6 mm，直径约 2 mm，无毛，具不明显的细肋。花期 4 月，果期 8—9 月。

原产地：我国安徽、甘肃、贵州、河北、湖北、湖南、江苏、江西、辽宁、宁夏、陕西、山东、山西、四川、浙江；日本、俄罗斯；朝鲜半岛。

本地分布：博览园蝴蝶园西南角。

习性：喜光稍耐阴，宜湿润、肥沃的沟谷或阴坡，耐寒。

41.5.2 鹅耳枥

学名：*Carpinus turczaninowii*

形态特征：落叶乔木，树皮暗灰褐色，浅纵裂。叶形变异大，长 2.5 ~ 5.0 cm，宽 1.5 ~ 3.5 cm，顶端锐尖或渐尖，基部楔形至微心形，边缘具规则或不规则的重锯齿，侧脉 8 ~ 12 对，叶柄长 4 ~ 15 mm。雌雄同株异花，雄花序生小枝上，长 3 ~ 5 cm，下垂，雌花序生新枝顶端。果序长 3 ~ 5 cm，果苞变异较大，半宽卵形、半卵形、半矩圆形至卵形，外侧边缘具不规则的缺刻状粗锯齿，小坚果露出，宽卵形，长约 3 mm。花期 4 月，果期 9—10 月。

原产地：我国河北。

本地分布：博览园蝴蝶园西南角，北校区五台山西环道，南校区东大门里两侧树林等地。

习性：喜光，较耐阴，宜肥沃、湿润中性或石灰质土壤，山顶及贫瘠山坡亦能生长，耐寒。

42.1 马桑属 *Coriaria*

42.1.1 马桑

学名:*Coriaria nepalensis*

形态特征:落叶灌木,分枝水平开展,小枝四棱形或成四狭翅。单叶对生,椭圆形,先端急尖,基部圆形,全缘,基出3脉,弧形伸端,在叶面微凹,叶背突起,叶短柄。花序生于二年生枝条上,雌雄异株,先叶开放。花序下垂,雌花柱头和雄花花药红色,花瓣极小。果球形,果期花瓣肉质增大包于果外,熟时由红变紫黑色,有毒。花期3月,果期6月。

原产地:我国云南、贵州、四川、湖北、陕西、甘肃、西藏。

本地分布:博览园昆虫馆西侧。

习性:喜光和温暖湿润气候,宜多石、透气偏酸性土壤,耐干瘠。陕西关中地区可越冬。

43.1 南蛇藤属 *Celastrus*

43.1.1 苦皮藤

学名:*Celastrus angulatus*

形态特征:落叶木质藤本,小枝常具4~6纵棱,皮孔密生。叶大,长方阔椭圆形、阔卵形、圆形,长7~17 cm,宽5~13 cm,先端圆阔,中央具尖头,侧脉5~7对,叶柄长1.5~3.0 cm。聚伞圆锥花序顶生,长10~20 cm,花萼镊合状排列,三角形至卵形,花瓣长方形,边缘不整齐,在雌花中退化雄蕊长约1 mm,子房球状,柱头反曲。蒴果近球状,假种皮红色,种子椭圆状。花期5月,果期9月。

原产地:我国安徽、甘肃、广东、广西、贵州、河北、河南、湖北、湖南、江苏、江西、陕西、山东、四川、云南。

本地分布:博览园蝴蝶园西侧。

习性:喜光耐半阴,对土壤要求不严,耐干旱瘠薄,较耐寒。

43.1.2 南蛇藤

学名:*Celastrus orbiculatus*

形态特征:落叶木质藤本,小枝光滑无毛,具稀而不明显的皮孔。叶通常阔倒卵形,近圆形或长方椭圆形,长5~13 cm,宽3~9 cm,先端圆阔,具有小尖头或短渐尖,基部阔楔形到近钝圆形,边缘具锯齿,侧脉3~5对,叶柄长1~2 cm。雌雄异株,聚伞花序腋生,偶有顶生,花序长1~3 cm,花瓣倒卵椭圆形或长方形,黄绿色,雌花柱头3深裂。蒴果近球状,直径8~10 mm,假种皮红色,种子椭圆状稍扁,赤褐色。花期4—5月,果期7—10月。

原产地:我国安徽、甘肃、河北、黑龙江、河南、湖北、江苏、江西、吉林、辽宁、内蒙古、陕西、山东、山西、四川、浙江;日本;朝鲜半岛。

本地分布:博览园农史馆西侧,南校区灌木园。

习性:喜光耐半阴,适生沟溪阴坡疏松透水、肥沃土壤,性强健,耐寒。

43.2 卫矛属 *Euonymus*

43.2.1 卫矛

学名:*Euonymus alatus*

别名:鬼箭羽

形态特征:落叶灌木,小枝常具2~4列宽阔木栓翅。叶卵状椭圆形,长2~8 cm,宽1~3 cm,边缘具细锯齿,两面光滑无毛,叶柄长1~3 mm。聚伞花序1~3花,花白绿色,花瓣4,近圆形,雄蕊着生花盘边缘处,花丝极短。蒴果具1~3个发育的心皮,近全裂,种子椭圆状或阔椭圆状,长5~6 mm假种皮橙红色,全包种子。花期4月,果期8—10月。

原产地:我国南北各地;日本、俄罗斯;朝鲜半岛。

本地分布:博览园昆虫馆西北角,南校区灌木园。

习性:喜光较耐阴,对气候与土壤适应性强,耐干瘠,耐盐碱,耐寒。

43.2.2 扶芳藤

学名:*Euonymus fortunei*

形态特征:常绿攀缘状灌木,枝条贴树干或岩石的一侧生根。叶椭圆形、长方椭圆形或长倒卵形,变异较大,长3.5~8.0 cm,宽1.5~4.0 cm,先端钝或急尖,基部楔形至宽楔形,边缘有浅齿,侧脉有时极显著,叶柄长3~6 mm。聚伞花序3~4次分枝,花瓣4,白绿色,花丝长2~3 mm,子房三角锥状,四棱,粗壮明显。蒴果粉红色,果皮光滑,近球状,直径6~12 mm,种子长方椭圆状,棕褐色,假种皮鲜红色。花期7月,果期9月。

原产地:我国江苏、浙江、安徽、江西、湖北、湖南、四川、陕西。

本地分布:博览园蝴蝶园内,北校区3号教学楼南侧等地。

习性:喜光稍耐阴,不择土质但喜肥厚、疏松、湿润土壤,稍耐干瘠,耐寒。

43.2.3 纤齿卫矛

学名：*Euonymus giraldii*

形态特征： 落叶灌木，冬芽细长。叶卵形，长3～7 cm，宽2～3 cm，先端渐尖或稍钝，基部阔楔形至近圆形，边缘具细密浅锯齿或明显的纤毛状深锯齿。聚伞花序梗长3～5 cm，顶端有3～5分枝，花淡绿色，有时稍带紫色，4数，雄蕊花丝长1 mm以下。蒴果具4长翅，近先端稍窄，长5～10 mm。花期4月，果期7—9月。

原产地：我国河北、河南、陕西、甘肃、四川。

本地分布：博览园农史馆北侧。

习性：喜光亦较耐阴，宜温润气候和疏松、肥沃土壤，耐干旱瘠薄，甚耐修剪。

43.2.4 冬青卫矛

学名：*Euonymus japonicus*

别名：大叶黄杨、正木

形态特征：常绿灌木，小枝四棱，具细微皱突。叶有光泽，倒卵形，长3～5 cm，宽2～3 cm，先端圆阔，基部楔形，边缘具有浅细钝齿，叶柄长约1 cm。聚伞花序5～12花，花白绿色，花瓣近卵圆形，雄蕊花丝长2～4 mm，子房每室2胚珠，着生中轴顶部。蒴果近球状，直径约8 mm，淡红色，种子每室1，顶生，椭圆状，假种皮橘红色。花期6月，果期10月。栽培品种金心黄杨 'Aureus'。

原产地：日本南部。

本地分布：博览园农史馆东侧，北校区南大门、体育场周围、学生西区，南校区学生区等地。

习性：喜光亦较耐阴，宜温润气候和疏松、肥沃土壤，耐干旱瘠薄，甚耐修剪。耐寒。

43.2.5 白杜

学名:*Euonymus maackii*

别名:丝绵木

形态特征:落叶乔木,树皮深裂。叶卵状椭圆形、卵圆形或窄椭圆形,长 4 ~ 8 cm,宽 2 ~ 5 cm,先端长渐尖,基部阔楔形或近圆形,边缘具细锯齿,叶柄通常细长,常为叶片的 1/4 ~ 1/3。聚伞花序 3 至多花,花瓣 4,淡白绿色或黄绿色,雄蕊花药紫红色,花丝长 1 ~ 2 mm。蒴果倒圆心状,4 浅裂,直径 9 ~ 10 mm,成熟后果皮粉红色,种子长椭圆状,假种皮橙红色。花期 5 月,果期 9—10 月。

原产地:我国南北大部分省区;日本、俄罗斯;朝鲜半岛。

本地分布:博览园游客中心后侧、动物馆东侧,北校区校卫队办公楼南侧,南校区灌木园、乔木园等地。

习性:喜光稍耐阴,宜肥沃、湿润疏松土壤,耐干旱亦耐水湿,耐寒,根深,萌蘖力强。

43.2.6 小果卫矛

学名:*Euonymus microcarpus*

形态特征:常绿灌木或小乔木,小枝有小瘤或皮孔。叶椭圆形、阔倒卵形或卵形,长 4 ~ 7 cm,宽 2.5 ~ 4.0 cm,先端急尖或短渐尖,基部楔形或阔楔形,边缘近全缘,侧脉 6 ~ 10 对,叶柄长 8 ~ 20 mm。聚伞花序 1 ~ 4 次分枝,花瓣 4,边缘反卷,黄绿色,雄蕊着生花盘边缘处,花丝长约 1.5 mm。蒴果近长圆状,4 浅裂,裂片向外平展,长 5 ~ 10 mm,种子棕红色,长圆状,长约 5 mm,外被橘黄色假种皮。花期 5 月,果期 9—10 月。

原产地:我国河南、湖北、陕西、四川、西藏。

本地分布:北校区亦乐园宾馆东边岔路口附近。

习性:喜光,适宜温暖湿润气候,较耐干旱瘠薄土壤,耐寒。

43.2.7 矮卫矛

学名：*Euonymus nanus*

形态特征：落叶小灌木，枝条绿色，具多数纵棱。叶互生或三叶轮生，线形或线状披针形，长1.5 ~ 3.5 cm，宽2.5 ~ 6.0 mm，先具短刺尖，边缘常反卷，主脉明显，侧脉不明显。聚伞花序1 ~ 3花，序梗紫棕色；花紫红色，4数；雄蕊无花丝，花药顶裂。蒴果粉红色，扁圆，4浅裂，长约7 mm，直径约9 mm。花期5月，果期8—9月。

原产地：我国内蒙古、山西、陕西、宁夏、甘肃、青海、西藏；中亚地区。

本地分布：博览园农史馆北侧。

习性：喜光与冷凉气候，适宜排水良好的土壤，耐寒。

43.2.8 栓翅卫矛

学名：*Euonymus phellomanus*

形态特征：落叶灌木，枝条硬直，常具4纵列木栓厚翅。叶长椭圆形，长6 ~ 11 cm，宽2 ~ 4 cm，先端渐尖，边缘具细密锯齿，叶柄长8 ~ 15 mm。聚伞花序2 ~ 3次分枝，有花7 ~ 15朵，花白绿色，花瓣4，边缘反卷，雄蕊花丝长2 ~ 3 mm。蒴果4棱，直径约1 cm，粉红色，种子椭圆状，假种皮橘红色。花期5月，果期6—8月。我校树木园还栽植有西南卫矛*E. hamiltonianus*，其与栓翅卫矛很近似，主要区别在于前者小枝无栓翅，花期在4月中、下旬。

原产地：我国甘肃、河南、湖北、宁夏、青海、陕西、山西、四川。

本地分布：博览园动物馆南侧，南校区灌木园等。

习性：喜光稍耐阴，适宜肥沃、透水、疏松中性土壤，耐干瘠，耐寒，不耐炎热。

43.2.9 石枣子

学名: *Euonymus sanguineus*

形态特征: 落叶灌木。叶卵形至长方椭圆形,长4~9 cm,宽2.5~4.5 cm,先端短渐尖或渐尖,基部阔楔形或近圆形,常稍平截,叶缘具细密锯齿。聚伞花序具长梗,梗长4~6 cm,顶端有3~5细长分枝,除中央枝单生花,其余常具一对3花小聚伞,小花梗长8~10 mm,花白绿色,4数。蒴果扁球状,直径约1 cm,4翅略呈三角形,长4~5 mm,先端略窄而钝。花期4月,果期9—10月。

原产地: 我国甘肃、陕西、山西、河南、湖北、四川、贵州、云南。

本地分布: 博览园农史馆北侧。

习性: 喜光稍耐阴,不择土质但喜肥厚、疏松、湿润土壤,稍耐干瘠,耐寒。

43.2.10 陕西卫矛

学名: *Euonymus schensianus*

别名: 金线吊蝴蝶

形态特征: 落叶灌木,枝条稍带灰红色。叶披针形,长4~7 cm,宽1.5~2.0 cm,先端急尖或短渐尖,边缘有细齿,基部阔楔形,叶柄长3~6 mm。花序多数集生于小枝顶部,形成多花状,每个聚伞花序具一细柔长梗,长4~6 cm,花4数,黄绿色,直径约7 mm。蒴果直径约4 cm,翅长而大,长方形,每室只1个种子成熟,种子黑色或棕揭色,全部被橘黄色假种皮包围。花期3—4月,果期9—10月。

原产地: 我国甘肃、河南、湖北、宁夏、陕西、四川。

本地分布: 博览园东南侧路边及蝴蝶园内,杨凌树木园。

习性: 喜光稍耐阴,不择土质但喜肥厚、疏松、湿润土壤,稍耐干瘠,耐寒。

43.2.11 中亚卫矛

学名: *Euonymus semenovii*

形态特征: 落叶小灌木,枝条常具4条栓棱或窄翅。叶卵状披针形,长1.5~6.5 cm,宽4~25 mm,先端渐窄,基部圆形或楔形,边缘有细密浅锯齿。聚伞花序多具2次分枝,7花,少为3花;花序梗长2~4 cm;花紫色,4数,直径约5 mm,雄蕊无花丝。蒴果稍呈倒心状,4浅裂。花期4—5月,果期9—10月。

原产地: 我国甘肃、河南、河北、宁夏、青海、陕西、山西、四川、新疆、西藏、云南;中亚地区。

本地分布: 博览园农史馆北侧。

习性: 喜光稍耐阴,不择土质但喜肥厚、疏松、湿润土壤,稍耐干瘠,耐寒。

43.2.12 疣点卫矛

学名: *Euonymus verrucosoides*

形态特征: 落叶灌木,冬芽较大。叶倒卵形、长卵形或椭圆形,枝端叶往往呈阔披针形,长3~7 cm,宽2~3 cm,先端渐尖或急尖,基部钝圆或渐窄,叶柄长2~5 mm。聚伞花序,2~5花,花序梗细线状,花瓣4,椭圆形,淡紫色,雄蕊插生花盘内方,紧贴雌蕊,花丝长2.0~2.5 mm。蒴果1~4全裂,裂瓣平展,粉红色,每室1~2种子,种子长椭圆状,近黑色,假种皮红色,长约为种子的一半或稍长,一侧开裂。花期6—7月,果期8—9月。

原产地: 我国甘肃、河南、湖北、陕西、四川。

本地分布: 博览园农史馆北侧。

习性: 喜光稍耐阴,不择土质,但喜肥厚、疏松、湿润土壤,稍耐干瘠,耐寒。

44.1 金丝桃属 *Hypericum*

44.1.1 长柱金丝桃

学名：*Hypericum longistylum*

别名：圆果金丝桃

形态特征：落叶灌木，有极叉开的长枝和羽状排列的短枝，新枝红色。叶对生，近无柄，叶片长圆形至近圆形，长 1～2 cm，宽 0.6～1.8 cm，先端圆形或微凹，近圆形，全缘，侧脉不明显，约 3 对。花序 1 花，在短侧枝上顶生，萼片线形，长 6～7 mm，全缘，花瓣金黄色，雄蕊 5 束，子房无柄，花柱长约为子房的 3.5～6.0 倍，合生几达顶端然后开张。蒴果近球形，花柱宿存。花期 4 月末至 5 月，果期 8—9 月。

原产地：我国甘肃、湖北、陕西。

本地分布：博览园昆虫馆东侧。

习性：喜光亦耐半阴，适宜肥沃、疏松、湿润、微酸性壤土，畏干瘠、黏重土。较耐寒。

44.1.2 金丝桃

学名：*Hypericum monogynum*

形态特征：半常绿灌木，丛状或通常有疏生的开张枝条，茎红色。叶对生，近无柄，叶片倒披针形至长圆形，长 2.0～11.2 cm，宽 1.0～4.1 cm，先端锐尖至圆形，基部楔形至圆形，全缘，上面绿色，背面网脉明显。花序具 1～15 花，疏松的近伞房状，花瓣金黄色，雄蕊 5 束，与花瓣几等长，花柱长约为子房的 3.5～5.0 倍，合生几达顶端然后向外弯或极偶有合生至全长之半。蒴果宽卵珠形，长 6～10 mm。花期 5—8 月，果期 8—9 月。

原产地：我国安徽、福建、广东、广西、贵州、河南、湖北、湖南、江苏、江西、陕西、山东、四川、台湾、浙江；日本。

本地分布：南校区文化生态园，杨凌教稼园等地。

习性：暖温带树种，喜光耐半阴，好肥沃、疏松透水、中性沙壤，忌涝。陕西关中可露地越冬。

44.1.3 金丝梅

学名:*Hypericum patulum*

形态特征:落叶灌木,具开张的枝条,茎淡红至橙色。叶具短柄,叶片披针形或长圆状披针形至卵形或长圆状卵形,长 1.5 ~ 6.0 cm,宽 0.5 ~ 3.0 cm,先端钝形至圆形,基部近圆形,全缘,主侧脉 3 对。花序具 1 ~ 15 花,伞房状,花萼宽卵形,花金黄色,雄蕊 5 束,长约为花瓣的 2/5 ~ 1/2,花柱长约为子房 4/5,柱头浅裂。蒴果宽卵珠形,长 0.9 ~ 1.1 cm。花期 5—7 月,果期 8—10 月。

原产地:我国贵州、四川、安徽、福建、广西、湖北、湖南、江苏、江西、陕西、台湾、浙江。

本地分布:博览园蝴蝶园内,南校区文化生态园,北校区 4 号教学楼东侧等地。

习性:喜光和温暖湿润气候及疏松、湿润土壤,忌积水。陕西关中露地越冬枝梢多有冻枯。

45.1 柞木属 *Xylosma*

45.1.1 柞木

学名: *Xylosma congesta*

别名: 柞树

形态特征: 常绿小乔木,树皮呈不规则小片从下向上反卷,有枝刺。叶薄革质,卵状椭圆形,长4~8 cm,宽2.5~3.5 cm,先端渐尖,基部楔形或圆形,边缘有锯齿,叶柄短。雌雄异株,总状花序腋生,花小,无花瓣,花萼4~6片,外面有短毛,雄花有多数雄蕊,花丝细长,雌花子房椭圆形,柱头2裂。浆果黑色,球形,顶端有宿存花柱。花期8月,果期10月。

原产地: 我国安徽、福建、广东、广西、贵州、湖北、湖南、江苏、江西、陕西、四川、台湾、西藏、云南、浙江;印度、日本;朝鲜半岛。

本地分布: 博览园东南角。

习性: 喜光略耐阴,适宜温润气候和略干燥且透水的沙壤土。陕西关中越冬枝叶偶有冻伤。

45.2 山桐子属 *Idesia*

45.2.1 山桐子

学名: *Idesia polycarpa*

别名: 山梧桐

形态特征: 落叶乔木,树皮薄,淡灰色,不裂,小枝有明显的皮孔,近轮生。叶卵形或心状卵形,或为宽心形,长13~16 cm,宽12~15 cm,先端渐尖或尾状,基部通常心形,边缘有粗的齿,齿尖有腺体,下面有白粉,通常5基出脉,叶柄长6~12 cm,或更长。花单性,雌雄异株或杂性,黄绿色,有芳香,花瓣缺,排列成顶生下垂的圆锥花序,萼片通常6。浆果成熟期紫红色,扁圆形,直径5~7 mm。花期5月,果期10—11月。

原产地: 我国安徽、福建、广东、广西、贵州、湖北、湖南、江苏、江西、陕西、山东、四川、云南、台湾、浙江;日本;朝鲜半岛。

本地分布: 博览园昆虫馆南侧,南校区小东门北侧。

习性: 喜光与温润气候,对土壤要求不严,较耐干瘠,忌涝,耐寒。

45.3 杨属 *Populus*

45.3.1 加杨

学名:*Populus* × *canadensis*

别名:加拿大杨

形态特征:落叶乔木,树皮粗厚,深沟裂;芽有黏质;萌枝及苗茎棱角明显。叶三角形或三角状卵形,长枝和萌枝叶较大,一般长大于宽,先端渐尖,基部截形或宽楔形,叶柄侧扁而长。雌雄异株,雄花序长 7 ~ 15 cm,每花有雄蕊 15 ~ 25 (40),雌花序有花 45 ~ 50 朵,柱头 4 裂。果序长达 27 cm,蒴果卵圆形,2 ~ 3 瓣裂。花期 3—4 月,果期 5—6 月。本种的杂交亲本为美洲黑杨 *P. deltoides* 和黑杨 *P. nigra*。

原产地:加拿大。

本地分布:博览园农史馆西北角,北校区信息工程学院西侧和南侧,南校区乔木园。

习性:喜光与温凉气候,适宜湿润透水土壤,对暖湿气候、瘠薄或微碱性土及水涝也有些耐性,扦插易活,生长迅速。耐寒。

45.3.2 冬瓜杨

学名:*Populus purdomii*

别名:太白杨

形态特征:落叶乔木,树皮幼时灰绿色,老时暗灰色,纵裂,呈片状,芽急尖,无毛,有黏质。叶卵形或宽卵形,长 7 ~ 14 cm,宽 4 ~ 9 cm,先端渐尖,基部圆形或近心形,边缘细锯齿或圆锯齿,齿端有腺点,具缘毛,上面亮绿色,沿脉具疏柔毛,下面带白色,两面网脉细密,叶柄圆柱形,长 2 ~ 5 cm,萌枝叶长卵形,长达 25 cm。花雌雄异株,无花被。果序长 11 cm,无毛,蒴果 3 ~ 4 瓣裂。花期 4—5 月,果期 5—6 月。

原产地:我国甘肃、河北、河南、湖北、陕西、四川。

本地分布:博览园蝴蝶园西侧,北校区五台山西环道。

习性:喜光不耐阴,宜温暖、湿润气候和肥厚、疏松透水土壤,不耐干瘠,耐寒。

45.3.3 毛白杨

学名：*Populus tomentosa*

形态特征：落叶高大乔木，树皮幼时暗灰色，壮时灰绿色，渐变为灰白色，老时基部黑灰色，纵裂，皮孔菱形散生，芽卵形，微被毡毛。长枝叶阔卵形或三角状卵形，长 10～15 cm，宽 8～13 cm，先端短渐尖，基部心形或截形，边缘深齿牙缘或波状齿牙缘，上面暗绿色，光滑，下面密生毡毛，后渐脱落，叶柄上部侧扁，长 3～7 cm，短枝叶通常较小。雌雄异株，苞片边缘密生长毛。蒴果圆锥形或长卵形，2 瓣裂。花期 2 月末至 3 月，果期 4 月。

原产地：我国安徽、甘肃、河北、河南、江苏、辽宁、陕西、山东、四川、云南、浙江。

本地分布：博览园西北部，北校区篮球馆南侧，南校区草业学院楼南侧等地。

习性：喜光与凉润气候，不论黏土、壤土、沙壤土或低湿轻度盐碱土均能生长，较耐旱耐寒。

45.4 柳属 *Salix*

45.4.1 银芽柳

学名：*Salix* × *leucopithecia*

别名：棉花柳

形态特征：落叶灌木，枝条直立。叶披针形或椭圆状披针形，长 8～16 cm，宽 3～4 cm，边缘有浅锯齿，基部常不对称，表面网脉明显，背面密被短柔毛。花先叶开放，雌雄异株，栽培者通常为雄株，雄花雄蕊 2，腺体 1。花期 3—4 月。花后宜从干基部 5 cm 处平茬有利生长、复壮与开花。杂交亲本为黄花柳 *S. caprea* 和细柱柳 *S. gracilistyla*。

原产地：日本。

本地分布：博览园人工湖北侧，南校区灌木园。

习性：喜光和温暖湿润气候，对土壤要求不严，不耐干瘠，颇耐寒。

45.4.2 垂柳

学名：*Salix babylonica*

形态特征：落叶乔木，树皮灰黑色，不规则开裂，枝细长下垂。叶狭披针形，长 9 ~ 16 cm，宽 0.5 ~ 1.5 cm，先端长渐尖，基部楔形，上面绿色，下面色较淡，边缘有锯齿，叶柄长 5 ~ 10 mm。雌雄异株，柔荑花序长 1.5 ~ 2.0 cm，雄蕊 2，花丝与苞片近等长或较长，基部多少有长毛，花药红黄色，腺体 2，子房椭圆形，花柱短，柱头 2 ~ 4 深裂，腺体 1。蒴果长 3 ~ 4 mm，带绿黄褐色。花期 3—4 月，果期 4—5 月。金枝白柳（*S.alba* 'Vitellina'）与垂柳的杂交种金丝柳 'Tristis'，小枝金黄色。

原产地：亚洲、欧洲。

本地分布：博览园人工湖边，南校区文化生态园、乔木园、小西湖，北校区五台山西环道等地。

习性：喜光和温暖湿润气候，对土壤要求不严，甚喜水湿也耐干旱，耐寒。

45.4.3 旱柳

学名：*Salix matsudana*

别名：柳树

形态特征：落叶乔木，树皮暗灰黑色，有裂沟，枝细长，直立或斜展。叶披针形，先端长渐尖，基部窄圆形或楔形，上面绿色，有光泽，下面苍白色或带白色，有细腺锯齿缘，叶柄短，长 5 ~ 8 cm。花序与叶同时开放，雄花序圆柱形，长 1.5 ~ 3.0 cm，雄蕊 2，花丝基部有长毛，花药黄色，腺体 2，雌花序较雄花序短，子房长椭圆形，无毛，无花柱或很短。果序长达 2.5 cm。花期 4 月，果期 4—5 月。

原产地：我国安徽、福建、甘肃、河北、黑龙江、河南、江苏、辽宁、内蒙古、青海、陕西、四川、浙江。

本地分布：博览园人工湖水车旁，南校区小西湖柳树路，杨凌树木园等地。

习性：喜光不耐阴，适宜肥沃、湿润且透水土壤，畏板结、黏重土。耐干旱、水湿、寒冷。

45.4.4 中国黄花柳

学名:*Salix sinica*

形态特征:落叶灌木或小乔木,当年生幼枝有柔毛,后无毛,小枝红褐色。叶一般为椭圆形,长3.5 ~ 8.0 cm,宽 1.5 ~ 4.0 cm,先端短渐尖或急尖,基部楔形或圆楔形,上面常有皱纹,下面常被白色绒毛,全缘,托叶半卵形至近肾形。花先叶开放,小苞片近黑色,雄花序无梗,宽椭圆形至近球形,长2.0 ~ 2.5 cm,粗 1.8 ~ 2.0 cm,雄蕊 2,花药黄色,花丝细长,雌花序短圆柱形。果序长达 10 cm,蒴果线状圆锥形。花期 4 月下旬,果期 5 月下旬。

原产地:我国甘肃、河北、内蒙古、青海、宁夏、陕西、山西。

本地分布:杨凌教稼园。

习性:喜光与冷凉气候,对土壤要求不严,耐旱耐寒。

46.1 山麻杆属 *Alchornea*

46.1.1 山麻杆

学名:*Alchornea davidii*

形态特征:落叶灌木,嫩枝被灰白色短绒毛。叶阔卵形或近圆形,长 8 ~ 15 cm,宽 7 ~ 14 cm,顶端渐尖,基部心形、浅心形或近截平,边缘具粗锯齿或具细齿,齿端具腺体,下面被短柔毛,基出脉 3 条,叶柄长 2 ~ 10 cm。雌雄异株,雄花序穗状,1 ~ 3 个生于一年生枝已落叶腋部,长 1.5 ~ 2.5 cm,雄蕊 6 ~ 8 枚,雌花序总状,顶生,长 4 ~ 8 cm,具花 4 ~ 7 朵,花柱 3 枚,线状,红色。蒴果近球形,具 3 圆棱,直径 1.0 ~ 1.2 cm。花期 3—4 月,果期 6—7 月。

原产地:我国福建、广东、广西、贵州、河南、湖北、湖南、江苏、江西、山西、四川、云南、浙江。

本地分布:博览园动物馆东侧。

习性:喜光,稍耐阴,适宜温润气候,对土壤要求不严,微酸性或中性土壤皆可,萌蘖性强。

46.2 野桐属 *Mallotus*

46.2.1 白背叶

学名:*Mallotus apelta*

形态特征:落叶灌木或乔木,小枝、叶柄和花序均密被淡黄色星状柔毛。叶互生,卵形或阔卵形,长和宽均 6 ~ 16 cm,顶端急尖或渐尖,基部截平或稍心形,全缘或具疏齿,有时上部有 2 个小裂片,下面被灰白色星状绒毛,基出脉 5 条,基部近叶柄处有褐色斑状腺体 2 个,叶柄长 5 ~ 15 cm。花雌雄异株,雄花序为开展的圆锥花序或穗状,雄蕊 50 ~ 75 枚,雌花序穗状,雌花花柱 3 ~ 4 枚,柱头密生羽毛状突起。蒴果近球形,密生软刺。花期 6 月,果期 9—11 月。

原产地:我国福建、广东、广西、海南、湖南、江西、云南;越南。

本地分布:博览园动物馆南侧。

习性:喜光,对立地环境要求较粗放,耐干瘠,生长健壮。较耐寒。

46.2.2 石岩枫

学名:*Mallotus repandus*

形态特征:落叶灌木,嫩枝、叶柄、花序和花梗均密生黄色星状柔毛。叶互生,卵形或椭圆状卵形,长 3.5 ~ 8.0 cm,宽 2.5 ~ 5.0 cm,顶端急尖或渐尖,基部楔形或圆形,边全缘或波状,基出脉 3 条,叶柄长 2 ~ 6 cm。花雌雄异株,总状花序或下部有分枝,雄花雄蕊 40 ~ 75 枚,雌花花柱 2 (~ 3)枚,柱头被星状毛。蒴果直径约 1 cm,密生黄色粉末状毛和具颗粒状腺体,种子卵形,黑色,有光泽。花期 5 月,果期 8—9 月。

原产地:我国安徽、福建、甘肃、广东、广西、贵州、海南、河南、湖北、湖南、江西、山西、四川、台湾、云南、浙江;澳大利亚;南亚各国、太平洋群岛。

本地分布:博览园西北角。

习性:喜光和温暖湿润气候,对土壤要求不严,耐水湿,耐寒。

46.3 丹麻秆属 *Discocleidion*

46.3.1 假丹麻秆

学名:*Discocleidion rufescens*

别名:假参包叶

形态特征:落叶小乔木,小枝、叶柄、花序均密被白色或淡黄色长柔毛。叶卵形,长 7 ~ 14 cm,宽 5 ~ 12 cm,顶端渐尖,基部圆形或近截平,稀浅心形或阔楔形,边缘具锯齿,基出脉 3 ~ 5 条,近基部两侧常具褐色斑状腺体 2 ~ 4 个,叶柄长 3 ~ 8 cm。雌雄异株,总状花序或下部多分枝呈圆锥花序,雄花具雄蕊 35 ~ 60 枚,雌花花柱 2 深裂至近基部,密生羽毛状突起。蒴果扁球形,被柔毛。花期 4—8 月,果期 8—10 月。

原产地:我国安徽、甘肃、广东、广西、贵州、湖北、湖南、陕西、山西、四川。

本地分布:博览园蝴蝶园西侧路边。

习性:喜散光,适宜温暖湿润气候和疏松土壤,不甚耐干瘠,较耐寒。

46.4 油桐属 *Vernicia*

46.4.1 油桐

学名:*Vernicia fordii*

形态特征:落叶乔木,树皮灰色,近光滑,枝条具明显皮孔。叶卵圆形,长 8～18 cm,宽 6～15 cm,顶端短尖,基部截平至浅心形,全缘,掌状脉 5(～7)条,叶柄与叶片近等长,顶端有 2 枚腺体。花雌雄同株,花萼 2(～3)裂,外面密被棕褐色微柔毛,花瓣白色,有淡红色脉纹,雄花具雄蕊 8～12 枚,2 轮,雌花子房密被柔毛,花柱 2 裂。核果近球状,直径 4～6 cm,果皮光滑,种子 3～4 颗,种皮木质,种仁可榨桐油。花期 4 月,果期 10 月。

原产地:我国安徽、福建、广东、广西、贵州、海南、河南、湖北、湖南、江苏、江西、陕西、四川、云南、浙江;越南。

本地分布:博览园昆虫馆西侧、农史馆西北角。

习性:喜光与温润气候,宜肥厚、疏松透水土壤,忌水湿、干瘠与荒芜。陕西关中可越冬。

油桐的种子可榨桐油,其系我国重要特产经济树种。

46.5 乌桕属 *Triadica*

46.5.1 乌桕

学名:*Triadica sebifera*

形态特征:落叶乔木,各部均无毛而具乳汁,树皮暗灰色,有纵裂纹。叶互生,菱状卵形,长 3～8 cm,宽 3～9 cm,顶端骤尖,基部阔楔形或钝,全缘,侧脉 6～10 对,叶柄长 2.5～6.0 cm,顶端具 2 腺体。花单性,雌雄同株,聚集成顶生总状花序,雌花通常生于花序轴最下部,雄花生于上部或全为雄花,雄花雄蕊 2 枚,雌花花柱 3,柱头外卷。蒴果梨状球形,成熟时黑色,种子外被白色、蜡质的假种皮。花期 6—7 月,果期 10—11 月。

原产地:我国安徽、福建、甘肃、广东、广西、贵州、海南、湖北、江西、江苏、陕西、山东、四川、台湾、云南、浙江;日本、越南。

本地分布:博览园昆虫馆南侧湖岸、动物馆东侧,北校区五台山西环道,南校区乔木园等地。

习性:喜光和温暖湿润气候及肥厚土壤,耐水湿,耐干瘠,适应性强。耐寒。

47.1 白饭树属 *Flueggea*

47.1.1 一叶荻

学名:*Flueggea suffruticosa*

别名:叶底珠

形态特征:落叶灌木,多分枝,全株无毛。叶片椭圆形或长椭圆形,长 1.5 ~ 5.0 cm,宽 1 ~ 2 cm,顶端急尖至钝,基部钝至楔形,通常全缘,叶柄长 2 ~ 8 mm。花小,雌雄异株,簇生于叶腋,雄花雄蕊 5,雌花花柱 3。蒴果三棱状扁球形,直径约 5 mm,成熟时淡红褐色,有网纹,基部常有宿存的萼片。花期 4—8 月,果期 6—11 月。

原产地:中国、蒙古、俄罗斯、日本;朝鲜半岛。

本地分布:博览园植物馆东侧,南校区灌木园。

习性:喜光,宜温暖气候和肥厚、湿润酸性沙壤土,耐旱,耐寒。

47.2 秋枫属 *Bischofia*

47.2.1 重阳木

学名:*Bischofia polycarpa*

形态特征:落叶乔木,树皮褐色,纵裂。三出复叶,叶柄长 9.0 ~ 13.5 cm,顶生小叶卵形或椭圆状卵形,长 5 ~ 9 cm,宽 3 ~ 6 cm,顶端突尖或短渐尖,基部圆或浅心形,边缘具钝细锯齿,顶生小叶柄长 1.5 ~ 4.0 cm, 侧生小叶柄长 3 ~ 14 mm。花雌雄异株,总状花序,花序通常着生于新枝的下部,花序轴纤细而下垂,雄花花丝短,雌花花柱 2 ~ 3,顶端不分裂。果实球形,直径 5 ~ 7 mm,成熟时褐红色。花期 4 月,果期 10—11 月。

原产地:我国安徽、福建、广东、广西、贵州、湖南、江苏、江西、陕西、云南、浙江。

本地分布:博览园东大门内南侧路边。

习性:喜光,宜温暖气候和肥厚、湿润酸性沙壤土,耐水湿,根系发达。稍耐寒。

48.1 紫薇属 *Lagerstroemia*

48.1.1 紫薇

学名：*Lagerstroemia indica*

别名：百日红、痒痒树

形态特征：落叶灌木或乔木，树皮光滑，枝干多扭曲，小枝纤细，具4棱。叶互生或有时对生，椭圆形或阔矩圆形，长2.5～7.0 cm，宽1.5～4.0 cm，顶端短尖或钝形，有时微凹，基部阔楔形或近圆形，侧脉3～7对，近无柄。花淡红色、玫瑰红色或淡紫色、白色，常组成顶生圆锥花序，花萼外面平滑无棱，裂片6，三角形，直立，花瓣6，皱缩，雄蕊36～42，外面6枚着生于花萼上，比其余的长得多。蒴果椭圆状球形或阔椭圆形。花期6月下旬至9月，果期11月。

原产地：我国安徽、福建、广东、广西、贵州、海南、河南、湖北、湖南、江西、吉林、山东、山西、四川、台湾、云南、浙江；亚洲其他国家。

本地分布：博览园大门内北侧，南校区国际交流中心周围、文化生态园、小西湖，北校区学生西区、五台山西环道等多地。

习性：喜光，广适我国南北方，宜肥沃、透水土壤，不论钙质土或酸性土皆可，耐旱、耐热，忌涝，较耐寒。

48.1.2 南紫薇

学名：*Lagerstroemia subcostata*

形态特征：落叶乔木或灌木，树皮薄，灰白色或茶褐色，无毛或稍被短硬毛。小枝通常圆柱形。叶矩圆形，矩圆状披针形，长2～11 cm，宽1.0～4.4 cm，顶端渐尖，基部楔形至阔楔形，侧脉3～10对，顶端连结，叶柄短。花小，白色或玫瑰色，直径约1 cm，组成顶生圆锥花序，花密生，花萼有棱10～12条，裂片三角形，直立，花瓣6，皱缩，雄蕊15～30，约5～6枚较长。蒴果椭圆形，长6～8 mm，3～6瓣裂。花期7—9月，果期9—11月。

原产地：我国台湾、广东、广西、湖南、湖北、江西、福建、浙江、陕西、江苏、安徽、四川；琉球群岛。

本地分布：北校区五台山西环道，杨凌教稼园。

习性：阳性树种，喜温暖湿润环境，对土壤要求不严，耐寒。

48.2 石榴属 *Punica*

48.2.1 石榴

学名：*Punica granatum*

别名：安石榴

形态特征：落叶灌木或小乔木，枝顶常成尖锐长刺，幼枝具棱角。叶对生，矩圆状披针形，长 2～9 cm，顶端短尖、钝尖或微凹，基部短尖至稍钝形，上面光亮，侧脉稍细密，叶柄短。花大，1～5 朵生枝顶，萼筒长 2～3 cm，通常红色，花瓣红色、黄色或白色。浆果近球形，直径 5～12 cm，种子多数，肉质的外种皮供食用。花期 5—6 月，果期 10 月。石榴的栽培品种繁多，如重瓣红石榴 'Pleniflora'，玛瑙石榴 'Legrellei'，月季石榴 'Nana'。

原产地：中亚。

本地分布：博览园蝴蝶园南侧、农史馆东侧，北校区五台山西环道、图书馆两侧，南校区经济树木园、文化生态园、灌木园、小西湖等地。

习性：喜光不耐阴，好暖热干燥气候和肥沃、疏松透水石灰质土壤，耐干瘠，怕水涝，-20℃左右易冻死。

49.1 省沽油属 *Staphylea*

49.1.1 膀胱果

学名: *Staphylea holocarpa*

形态特征: 落叶乔木,幼枝平滑。三出复叶,小叶近革质,无毛,长圆状披针形至狭卵形,长 5 ~ 10 cm,基部宽楔形,先端渐尖,边缘有硬细锯齿,侧脉 10,有网脉,侧生小叶无柄,顶生小叶具长柄,柄长 2 ~ 4 cm。伞房花序,花粉红色或白色,萼片 5,花瓣状,开展,花瓣 5,直立,雄蕊 5,与花瓣互生,着生于花盘的边缘。果为梨形膨大的蒴果,3 裂,长 4 ~ 5 cm,宽 2.5 ~ 3.0 cm。花期 4 月,果期 9 月。

原产地: 我国安徽、甘肃、广东、贵州、湖北、湖南、陕西、四川、西藏、云南、浙江。

本地分布: 博览园蝴蝶园南侧,南校区灌木园。

习性: 喜疏阴不耐强光,对土壤要求不严,根系发达,耐干瘠,耐寒。

50.1 旌节花属 *Stachyurus*

50.1.1 中国旌节花

学名:*Stachyurus chinensis*

别名:旌节花

形态特征:落叶灌木,小枝粗状,具淡色椭圆形皮孔。叶互生,卵形、长圆状卵形至长圆状椭圆形,长 5 ~ 12 cm,宽 3 ~ 7 cm,先端渐尖至短尾状渐尖,基部钝圆至近心形,边缘有细锯齿,侧脉 5 ~ 6 对,叶柄长 1 ~ 2 cm,通常暗紫色。穗状花序腋生,先叶开放,长 5 ~ 10 cm,花黄色,近无梗,花瓣 4 枚,直立,雄蕊 8 枚。果实圆球形,直径 6 ~ 7 mm,无毛,基部具花被的残留物。花期 3—4 月,果期 5—7 月。

原产地:我国安徽、重庆、福建、甘肃、广东、广西、贵州、河南、湖北、湖南、江西、陕西、四川、台湾、云南、浙江。

本地分布:博览园蝴蝶园西侧、农史馆西侧。

习性:喜光稍耐阴,适宜温润环境和肥沃、疏松透水土壤,耐寒。

51.1 瘿椒树属 *Tapiscia*

51.1.1 瘿椒树

学名: *Tapiscia sinensis*

别名: 银鹊树

形态特征: 落叶乔木,树皮灰黑色或灰白色。奇数羽状复叶,萌条上有时为二回羽状复叶,小叶5~9,狭卵形或卵形,长6~14 cm,宽3.5~6.0 cm,基部心形或近心形,边缘具锯齿,背面带灰白色,侧生小叶柄短,顶生小叶柄长达12 cm。圆锥花序腋生,雄花与两性花异株,花小,密集,黄色,有香气,花瓣5,雄蕊5。果序长达10 cm,核果近球形或椭圆形,长约7 mm。花期3月或6月,果实第二年成熟。

原产地: 我国安徽、福建、广东、广西、贵州、湖北、湖南、江西、四川、云南、浙江。

本地分布: 博览园动物馆东侧,林苑宾馆南侧。

习性: 中性树种,较耐阴,喜温凉湿润气候和有机质丰富的酸性至微酸性砾质壤土,不耐高温和干燥,稍耐水湿,较耐寒。

52.1 漆树属 *Toxicodendron*

52.1.1 漆

学名:*Toxicodendron vernicifluum*

别名:漆树

形态特征:落叶乔木,树皮灰白色,顶芽大而显著,被棕黄色绒毛。奇数羽状复叶互生,常螺旋状排列,有小叶 4 ~ 6 对,卵形或卵状椭圆形或长圆形,长 6 ~ 13 cm,宽 3 ~ 6 cm,先端急尖或渐尖,基部偏斜,圆形或阔楔形,全缘,小叶柄长 4 ~ 7 mm。雌雄异株,圆锥花序与叶近等长,着花稀疏,花黄绿色,雄花花梗纤细,雌花花梗短粗。果序下垂,核果肾形或椭圆形,略压扁。花期 5 月,果期 7—10 月。

原产地:我国安徽、福建、甘肃、广东、广西、贵州、河北、河南、湖北、湖南、江苏、江西、辽宁、陕西、山东、山西、四川、西藏、云南、浙江;印度、日本;朝鲜半岛。

本地分布:博览园东北角、东南角、蝴蝶园东北处。

习性:喜光不耐庇阴,适生温暖湿润气候与肥厚、透水土壤,在酸性、中性及钙质土均能生长,不耐干风、水湿,忌黏重土和积水。耐寒。

52.2 黄栌属 *Cotinus*

52.2.1 黄栌

学名:*Cotinus coggygria*

别名:烟树、粉背黄栌、毛黄栌

形态特征:落叶乔木。叶倒卵形或卵圆形,长 3 ~ 10 cm,宽 2.5 ~ 7.5 cm,先端圆形或微凹,基部圆形或阔楔形,全缘,侧脉 6 ~ 11 对,先端常叉开,叶柄长 1 ~ 3 cm。圆锥花序被柔毛,花杂性,黄绿色,不实性花的柄延长,密被开展长毛。果肾形,长约 4.5 mm,宽约 2.5 mm,无毛。花期 4 月中、下旬,果期 6 月。黄栌栽培品种,紫叶黄栌 'Royal Purple',花期稍晚些。

原产地:我国贵州、四川、甘肃、陕西、山西、山东、湖北、江苏、浙江、云南;欧洲。

本地分布:博览园大门内南侧,北校区五台山西环道、3 号教学楼南杂树林,南校区文化生态园、乔木园、小西湖等地。

习性:喜光耐半阴,好肥厚、透水的沙壤土,耐干旱瘠薄与碱性土壤,不耐水湿,耐寒。

52.3 黄连木属 *Pistacia*

52.3.1 黄连木

学名：*Pistacia chinensis*

别名：药树、楷木

形态特征：落叶乔木，树皮暗褐色，呈鳞片状剥落。羽状复叶互生，小叶5~6对，披针形，长5~10 cm，宽1.5~2.5 cm，先端渐尖或长渐尖，基部偏斜，全缘，小叶柄长1~2 mm。花单性异株，先花后叶，圆锥花序腋生，雄花序排列紧密，雌花序排列疏松，花小。核果倒卵状球形，径约5 mm，成熟时紫红色，干后具纵向细条纹，先端细尖。花期4月，果期10月。

原产地：我国安徽、福建、甘肃、广东、广西、贵州、海南、河北、河南、湖北、湖南、江苏、江西、陕西、山东、山西、四川、台湾、西藏、云南、浙江。

本地分布：博览园东北角、蝴蝶园东门北侧，南校区乔木园。

习性：喜光稍耐半阴，不择土壤，但宜肥厚、透水的石灰岩山地沙壤，耐荒山干瘠，忌水湿，抗风，耐寒。主根深且发达，树龄可达300年以上。

52.3.2 阿月浑子

学名：*Pistacia vera*

别名：胡榛子

形态特征：落叶小乔木，小枝圆柱形，具条纹。奇数羽状复叶互生，有小叶3~5片，卵形或阔椭圆形，长4~10 cm，宽2.5~6.5 cm，顶生小叶较大，先端钝或急尖，具小尖头，基部阔楔形，圆形或截形，侧生小叶基部常不对称，全缘，有时略呈皱波。雌雄异株。圆锥花序，花序轴及分枝被微柔毛，具条纹，雄花序宽大，花密集。核果较大，长圆形，长约2 cm，宽约1 cm，先端急尖，具细尖头，成熟时黄绿色至粉红色，其干果商品名为开心果。花期4月，果期10月。

原产地：叙利亚、伊拉克、伊朗；欧洲。

本地分布：博览园农史馆东南侧。

习性：喜光与干燥冷凉气候，宜深厚疏松透水的中性或微碱性石灰质沙壤土，亦耐干瘠的石砾土、年80 mm的降水量和–32.8℃低温及43.8℃高温；但不耐盐碱、阴湿及积水。

52.4 盐麸木属 *Rhus*

52.4.1 盐麸木

学名：*Rhus chinensis*

别名：五倍子树

形态特征：落叶乔木，小枝棕褐色，被锈色柔毛。奇数羽状复叶，小叶3～6对，叶轴具宽的叶状翅，小叶自下而上逐渐增大，小叶卵形或椭圆状卵形或长圆形，长6～12 cm，宽3～7 cm，先端急尖，基部圆形，顶生小叶基部楔形，边缘具粗锯齿或圆齿，小叶无柄。圆锥花序多分枝，雄花序长30～40 cm，雌花序较短，密被锈色柔毛，花白色。核果球形，成熟时红色，表面有结晶盐(故曰盐麸木)。叶轴上有时会长虫瘿，俗称“五倍子”。花期8—9月，果期10月。

原产地：我国绝大部分省区，亚洲其他国家。

本地分布：博览园蝴蝶园内，南校区基建处南侧，北校区五台山西环道。

习性：喜光与温润气候，不择土壤，耐干旱瘠薄的沙砾地，性强健，但不耐水涝，耐寒。

52.4.2 青麸杨

学名：*Rhus potaninii*

形态特征：落叶乔木，树皮灰褐色，小枝无毛。奇数羽状复叶有小叶3～5对，叶轴无翅，通常带红色，小叶卵状长圆形或长圆状披针形，长5～10 cm，宽2～4 cm，先端渐尖，基部多少偏斜，全缘，小叶具短柄。雌雄异株，圆锥花序，花白色，花梗长约1 mm，花瓣开花时先端外卷。核果近球形，略压扁，径3～4 mm，密被具节柔毛和腺毛，成熟时红色。花期4—5月，果期7—8月。叶片上生长的虫瘿叫“肚倍”。

原产地：我国甘肃、河南、陕西、山西、四川、云南。

本地分布：博览园蝴蝶园内，北校区五台山西环道。

习性：喜光，略微耐阴，适宜温暖湿润气候，耐干瘠土壤，适应性强，耐寒。

52.4.3 火炬树

学名：*Rhus typhina*

别名：鹿角漆

形态特征：落叶乔木，小枝密生灰色茸毛。奇数羽状复叶，小叶 19～23，无柄，长圆状披针形，长 5～13 cm，缘有锯齿，基部不对称，两面密被柔毛，秋叶红艳。雌雄异株，圆锥花序顶生，花密集，花淡绿色，雌花花柱有红色刺毛。核果深红色，密生绒毛，花柱宿存密集成火炬形。花期 5 月，果期 9—10 月。

原产地：北美洲。

本地分布：博览园东北角，南校区乔木园、小西湖等地。

习性：喜光，不拘土壤，耐旱，耐盐碱，耐寒，根系浅而发达，抗风能力弱。

53.1 文冠果属 *Xanthoceras*

53.1.1 文冠果

学名:*Xanthoceras sorbifolium*

别名:木瓜、崖木瓜

形态特征:落叶灌木或乔木,小枝无毛,顶芽和侧芽有覆瓦状排列的芽鳞。奇数羽状复叶，小叶4~8对,披针形或近卵形,两侧稍不对称,长2.5~6.0 cm,宽1.2~2.0 cm,顶端渐尖,基部楔形,边缘有锐利锯齿,顶生小叶通常3深裂。总状花序,两性花的花序顶生,雄花序腋生,直立,花瓣白色,基部紫红色或黄色,有清晰的脉纹,花盘的角状附属体橙黄色。蒴果近球形,直径达6 cm,成熟时3裂,种子黑色而有光泽。花期4月,果期8—9月。

原产地:我国甘肃、河北、宁夏、陕西、河南、山西。

本地分布:博览园东北角,南校区文化生态园、经济树木园。

习性:喜光,黄土地区皆可种植,耐旱、寒、高温、盐碱,不耐水湿。根深,萌蘖力强。

本种系我国重要木本油料树种。

53.2 金钱槭属 *Dipteronia*

53.2.1 金钱槭

学名:*Dipteronia sinensis*

形态特征:落叶乔木,小枝纤细,幼嫩部分紫绿色。叶对生,一回或不完全二回羽状复叶,小叶通常7~13片,长圆卵形或长圆披针形,长7~10 cm,宽2~4 cm,先端锐尖或长锐尖,基部圆形,边缘具稀疏的钝形锯齿。顶生或腋生圆锥花序，花白色,杂性,雄花与两性花同株,花瓣5,雄蕊8,长于花瓣。常有两个扁形的翅果生于一个果梗上,果实的周围围着圆形或卵形的翅。花期4—5月,果期9月。

原产地:我国甘肃、贵州、河南、湖北、湖南、陕西、山西、四川。

本地分布:博览园东北部。

习性:中性树种,喜侧方庇阴,宜温凉、湿润环境和肥厚、排水良好的土壤,畏水渍,耐寒。

53.3 槭属 *Acer*

53.3.1 三角槭

学名:*Acer buergerianum*

形态特征:落叶乔木,树皮块状剥裂。叶基部近于圆形,长 6 ~ 10 cm,先端 3 裂,裂片向前延伸,边缘通常全缘,基出脉 3 条,叶柄长 2.5 ~ 5.0 cm。花多数常成顶生被短柔毛的伞房花序,总花梗长 1.5 ~ 2.0 cm,花瓣 5,淡黄色,狭窄披针形,子房密被淡黄色长柔毛。翅果黄褐色,小坚果特别凸起,翅与小坚果共长 2.0 ~ 2.5 cm,中部最宽,基部狭窄,张开成锐角或近于直立。花期 4 月,果期 8 月。

原产地:我国安徽、福建、甘肃、广东、贵州、河南、湖北、湖南、江苏、江西、陕西、山东、四川、台湾、浙江;日本。

本地分布:北校区喷泉广场四周、3 号教学楼南杂树林,南校区东大门内两侧、文化生态园、乔木园等地。

习性:喜温暖湿润、半阴环境和肥厚、疏松透水土壤,不拘酸、碱或中性土皆可,较耐水湿、干旱,耐寒。

53.3.2 杈叶槭

学名:*Acer ceriferum*

别名:蜡枝槭

形态特征:落叶乔木,小枝褐色。叶基部截形或近于心脏形,长 6 ~ 8 cm,宽 7 ~ 12 cm,常 7 ~ 9 深裂,裂片先端尾状锐尖,具稀疏而不规则的锐尖锯齿,叶柄长 4 ~ 5 cm。伞房花序,花杂性,雄花与两性花同株,萼片 5,紫红色,卵形或长圆形,长 4 ~ 5 mm,花瓣 5,黄绿色,与花瓣近等长,雄蕊 8。翅果长 3.5 ~ 4.0 cm,翅张开几成水平。花期 5 月,果期 9 月。

原产地:我国安徽、甘肃、河南、湖北、陕西、山西、四川、浙江。

本地分布:博览园大门内北侧。

习性:喜光和凉润气候,宜肥厚、富腐殖质且透水土壤,不拘酸性、中性、微碱性及石灰质,耐寒。

53.3.3 庙台槭

学名: *Acer miaotaiense*

别名: 留坝槭

形态特征: 落叶乔木,树皮深灰色、稍粗糙。叶长 7~9 cm,宽 6~8 cm,基部心脏形或近于心脏形,常 3~5 裂,裂片卵形,先端短急尖,边缘微呈浅波状,裂片间的凹块钝形,叶柄长 6~7 cm,基部膨大。伞房状花序,花黄绿色,花萼长条形,花瓣倒披针形,花萼和花瓣边缘有长睫毛。翅果长约 2.5 cm,小坚果扁平,张开几成水平。花期 4 月,果期 9 月。

原产地: 我国甘肃、河南、湖北、陕西、浙江。

本地分布: 博览园蝴蝶园南侧、农史馆北侧。

习性: 喜光稍耐阴,宜温润气候和肥厚、湿润之微酸性土壤,不耐干旱,较耐寒。

53.3.4 茶条槭

学名: *Acer tataricum* subsp. *ginnala*

形态特征: 落叶乔木,树皮粗糙、微纵裂,灰色。叶片长圆卵形,基部圆形、截形或略近于心脏形,长 6~10 cm,宽 4~6 cm,边缘 3~5 浅裂,各裂片的边缘均具不整齐的钝尖锯齿,叶柄长 4~5 cm,常带紫色。伞房花序具多数的花,花杂性,雄花与两性花同株,花瓣 5,长圆卵形,白色,长于萼片,雄蕊 8,与花瓣近于等长,子房密被长柔毛。翅果长 2.5~3.0 cm,小坚果脉纹显著,两翅张开近于直立或成锐角。花期 5 月,果期 10 月。

原产地: 我国甘肃、河北、黑龙江、河南、江苏、江西、吉林、辽宁、内蒙古、宁夏、陕西、山东、山西;日本、蒙古、俄罗斯;朝鲜半岛。

本地分布: 博览园东北柱阵旁,南校区文化生态园等地。

习性: 喜光,较耐阴,适凉润气候与深厚、透水沙壤土,耐干燥与碱性土,也耐水湿,耐寒。

53.3.5 青榨槭

学名：*Acer davidii*

形态特征：落叶乔木，小枝黄绿色，有青绿色条纹。叶长圆卵形或宽卵形，长 6 ~ 14 cm，宽 4 ~ 9 cm，先端锐尖或渐尖，常有尖尾，基部近于心脏形或圆形，边缘具不整齐的钝圆齿或缺刻状锯齿，亚种葛萝槭 subsp. *grosseri* 叶片 3 裂，叶柄长 2 ~ 8 cm，常带红色。总状花序下垂，花杂性，有时全为雄花或全为两性花，花黄绿色，花瓣 5，倒卵形，先端圆形，与萼片等长，雄蕊 8，在雄花中略长于花瓣。翅果长 2.5 ~ 3.0 cm，两翅展开成钝角或几成水平。花期 4 月，果期 9 月。

原产地：我国安徽、福建、甘肃、广东、广西、贵州、河北、河南、湖北、湖南、江苏、江西、宁夏、陕西、山西、四川、云南、浙江；缅甸。

本地分布：博览园大门内北侧。

习性：弱阳性，较耐阴，喜温暖湿润气候和各种肥沃、透水土壤，不耐涝，耐寒。

53.3.6 血皮槭

学名：*Acer griseum*

形态特征：落叶乔木，树皮红褐色，纸状的薄片脱落。三出羽状复叶，小叶卵形、椭圆形或长圆椭圆形，长 5 ~ 8 cm，宽 3 ~ 5 cm，先端钝尖，边缘有 2 ~ 3 个钝形大锯齿，叶柄长 2 ~ 4 cm。聚伞花序常仅有 3 花，花淡黄色，杂性，雄花与两性花同株，雄蕊 10，子房有绒毛，花梗长 10 mm。翅果长 3.2 ~ 3.8 cm，小坚果密被黄色绒毛，两翅张开近于锐角或直角。花期 4 月，果期 9 月。

原产地：我国甘肃、河南、湖北、湖南、陕西、山西、四川。

本地分布：博览园大门内北侧。

习性：喜光亦耐阴，宜湿润且疏松透水土壤，也适应黏土与碱性土，不耐水湿和干旱，耐寒。

53.3.7 建始槭

学名:*Acer henryi*

别名:三叶槭

形态特征:落叶乔木,树皮浅褐色。三出羽状复叶,小叶椭圆形或长圆椭圆形,长 6 ~ 12 cm,宽 3 ~ 5 cm,先端渐尖,基部楔形,阔楔形或近于圆形,全缘或近先端部分有稀疏的 3 ~ 5 个钝锯齿, 叶柄长 4 ~ 8 cm。雌雄异株,穗状花序下垂,长 7 ~ 9 cm,花黄绿色,花瓣 5,短小或不发育,雄花雄蕊通常 5,雌花的子房无毛。翅果长 2.0 ~ 2.5 cm,小坚果凸起,脊纹显著,两翅张开成锐角或近于直立。果梗长约 2 mm。花期 4 月,果期 9 月。

原产地:我国安徽、福建、甘肃、贵州、河南、湖北、湖南、江苏、陕西、山西、四川、浙江。

本地分布:博览园东北部。

习性:喜光,宜温暖、湿润气候及深厚、疏松土壤,耐寒。

53.3.8 梣叶槭

学名:*Acer negundo*

别名:复叶槭

形态特征:落叶乔木,树皮黄褐色或灰褐色。奇数羽状复叶对生,小叶 3 ~ 7,卵形或椭圆状披针形,长 8 ~ 10 cm,宽 2 ~ 4 cm,先端渐尖,基部钝形或阔楔形,边缘常有 3 ~ 5 个粗锯齿,叶柄长 5 ~ 7 cm。先叶开花,单性异株,皆无花瓣及花盘,雄花的花序聚伞状,花梗簇生细长下垂,有柔毛,雌花的花序总状,花小,黄绿色,雄蕊 4 ~ 6,花丝很长。翅果长 3.0 ~ 3.5 cm,小坚果凸起,两翅张开成锐角或近于直角。花期 3 月,果期 9 月。栽培品种花叶梣叶槭 'Variegatum'。

原产地:北美洲。

本地分布: 博览园大门内南侧及植物馆东门外,南校区文化生态园、乔木园等地。

习性:喜光和冷凉气候,耐干冷不耐湿热,宜肥厚、疏松土壤,耐轻盐碱和水湿,耐烟尘,耐寒。根系较浅,速生,寿命较短。

53.3.9 飞蛾槭

学名:*Acer oblongum*

形态特征:常绿乔木或落叶乔木,树皮灰色或深灰色,裂成薄片脱落。叶长圆卵形,长 5 ~ 7 cm,宽 3 ~ 4 cm,全缘,近革质,基部钝形或近于圆形,先端渐尖或钝尖,下面有白粉、无毛,叶柄长 2 ~ 3 cm。伞房花序,花杂性,绿色或黄绿色,雄花与两性花同株,花瓣 5,倒卵形,雄蕊 8,子房被短柔毛。翅果 1.8 ~ 2.5 cm,小坚果凸起成四棱形,两翅张开成钝角或近于直角。花期 4 月,果期 9 月。

原产地:我国福建、甘肃、广东、贵州、河南、湖北、江西、陕西、四川、西藏、云南;南亚各国。

本地分布:博览园农史馆西南侧、杨凌树木园。

习性:中性树种,适生温润气候与深厚、疏松土壤,适应性较强,较耐旱、耐寒。

53.3.10 五裂槭

学名:*Acer oliverianum*

形态特征:落叶乔木,树皮平滑,小枝绿色。叶纸质,长 4 ~ 8 cm,宽 5 ~ 9 cm,基部近于心脏形或近于截形,5 深裂,裂片先端锐尖,边缘有紧密的细锯齿,基出脉 5,叶柄长 2.5 ~ 5.0 cm。花杂性,雄花与两性花同株,常生成无毛的伞房花序,萼片 5,紫红色,花瓣 5,黄白色,卵形,雄蕊 8,略长于花瓣。翅果长 3.0 ~ 3.5 cm,翅镰形,张开近水平,小坚果凸起。花期 5 月,果期 9 月。

原产地:我国安徽、福建、甘肃、贵州、河南、湖北、湖南、江西、陕西、四川、台湾、云南、浙江。

本地分布:博览园昆虫馆北侧,原植物所西院。

习性:喜光与温暖、湿润气候,宜肥厚、疏松透水土壤,不耐干瘠,较耐寒。

53.3.11 鸡爪槭

学名:*Acer palmatum*

形态特征:落叶乔木,树皮深灰色。叶长宽 7 ~ 10 cm,基部心脏形或近于心脏形稀截形,5 ~ 9 掌状深裂,裂片边缘具紧贴的尖锐锯齿,叶柄长 4 ~ 6 cm。伞房花序,花杂性,紫色。翅果长 2.0 ~ 2.5 cm,张开成钝角至近水平,嫩时紫红色,成熟时淡棕黄色。花期 4 月,果期 9 月。栽培品种繁多,常见的有红枫 'Atropurpureum',羽毛槭 'Dissectum'。

原产地:日本、韩国。

本地分布:博览园动物馆北侧,南校区 1 号教学楼南侧、文化生态园,北校区喷泉广场,杨凌树木园等地。

习性:喜疏光耐半阴,好温暖、凉润气候和肥厚、疏松透水各类土壤,畏暴晒、干瘠和积水,耐寒。

53.3.12 挪威槭

学名:*Acer platanoides*

形态特征:落叶乔木,树皮灰褐色。叶长宽 10 ~ 20 cm,基部浅心形或截形,掌状五浅裂,裂片边缘具粗锯齿或近浅裂,叶柄细长。伞房花序具多花,雌花和雄花同花序,花萼与花瓣均为黄色,花瓣小,匙形,雄蕊短于花瓣。翅果长约 3.5 ~ 4.0 cm,果翅展开近于平角。花期 4 月,果期 9 月。

原产地:欧洲。

本地分布:博览园东北小木屋旁,南校区文化生态园。

习性:喜光略耐阴,宜温润气候和肥厚、透水的各种土壤,较耐干瘠、盐碱、干热,耐寒。

53.3.13 毛脉槭

学名:*Acer pubinerve*

形态特征:落叶乔木,树皮深灰色,光平。叶基部近于心脏形,长 10 ~ 12 cm,宽 11 ~ 14 cm,5 裂,裂片卵形或长圆卵形,先端尾尖,边缘具紧贴的钝尖锯齿,基部的裂片较小,叶柄长 5 ~ 6 cm。花序圆锥状,紫色,长 6 ~ 7 cm,花梗细瘦,长 0.5 ~ 1.0 cm,花杂性,雄花与两性花同株,萼片 5,紫色,花瓣 5,白色或带紫色,雄蕊 8,子房密被淡黄色疏柔毛。翅果后期淡黄色,长 2.3 ~ 2.5 cm,张开成钝角或近于水平。花期 3—4 月,果期 6—7 月。

原产地:我国浙江、福建、安徽、江西。

本地分布:南校区乔木园。

习性:喜光,宜温暖、湿润气候及深厚、疏松土壤,稍耐寒。

53.3.14 红花槭

学名:*Acer rubrum*

别名:美国红枫

形态特征:落叶乔木,树皮平滑。叶纸质,基部截形至浅心形,通常 5 裂,基部 1 对裂片较小,裂片再浅裂,边缘有不规则锯齿,背面灰白色。先叶开花,花单性,簇生,雌雄异序同株,花萼及花瓣红色,雄花花梗短,雌花花梗较长。翅果较小,鲜时呈红色,两翅张开呈锐角。花期 3 月,果期 5—6 月。

原产地:北美洲。

本地分布:杨凌树木园。

习性:喜光,宜温暖、湿润气候及深厚、疏松土壤,畏干瘠、黏重土,耐寒。

53.3.15 陕甘槭

学名：*Acer shenkanense*

别名：三尾青皮槭、陕甘黄毛槭

形态特征：落叶乔木，小枝具青绿色条纹，老茎树皮开裂，灰褐色。叶长 5 ~ 10 cm，宽 4 ~ 12 cm，3 ~ 5 裂，裂片全缘，先端渐尖至尾尖，裂片间的夹角圆或钝，叶基圆形或浅心形，叶柄长 5 ~ 12 cm。花序伞房状，花杂性，黄色，近无毛，子房被柔毛。翅果 1.2 ~ 3.0 cm，小坚果凸出，两翅张开呈钝角，常不在同一平面。花期 4 月，果期 9 月。

原产地：我国甘肃、湖北、陕西、四川。

本地分布：博览园大门内北侧。

习性：喜光，宜温暖、湿润气候及深厚、疏松土壤，耐寒。

53.3.16 中华槭

学名：*Acer sinense*

形态特征：落叶乔木，树皮淡黄褐色或深黄褐色。叶基部心脏形或近于心脏形，长 10 ~ 14 cm，宽 12 ~ 15 cm，3 ~ 5 深裂，裂片三角状卵形，先端锐尖，边缘有细锯齿，叶柄长 3 ~ 5 cm。花杂性，雄花与两性花同株，多花组成顶生下垂的圆锥花序，萼片 5，淡绿色，花瓣 5，白色，雄蕊 5 ~ 8，长于萼片。翅果长 3.0 ~ 3.5 cm，小坚果特别凸起，两翅张开近水平。花期 5 月，果期 9 月。

原产地：我国湖北、四川、湖南、贵州、广东、广西。

本地分布：博览园大门内北侧。

习性：喜光，宜温暖、湿润气候及深厚、疏松土壤，畏干旱瘠薄土壤，耐寒。

53.3.17 元宝槭

学名: *Acer truncatum*

别名: 五角枫

形态特征: 落叶乔木,树皮灰褐色或深褐色,深纵裂。叶纸质,长 5 ~ 10 cm,宽 8 ~ 12 cm,常 5 裂,稀 7 裂,基部截形稀近于心脏形,裂片三角卵形或披针形,全缘,有时中央裂片的上段再 3 裂,基出脉脉 5 条,叶柄长 3 ~ 5 cm。伞房花序,花杂性,雄花与两性花同株,花瓣 5,黄色,长圆倒卵形,雄蕊 8,短于花瓣。翅果成熟时淡黄色或淡褐色,常下垂,小坚果压扁状,长 1.3 ~ 1.8 cm,翅长圆形,常与小坚果等长,张开成钝角。花期 4 月,果期 8 月。

原产地: 我国甘肃、河北、河南、江苏、吉林、辽宁、内蒙古、陕西、山东;朝鲜半岛。

本地分布: 博览园东北红柱阵旁,南校区 3 号教学楼前,北校区 3 号教学楼西南角等地。

习性: 喜疏阴与温凉气候,好肥厚、湿润透水土壤,不拘酸碱,稍耐旱不耐涝,萌蘖性强,根深,耐寒。

53.3.18 秦岭槭

学名: *Acer tsinglingense*

形态特征: 落叶乔木,树皮灰褐色,不开裂。叶长宽 4 ~ 6 cm,基部圆形稀近于心脏形,3 裂,各裂片先端锐尖,中裂片长圆卵形,边缘波状稀有圆齿 1 ~ 2 枚,叶柄长 6 ~ 10 cm。总状花序由无叶的小枝旁边生出,花梗长 1.0 ~ 1.5 cm,花单性,雌雄异株,淡绿色。翅果长 4.0 ~ 4.2 cm,小坚特别凸起,脊纹显著,被淡黄色硬毛,翅张开近于直立。花期 4 月,果期 8—9 月。

原产地: 我国甘肃、河南、陕西。

本地分布: 博览园蝴蝶园南侧,水保所主楼西侧。

习性: 喜光略耐阴,宜温润气候与肥厚、透水土壤,较耐旱,耐寒。

53.4 七叶树属 *Aesculus*

53.4.1 红花七叶树

学名:*Aesculus* × *carnea*

形态特征:落叶乔木,小枝粗壮,树皮平整。掌状复叶,叶柄长 7 ~ 20 cm;小叶 5 ~ 7 枚,长 13 ~ 30 cm,宽 4 ~ 10 cm,倒卵状长椭圆形,顶端尖,近无柄,脉上凹背凸,叶面不甚平整,叶缘有缺刻状重粗齿。圆锥花序顶生,花序轴粗壮,花肉红色,雄蕊与花瓣近等长。蒴果球形,外皮有刺,通常不能发育成熟。花期 4 月中下旬至 5 月上旬。杂交亲本为北美红花七叶树 *A. pavia* 和欧洲七叶树 *A. hippocastanum*。

原产地:欧洲巴尔干半岛。

本地分布:博览园植物馆温室南侧,南校区乔木园等地。

习性:喜光稍耐阴,宜凉爽、湿润气候和肥厚、疏松透水酸性土壤,亦适微碱性土壤,忌涝;夏季干旱、暴晒则叶缘易焦枯,茎干易遭天牛蛀害;耐寒。

53.4.2 七叶树

学名:*Aesculus chinensis*
别名:*桫椤树*

形态特征:落叶乔木,树皮深褐色或灰褐色,冬芽大形,有树脂。掌状复叶,由 5 ~ 7 小叶组成,叶柄长 10 ~ 12 cm,小叶长圆披针形至长圆倒披针形,基部楔形或阔楔形,边缘有钝尖形的细锯齿,长 8 ~ 16 cm,宽 3 ~ 5 cm,小叶柄长 0.5 ~ 1.8 cm。花序圆筒形,长 21 ~ 25 cm,微下垂,花杂性,雄花与两性花同株,花瓣 4,白色,雄蕊 6,伸出花冠外。果实近球形,直径 3 ~ 4 cm,黄褐色,无刺,具很密的斑点。花期 4 月末至 5 月,果期 10 月。

原产地:我国重庆、甘肃、广东、贵州、河南、湖北、湖南、江西、陕西、四川、云南。

本地分布:博览园昆虫馆东北侧,南校区 1 号教学楼南侧、乔木园、西大门七叶树路,北校区亦乐园宾馆、六号教学楼南侧、西区食堂等地。

习性:喜光稍耐阴,适宜温润气候和肥厚、湿润、透水土壤,厌干燥、干瘠及积水地,耐寒;主根深,寿命长。病虫害少。

世界四大行道树种(悬铃木、七叶树、椴树、榆树)之一。

53.5 栾属 *Koelreuteria*

53.5.1 黄山栾树

学名:*Koelreuteria bipinnata* 'Integrifoliola'

别名:全缘叶栾树

形态特征:落叶乔木,树皮灰褐色,光平不裂。二回羽状复叶,小叶斜卵形,长 3.5 ~ 7.0 cm,宽 2.0 ~ 3.5 cm,顶端短尖至短渐尖,基部阔楔形或圆形,略偏斜,全缘。圆锥花序大型,末级分枝有 3 ~ 4 朵花,花瓣 4,黄色,披针形,向后反折,雄蕊 8 枚,雄花的花丝与花瓣近等长,被长柔毛。蒴果具 3 锐棱,通常不密闭,淡紫红色,种子近球形。花期 8—9 月,果期 10 月。

原产地:我国华南及中南各地。

本地分布:博览园动物馆西北侧,南校区栾树路、乔木园,北校区运动场南侧、亦乐园宾馆、学生西区等地。

习性:喜光和温润气候,对土壤要求不甚严,耐干瘠。耐寒。

53.5.2 栾树

学名:*Koelreuteria paniculata*

别名:灯笼树

形态特征:落叶乔木,树皮厚,灰褐色至灰黑色,老时纵裂。一回或不完全二回羽状复叶,小叶 11 ~ 18 片,卵形、阔卵形至卵状披针形,长 3 ~ 10 cm,宽 3 ~ 6 cm,顶端短尖或短渐尖,基部钝至近截形,边缘有不规则的钝锯齿。聚伞圆锥花序,在末次分枝上的聚伞花序具花 3 ~ 6 朵,花瓣 4,黄色,开花时向外反折,雄蕊 8 枚,花丝密被长柔毛。蒴果圆锥形,密闭,具 3 钝棱,顶端渐尖,种子近球形。花期 6 月,果期 9—10 月。

原产地:我国安徽、甘肃、河北、河南、辽宁、陕西、山东、四川、云南。

本地分布:博览园东北处,北校区五台山西环道,南校区乔木园等地。

习性:喜光耐半阴,适宜石灰质土壤,耐干瘠,耐盐渍和短期水涝,耐寒。

53.6 无患子属 *Sapindus*

53.6.1 无患子

学名：*Sapindus saponaria*

形态特征：落叶乔木，树皮灰褐色或黑褐色，光而不裂。偶数羽状复叶，小叶5~8对，长椭圆状披针形或稍呈镰形，长7~15 cm，宽2~5 cm，顶端短尖或短渐尖，基部楔形，稍不对称，小叶柄长约5 mm。圆锥花序顶生，雌雄异花同序，花小，白色，辐射对称，雄蕊8，长于花瓣，子房无毛。果的发育分果片近球形，直径2.0~2.5 cm，橙黄色，干时变黑。花期6月，果期9—10月。

原产地：我国安徽、福建、广东、广西、贵州、海南、河南、湖北、湖南、江苏、江西、四川、台湾、云南、浙江；亚洲其他国家也有分布。

本地分布：博览园昆虫馆东北侧，北校区小东门内西侧、南大门西油松林，南校区乔木园等。

习性：喜光耐半阴，适宜温润气候，对土壤适应能力强，忌积水，稍耐旱。较耐寒。

54.1 柑橘属 *Citrus*

54.1.1 枳

学名:*Citrus trifoliata*

别名:枸橘

形态特征:落叶灌木,枝绿色,嫩枝扁,有纵棱,刺长达 4 cm。叶柄有狭长的翼叶,通常指状 3 出叶,小叶等长或中间的一片较大,长 2 ~ 5 cm,宽 1 ~ 3 cm,叶缘有细钝裂齿或全缘。花单朵或成对腋生,有完全花及不完全花,花瓣白色,匙形,长 1.5 ~ 3.0 cm,雄蕊通常 20 枚,花丝不等长。果近圆球形,直径 3.0 ~ 4.5 cm,果皮成熟时暗黄色,粗糙,果肉微有香橼气味,甚酸且苦。花期 4 月,果期 9—12 月。

原产地:我国安徽、重庆、甘肃、广东、广西、贵州、河南、湖北、湖南、江苏、江西、陕西、山东、山西、浙江。

本地分布:博览园北透视墙下。

习性:喜光耐半阴,适生温润气候与肥厚、透水微酸性沙壤,较耐干瘠,畏碱性黏土,耐寒。

54.2 花椒属 *Zanthoxylum*

54.2.1 花椒

学名:*Zanthoxylum bungeanum*

形态特征:落叶灌木,小枝上有基部宽而扁且劲直刺,当年生枝被短柔毛。羽状复叶,有小叶 5 ~ 13 片,小叶卵形、椭圆形,长 2 ~ 7 cm,宽 1.0 ~ 3.5 cm,叶缘有细裂齿,齿缝有油点。花序生枝端,雌雄异株,花被片 6 ~ 8 片,黄绿色,雄花的雄蕊 5 枚或多至 8 枚,雌花很少有发育雄蕊,有心皮 3 或 2 个。果紫红色,单个分果瓣径 4 ~ 5 mm,散生微凸起的油点。花期 4—5 月,果期 8—10 月。

原产地:我国大部分省区;不丹。

本地分布:博览园蝴蝶园内,南校区灌木园。

习性:喜光,不耐阴,适生凉润气候与肥厚、湿润又透水的沙质壤土,耐干旱,忌涝,畏黏重土,耐寒。

果壳为常用调味香料。

54.3 黄檗属 *Phellodendron*

54.3.1 黄檗

学名: *Phellodendron amurense*

别名: 黄柏

形态特征: 落叶乔木,成年树的树皮有厚木栓层,深沟状或不规则网状开裂。羽状复叶,小叶5～13片,小叶薄纸质或纸质,卵状披针形或卵形,长6～12 cm,宽2.5～4.5 cm,顶部长渐尖,基部阔楔形,一侧斜尖,叶缘有细钝齿。雌雄异株,花序顶生,萼片细小,花瓣紫绿色,直立,雄花的雄蕊比花瓣长,退化雌蕊短小。果圆球形,径约1 cm,成熟时蓝黑色,种子通常5粒。花期5月,果期9—10月。

原产地: 我国安徽、河北、黑龙江、河南、吉林、辽宁、内蒙古、山东、山西、台湾;日本、俄罗斯;朝鲜半岛。

本地分布: 博览园东北处、蝴蝶园南侧,北校区4号教学楼东侧。

习性: 喜光和凉润气候,宜肥厚、透水中性或微酸性土壤,厌过分干瘠与积水,抗寒,根深。

54.4 吴茱萸属 *Tetradium*

54.4.1 吴茱萸

学名: *Tetradium ruticarpum*

形态特征: 落叶乔木,嫩枝暗紫红色。羽状复叶,小叶5～11片,卵形、椭圆形或披针形,长6～18 cm,宽3～7 cm,先端渐尖,基部楔形至宽楔形,两侧对称或一侧的基部稍偏斜,全缘。雌雄异株,花序顶生,雄花序的花彼此疏离,雌花序的花密集或疏离,萼片及花瓣均5片,花瓣淡黄色。果序宽12 cm,果密集或疏离,暗紫红色,有大油点,每分果瓣有1种子。花期6—7月,果期9—11月。

原产地: 我国安徽、福建、甘肃、广东、广西、贵州、河北、河南、湖北、湖南、江苏、江西、陕西、四川、云南、浙江;不丹、印度、缅甸、尼泊尔。

本地分布: 博览园蝴蝶园内。

习性: 喜光稍耐阴,适生温润气候,对土壤要求不严,适应性较强,忌低洼积水地,较耐寒。

54.4.2 牛枓吴萸

学名: *Tetradium trichotomum*

别名: 蜜楝吴萸

形态特征: 落叶灌木,嫩枝常暗紫红色,密被淡黄色及紫褐色柔毛。羽状复叶,小叶 5～13 片,小叶薄纸质,长椭圆状披针形,长 1.5～9.0 cm,宽 1～3 cm,先端渐尖,基部楔形,叶轴上部的小叶显著大于下部小叶。雌雄异株,花序顶生,近于平顶的伞房状聚伞花序,花甚多,萼片及花瓣 4 片,花淡黄白色,花丝伸出花瓣外。果梗密被柔毛,果淡紫红色,径 5～6 mm,每分果瓣有 1 种子。花期 4—5 月,果期 8—9 月。

原产地: 我国广东、广西、贵州、海南、湖北、陕西、四川、云南;老挝、泰国、越南。

本地分布: 博览园蝴蝶园内。

习性: 喜光,适生暖湿气候与疏松、偏酸性土壤,较耐湿、耐寒。

55 苦木科 Simaroubaceae

55.1 苦木属 *Picrasma*

55.1.1 苦木

学名:*Picrasma quassioides*

别名:苦树

形态特征:落叶乔木,树皮紫褐色,平滑,全株有苦味。叶互生,奇数羽状复叶,小叶 9 ~ 15 片,卵状披针形或广卵形,边缘具不整齐的粗锯齿,先端渐尖,基部楔形,不对称。花雌雄异株,组成腋生复聚伞花序,花序轴密被黄褐色微柔毛;萼片小,通常5,花瓣与萼片同数,雄花中雄蕊长为花瓣的 2 倍,雌花心皮 2 ~ 5,分离。核果成熟后蓝黑色,直径 6 ~ 8 mm。花期 4 月,果期 7—9 月。

原产地:我国黄河流域及其以南各省区;不丹、印度、日本、巴基斯坦、尼泊尔、斯里兰卡;朝鲜半岛。

本地分布:博览园蝴蝶园北侧。

习性:喜光稍耐半阴,适宜肥厚、湿润土壤,也耐干瘠和盐碱,忌涝,耐寒。

55.2 臭椿属 *Ailanthus*

55.2.1 臭椿

学名:*Ailanthus altissima*

别名:樗树

形态特征:落叶乔木,树皮平滑而有直纹。叶为奇数羽状复叶,长 40 ~ 60 cm,小叶 13 ~ 27,卵状披针形,长 7 ~ 13 cm,宽 2.5 ~ 4.0 cm,先端长渐尖,基部偏斜,两侧各具 1 或 2 个粗锯齿,齿背有腺体 1 个,叶破碎后散不良气味。圆锥花序,花杂性或全为雄性,淡绿色,花瓣 5,雄蕊 10,花丝基部密被硬粗毛,雄花中的花丝长于花瓣,雌花中的花丝短于花瓣,心皮 5。翅果长椭圆形,长 3.0 ~ 4.5 cm,种子位于翅的中间,扁圆形。花期 5 月,果期 9—10 月。

原产地:我国东北南部,华北,西北至长江一带。

本地分布:博览园东南角,南校区乔木园、椿树路,北校区五台山环道西侧、3 号教学楼东南角等地。

习性:喜光足,耐干冷,适应酸性、中性、石灰质沙壤及石砾地,忌水湿,耐寒。

56.1 香椿属 *Toona*

56.1.1 香椿

学名:*Toona sinensis*

形态特征:落叶乔木,树皮粗糙,条片状脱落。羽状复叶,长 30 ~ 50 cm 或更长,小叶 8 ~ 10 对,卵状披针形或卵状长椭圆形,长 9 ~ 15 cm,宽 2.5 ~ 4.0 cm,先端尾尖,基部不对称,全缘,小叶柄长 5 ~ 10 mm。圆锥花序下垂,花萼 5 齿裂或浅波状,花瓣 5,直立,白色,雄蕊 10,其中 5 枚能育,柱头盘状。蒴果狭椭圆形,长 2.0 ~ 3.5 cm,深褐色,5 裂,种子基部通常钝,上端有膜质的长翅,下端无翅。花期 5—6 月,果期 10 月。

原产地:我国安徽、福建、甘肃、广东、广西、贵州、河北、河南、湖北、湖南、江苏、江西、陕西、四川、西藏、云南、浙江;南亚各国。

本地分布:博览园大门内南侧,南校区乔木园、林院家苑等地。

习性:喜光不耐阴,宜温润气候和肥厚、疏松沙壤,较耐干瘠和水湿,忌涝,耐寒。

56.2 楝属 *Melia*

56.2.1 楝

学名:*Melia azedarach*

别名:苦楝

形态特征:落叶乔木,树皮灰褐色,纵裂。叶为 2 ~ 3 回奇数羽状复叶,小叶卵形、椭圆形至披针形,顶生一片通常略大,长 3 ~ 7 cm,宽 2 ~ 3 cm,先端短渐尖,基部楔形或宽楔形,多少偏斜,边缘有钝锯齿。圆锥花序约与叶等长,花芳香,花瓣淡紫色,倒卵状匙形,雄蕊管紫色,管口有狭裂片,花药 10 枚,着生于裂片内侧。核果球形至椭圆形,长 1 ~ 2 cm,内果皮木质。花期 4 月末至 5 月,果期 10—11 月。

原产地:我国秦岭及以南各省区;澳大利亚;南亚各国、太平洋群岛。

本地分布:博览园昆虫馆东北侧、动物馆西北侧和植物馆北门,南校区苦楝广场、乔木园、苦楝路等地。

习性:喜光不耐阴,宜温暖湿润气候,适应各类疏松土壤,较耐干瘠,忌涝,较耐寒。

57.1 扁担杆属 *Grewia*

57.1.1 扁担杆

学名：*Grewia biloba*

别名：孩儿拳头

形态特征：落叶灌木，多分枝，嫩枝被粗毛。叶棱状椭圆形，长 4 ~ 9 cm，宽 2.5 ~ 4.0 cm，先端锐尖，基部楔形或钝，基出脉 3 条，边缘有细锯齿，叶柄长 4 ~ 8 mm。聚伞花序腋生，多花，萼片狭长圆形，花瓣状，花瓣细小，雄蕊多数，子房有毛，花柱与萼片平齐，柱头扩大，盘状，有浅裂。核果红色，有 2 ~ 4 颗分核。花期 5 月下旬至 6 月，果期 10 月。

原产地：我国安徽、广东、广西、贵州、河北、河南、湖北、湖南、江苏、江西、陕西、山东、山西、四川、云南、浙江。

本地分布：博览园蝴蝶园西侧。

习性：喜光亦耐半阴，对土壤要求不严，耐干旱瘠薄，性强健，耐寒。

57.2 椴树属 *Tilia*

57.2.1 粉椴

学名：*Tilia oliveri*

形态特征：落叶乔木，树皮灰白色，嫩枝通常无毛。叶卵形或阔卵形，长 9 ~ 12 cm，宽 6 ~ 10 cm，先端锐尖，基部斜心形或截形，上面无毛，下面被白色星状茸毛，侧脉 7 ~ 8 对，边缘密生细锯齿，叶柄长 3 ~ 5 cm。聚伞花序有花 6 ~ 15 朵，花序柄长 5 ~ 7 cm，下部 3.0 ~ 4.5 cm 与苞片合生，苞片窄倒披针形，有短柄，花淡黄色，萼片卵状披针形。果实椭圆形，密被绒毛。花期 5 月，果期 8—9 月。

原产地：我国甘肃、湖北、湖南、陕西、四川。

本地分布：博览园动物馆东侧。

习性：喜光，宜湿润、肥厚、疏松土壤，较耐旱，忌积水，耐寒。

57.2.2 少脉椴

学名：*Tilia paucicostata*

形态特征：落叶乔木，嫩枝纤细，无毛。叶薄卵圆形，长 6 ~ 10 cm，宽 3.5 ~ 6.0 cm，先端急渐尖，基部斜心形或斜截形，两面无毛，边缘有细锯齿，叶柄长 2 ~ 5 cm。聚伞花序有花 6 ~ 8 朵，栽培者可达 20 余朵，苞片狭窄倒披针形，长 5.0 ~ 8.5 cm，上下两面近无毛，下半部与花序柄合生，基部有短柄，花白色，萼片长卵形，子房被星状茸毛。果实倒卵形，密被绒毛，长 6 ~ 7 mm。花期 5 至 6 月上旬。

原产地：我国甘肃、河北、河南、湖北、湖南、陕西、四川、云南。

本地分布：博览园动物馆东侧，北校区五台山西侧。

习性：喜光亦耐阴，适宜温润气候和肥厚、湿润土壤，耐寒。

57.2.3 紫椴　国家二级保护植物

学名：*Tilia amurensis*

别名：籽椴

形态特征：落叶乔木，树皮暗灰色，浅纵列。小枝紫褐色，光滑。叶宽卵形，长 4.5 ~ 6.0 cm，宽 4.0 ~ 5.5 cm，先端尖，基部心形稍偏斜，仅下面脉腋有毛丛，缘有锯齿，近三角形，偶有大锯齿。聚伞花序，3 ~ 20 花，有香气，苞片窄带形，长 3 ~ 7 cm，下半部与花序柄合生，花瓣与萼片各 5，花瓣淡黄白色，雄蕊 20，子房被毛。坚果卵圆形，径 5 ~ 8 mm，被星状柔毛，有棱或棱不明显。花期 5 月，果期 9—10 月。

原产地：黑龙江、吉林及辽宁；朝鲜、俄罗斯有分布。

本地分布：博览园植物馆东南侧。

习性：喜光也稍耐阴。宜凉润气候与深厚肥沃土壤，抗烟尘和有毒气体。深根性树种，不耐干旱、水涝、盐碱土。萌芽力和萌蘖力均强，抗寒能力强。更新萌芽复壮能力强。

57.3 梧桐属 *Firmiana*

57.3.1 梧桐

学名: *Firmiana simplex*

别名: 青桐

形态特征: 落叶乔木,树皮青绿色,平滑。叶掌状 3 ~ 5 裂,直径 15 ~ 30 cm,裂片三角形,顶端渐尖,基部心形,基生脉 7 条。圆锥花序顶生,花淡黄绿色,萼片条形,向外卷曲,外面被淡黄色短柔毛,雄花的雌雄蕊柄与萼等长,下半部较粗,无毛,花药 15 个不规则地聚集在雌雄蕊柄的顶端, 雌花的子房圆球形,被毛。蓇葖果膜质,有柄,成熟前开裂成叶状,种子表面有皱纹,直径约 7 mm。花期 6 月,果期 9—10 月。

原产地: 亚洲。

本地分布: 博览园动物馆东侧,南校区乔木园、梧桐路,水保所等地。

习性: 喜光与温润气候,宜肥厚、透水沙壤土,不耐盐碱,肉质根,忌涝。根深,生长快。

57.4 木槿属 *Hibiscus*

57.4.1 木槿

学名: *Hibiscus syriacus*

形态特征: 落叶灌木,小枝密被黄色星状绒毛。叶菱形至三角状卵形,长 3 ~ 10 cm,宽 2 ~ 4 cm,具深浅不同的 3 裂或不裂,先端钝,基部楔形,边缘具不整齐齿缺,叶柄长 1 ~ 3 cm。花单生于枝端叶腋间,小苞片 6 ~ 8,线形,长 6 ~ 15 mm,花萼钟形,5 裂, 花钟形, 栽培品种较多, 如粉紫重瓣木槿 'Amplissimus',紫花重瓣木槿 'Violaceus',白花重瓣木槿 'Albus-plenus',蒴果卵圆形,种子肾形,背部被黄白色长柔毛。花期 6—10 月,果期 10—11 月。

原产地: 我国中部。

本地分布: 博览园昆虫馆南侧,北校区动医学院东侧,南校区文化生态园、东大门里两侧、灌木园、小西湖等地。

习性: 喜光和温润气候,不择土壤,耐干瘠、水涝,耐寒,性强健,萌蘖力强,耐修剪。

58.1 结香属 *Edgeworthia*

58.1.1 结香

学名:*Edgeworthia chrysantha*

形态特征:落叶灌木,小枝粗壮,叶痕大。叶长圆形至倒披针形,先端短尖,基部楔形或渐狭,长8～20 cm,宽2.5～5.5 cm,下面密被银灰色绢状毛。头状花序顶生或侧生,具花30～50朵,呈绒球状,花芳香,无梗,花萼管长1.3～2.0 cm,外面密被白色丝状毛,黄色,顶端4裂,雄蕊8。果椭圆形,绿色,长约8 mm,直径约3.5 mm,顶端被毛。花期3—4月,果期4—5月,栽培者通常不结果。

原产地:我国河南、陕西及长江流域以南诸省区。

本地分布:博览园昆虫馆西南侧,北校区西区食堂东侧,南校区文化生态园、灌木园等地。

习性:暖温带树种,对光要求不严,适生湿润凉爽气候和富腐殖质的湿润山地黄壤,肉质根,怕积水,不甚耐旱,颇耐寒。

58.2 荛花属 *Wikstroemia*

58.2.1 河朔荛花

学名:*Wikstroemia chamaedaphne*

形态特征:落叶灌木,高约1 m,分枝多而纤细,无毛。叶对生,无毛,近革质,披针形,先端尖,基部楔形,叶柄极短。花黄色,花序穗状或由穗状花序组成的圆锥花序,顶生或腋生,花萼外面被灰色绢状短柔毛,裂片4,2大2小,雄蕊8,着生于花萼筒的中部以上。果卵形。花期6—8月,果期9月。

原产地:我国河北、河南、山西、陕西、甘肃、四川、湖北、江苏。

本地分布:杨凌凤凰岭公园山坡上有野生。

习性:喜光不耐阴,适凉润偏干的环境,对土壤要求不严,甚耐干旱瘠薄,不耐水湿,耐寒。

58.3 瑞香属 *Daphne*

58.3.1 芫花

学名:*Daphne genkwa*

别名:荛花

形态特征:落叶灌木,老枝紫褐色或紫红色。叶对生,卵形或卵状披针形至椭圆状长圆形,长 3~5 cm,宽 1~2 cm,先端急尖或短渐尖,基部宽楔形或钝圆形,边缘全缘,幼时密被绢毛,老侧脉 5~7 对,近无叶柄。花先叶开放,紫色或淡紫蓝色,无香味,常 3~6 朵簇生于叶腋或侧生,花萼筒状,被毛,长 6~10 mm,裂片 4,雄蕊 8,子房密被柔毛。果实肉质,白色,椭圆形,长约 4 mm。花期 3 月末至 4 月,果期 6—7 月。

原产地:我国安徽、福建、甘肃、贵州、河北、河南、湖北、湖南、江苏、江西、陕西、山东、山西、四川、台湾、浙江;朝鲜半岛。

本地分布:博览园动物馆西北侧、昆虫馆东侧、蝴蝶园。

习性:喜光和湿润、肥沃沙壤土,不耐阴,稍耐旱,耐寒。全株有小毒。

58.3.2 黄瑞香

学名:*Daphne giraldii*

别名:祖师麻

形态特征:落叶灌木,枝圆柱形,无毛,幼时橙黄色。叶互生,倒披针形,长 3~6 cm,宽 0.7~1.2 cm,先端钝形或微突尖,基部狭楔形,边缘全缘,下面带白霜,侧脉 8~10 对,叶柄极短或无。花黄色,微芳香,常 3~8 朵组成顶生的头状花序,花萼筒圆筒状,长 6~8 mm,无毛,裂片 4,雄蕊 8,子房椭圆形,无毛。果实卵形或近圆形,成熟时红色,长 5~6 mm。花期 4 月,果期 7—8 月。

原产地:我国甘肃、黑龙江、辽宁、青海、山西、四川、新疆。

本地分布:博览园动物馆西北侧。

习性:喜光稍耐阴,适宜富腐殖质疏松土壤,耐干瘠,耐寒。

59.1 米面蓊属 *Buckleya*

59.1.1 秦岭米面蓊

学名：*Buckleya graebneriana*

形态特征：落叶小灌木，小枝灰白色，有白色皮孔，芽卵圆形，顶端锐尖，鳞片覆瓦状排列。叶形状变化较大，小枝基部的叶显著小于上部的叶片，通常呈长椭圆形或倒卵状长圆形，顶端锐尖或短渐尖，基部阔或狭楔形，边缘有微锯齿。雄花集成顶生聚伞花序或伞形花序，花梗细长，花被裂片 4，浅绿色，雄蕊 4 枚，雌花单朵顶生，叶状苞片鳞于子房顶端，披针形或椭圆状披针形。核果椭圆状球形，常被短柔毛，无纵棱。花期 4—5 月，果期 6—7 月。

原产地：我国甘肃、陕西、河南。

本地分布：博览园农史馆北侧。

习性：半寄生小灌木，喜阴凉、湿润环境与富含腐殖质疏松偏酸性土壤，忌干瘠，耐寒。

60.1 柽柳属 *Tamarix*

60.1.1 柽柳

学名：*Tamarix chinensis*

别名：三春柳

形态特征：落叶灌木或乔木，老枝暗褐红色，光亮，幼枝稠密细弱，常开展而下垂。叶鲜绿色，呈鳞片状，长 1.5 ~ 1.8 mm。每年开花两三次。春季总状花序侧生在去年生木质化的小枝上，花大而少，萼片及花瓣 5，花瓣粉红色，雄蕊 5，长于花瓣，子房花瓶形，花柱 3。蒴果圆锥形。夏秋总状花序较春生者细，生于当年生幼枝顶端，组成顶生大圆锥花序，疏松而通常下弯。花期 4 月中下旬至 9 月，果期 10 月。

原产地：我国安徽、河北、河南、江苏、辽宁、山东。

本地分布：博览园昆虫馆东侧，北校区五台山环道西侧，杨凌树木园。

习性：喜光耐半阴，宜肥沃沙壤或低湿盐碱地，抗涝，耐干瘠、暴晒，抗寒。根深广，生长快，萌芽力强。

60.1.2 多枝柽柳

学名：*Tamarix ramosissima*

别名：红柳

形态特征：落叶灌木或小乔木状，老杆和老枝的树皮暗灰色，当年生木质化的生长枝淡红或橙黄色。木质化生长枝上的叶披针形，半抱茎，营养枝上的叶三角状，长 2 ~ 5 mm。总状花序生在当年生枝顶，集成顶生圆锥花序，长 3 ~ 8 cm，花 5 数，花瓣粉红色，靠合形成闭合的酒杯状花冠，裂片倒卵形至阔椭圆状倒卵形，顶端微缺，果时宿存，雄蕊 5，与花冠等长，花柱 3。蒴果三棱圆锥形瓶状，比花萼长 3 ~ 4 倍。花期 4—6 月，果期 9—10 月。

原产地：我国新疆、青海、甘肃、内蒙古、宁夏。

本地分布：博览园昆虫馆东侧。

习性：喜光不甚耐阴，不拘土壤，耐干瘠、风沙、暴晒，抗寒。西北荒漠优良固沙造林树种。

60.2 水柏枝属 *Myricaria*

60.2.1 三春水柏枝

学名：*Myricaria paniculata*

形态特征：落叶灌木，老枝具条纹。叶极小，长2～4 mm，宽0.5～1.0 mm，先端钝或锐尖，基部略扩展或不扩展，无柄；叶腋常生绿色小枝，枝上着生稠密的小叶。有两种花序，春季为总状花序，侧生于去年生枝上，夏季为圆锥花序，生当年生枝端。苞片椭圆形或倒卵形，长3～5 mm，宽3.0～3.5 mm；花瓣淡紫红色；长卵形，雄蕊10，花丝1/2或2/3部分合生，子房圆锥形。蒴果狭圆锥形，长8～10 mm，三瓣裂。花期5—8月，果期5—10月。

原产地：我国河南西部、山西、陕西、宁夏、甘肃、四川、云南、西藏。

本地分布：博览园农史馆北侧。

习性：喜光不耐阴，宜肥沃湿润沙壤，忌涝。抗寒。

61.1 何首乌属 *Fallopia*

61.1.1 木藤首乌

学名：*Fallopia aubertii*

别名：木藤蓼、山荞麦

形态特征：落叶藤本，茎缠绕。叶片长卵形或卵形，长 2.5～5.0 cm，宽 1.5～3.0 cm，顶端急尖，基部心形，两面均无毛，叶柄长 1.5～2.5 cm，托叶鞘膜质，偏斜。花序圆锥状腋生或顶生，少分枝，花被 5 深裂，淡绿色或白色，花被片外面 3 片较大，背部具翅，果时增大，基部下延，雄蕊 8，花柱 3。瘦果卵形，具 3 棱，包于宿存花被内。花期 7—9 月，果期 8—9 月。

原产地：我国甘肃、贵州、河南、湖北、内蒙古、宁夏、青海、陕西、山西、四川、西藏、云南。

本地分布：博览园东北角沙生植物区。

习性：喜光，耐干旱瘠薄土壤，适应性强，无病虫害。优良的篱架与秋季蜜源植物。

62.1 珙桐属 *Davidia*

62.1.1 珙桐 国家一级保护植物

学名:*Davidia involucrata*

别名:鸽子树

形态特征:落叶乔木,树皮深灰色或深褐色,常裂成不规则的薄片而脱落。叶互生,无托叶,常密集于幼枝顶端,阔卵形或近圆形,长 9 ~ 15 cm,宽 7 ~ 12 cm,顶端急尖或短急尖,基部心形,边缘有三角形而尖端锐尖的粗锯齿,下面无毛或密被毛,侧脉 8 ~ 9 对,叶柄长 4 ~ 5 cm。两性花与雄花同株,由多数的雄花与 1 个雌花或两性花呈近球形的头状花序,基部具白色大型苞片 2 ~ 3 枚。果实为长卵圆形核果,紫绿色具黄色斑点。花期 4 月,果期 10 月。

原产地:我国贵州、湖北、湖南、四川、云南。

本地分布:博览园动物馆东侧。

习性:性喜半阴和温凉湿润气候,忌夏季烈日暴晒、高温干燥,适宜肥厚、疏松透水的富腐殖质的酸性至中性土壤,不耐干旱,忌积水,较耐寒。

62.2 喜树属 *Camptotheca*

62.2.1 喜树 国家二级保护植物

学名:*Camptotheca acuminata*

别名:旱莲

形态特征:落叶乔木,树皮纵裂成浅沟状,小枝平展。叶互生,矩圆状卵形或矩圆状椭圆形,长 12 ~ 28 cm,宽 6 ~ 12 cm,顶端短锐尖,基部近圆形或阔楔形,全缘,上面亮绿色,侧脉 11 ~ 15 对,叶柄长 1.5 ~ 3.0 cm。头状花序近球形,常由 2 ~ 9 个头状花序组成圆锥花序,顶生或腋生,花杂性,同株,通常上部为雌花序,下部为雄花序。翅果矩圆形,长 2.0 ~ 2.5 cm,顶端具宿存的花盘,组成头状果序。花期 7 月,果期 10 月。

原产地:我国福建、广东、广西、贵州、湖北、湖南、江苏、江西、四川、云南、浙江。

本地分布:博览园中草药园南侧,原植物所西院,北校区五台山环道西侧。

习性:喜光与温暖湿润气候,适应肥厚、湿润各类土壤,较耐水湿,不耐干瘠,较耐寒。

63.1 溲疏属 *Deutzia*

63.1.1 重瓣齿叶溲疏

学名：*Deutzia crenata* 'Pride of Rochester'

形态特征：落叶灌木，树皮片状剥裂。叶卵形至卵状披针形，长 5 ~ 9 cm，宽 2 ~ 4 cm，先端渐尖，基部圆形，边缘具带小尖头细锯齿，两面绿色。花单生枝上部叶腋或在小枝顶端形成总状花序，花重瓣，最外层花瓣带粉红色，内层花瓣白色。花期 5—6 月，通常不结果。

原产地：我国长江流域及华北地区；日本。

本地分布：博览园昆虫馆东侧、农史馆西北角，南校区灌木园。

习性：阳性树种，稍耐阴，喜温暖湿润气候，对土壤要求不严，抗旱，耐寒。

63.1.2 异色溲疏

学名：*Deutzia discolor*

别名：长梗溲疏

形态特征：落叶灌木，老茎表皮片状脱落。叶纸质，椭圆状披针形或长圆状披针形，长 5 ~ 10 cm，宽 2 ~ 3 cm，先端急尖，基部楔形至近圆形，边缘具细锯齿，上面绿色，下面灰绿色，密被 10 ~ 20 辐线星状毛，侧脉每边 5 ~ 6 条，叶柄长 3 ~ 6 mm。聚伞花序，花多数，萼筒杯状，密被星状毛，花瓣 5，白色，椭圆形，外轮雄蕊长于内轮，花丝先端 2 齿，花柱 3 ~ 4。蒴果半球形，直径 4.5 ~ 6.0 mm，宿存萼裂片外反。花期 4 月，果期 8—10 月。

原产地：我国甘肃、河南、湖北、陕西、四川。

本地分布：博览园蝴蝶园西侧，南校区灌木园。

习性：喜疏阴环境和温暖、湿润气候，对土壤要求不甚严，较耐旱，耐寒。

63.2 山梅花属 *Philadelphus*

63.2.1 金叶欧洲山梅花

学名:*Philadelphus coronarius* 'Aureus'

形态特征:落叶灌木,小枝黄色。叶金黄色,卵形或阔卵形,长 3 ~ 8 cm,宽 2 ~ 5 cm,先端急尖至渐尖,基部宽楔形至近圆形,基出脉 3 条,边缘有锯齿,叶柄长 5 ~ 10 mm。总状花序顶生,花序下部的花生叶腋,花序轴及花梗疏被柔毛,花萼近无毛,花瓣 4,白色,有时部分雄蕊瓣化呈重瓣状,花柱 4 ~ 5,与花丝近等长。蒴果倒卵形,具宿存花萼。花期 4—5 月,果期 8—9 月。

原产地:欧洲南部、小亚细亚。

本地分布:南校区灌木园。

习性:喜光稍耐阴,不择土壤,耐旱,畏水湿,耐寒。

63.2.2 山梅花

学名:*Philadelphus incanus*

形态特征:落叶灌木,二年生小枝灰褐色,表皮呈片状脱落。叶阔卵形, 长 6.0 ~ 12.5 cm,宽 8 ~ 10 cm,先端急尖,基部圆形,花枝上叶较小,边缘具疏锯齿,上面被刚毛,下面密被白色长粗毛,叶脉离基出 3 ~ 5 条,叶柄长 5 ~ 10 mm。总状花序有花 5 ~ 7 朵,下部的分枝有时具叶,花萼外面密被紧贴糙伏毛,花瓣 4,白色,近圆形,柱头棒形。蒴果倒卵形,长 7 ~ 9 mm,直径 4 ~ 7 mm。花期 5 月,果期 8—9 月。

原产地:我国河南、湖北、湖南、陕西、山西、四川。

本地分布:博览园昆虫馆东南路边及蝴蝶园西北角。

习性:喜光和温暖湿润气候,不择土壤,耐旱,畏水湿,耐寒。

63.3 绣球属 *Hydrangea*

63.3.1 莼兰绣球

学名: *Hydrangea longipes*

别名: 长柄八仙花

形态特征: 落叶灌木,小枝圆柱形,树皮不剥落。叶阔卵形、阔倒卵形、长卵形或长倒卵形,长 8～20 cm,宽 3.5～12.0 cm,先端急尖或渐尖,基部截平、微心形或阔楔形,边缘具不整齐的粗锯齿,侧脉 6～8 对,三级脉明显,叶柄长达 15 cm。伞房状聚伞花序顶生,顶端截平,不育花大型,白色,萼片 4,近等大,孕性花白色,雄蕊 10 枚,不等长,子房下位,花柱 2。蒴果近球形,无毛。花期 5—6 月,果期 10 月。

原产地: 我国甘肃、贵州、河北、河南、湖北、湖南、陕西、四川、云南。

本地分布: 博览园农史馆西侧。

习性: 喜温暖、阴湿环境与疏松、湿润、富含腐殖质土壤,畏烈日暴晒、干旱和积水,耐寒。

63.3.2 圆锥绣球

学名: *Hydrangea paniculata*

别名: 圆锥八仙花、水亚木

形态特征: 落叶灌木,枝暗红褐色或灰褐色,具凹条纹和圆形浅色皮孔。叶纸质,对生或轮生,卵形或椭圆形,长 5～14 cm,宽 2.0～6.5 cm,先端渐尖或急尖,基部圆形或阔楔形,边缘有密集稍内弯的小锯齿,下面于叶脉和侧脉上被紧贴长柔毛,侧脉 6～7 对,叶柄长 1～3 cm。圆锥状聚伞花序,其中不育花大形,仅具 4 枚白色、不等大、花瓣状萼片,孕性花小,白色,雄蕊不等长,花柱 3。蒴果椭圆形,顶端突出部分圆锥形。花期 7—8 月,果期 10—11 月。

原产地: 我国安徽、福建、甘肃、广东、广西、贵州、湖北、湖南、江西、四川、云南、浙江;日本、俄罗斯。

本地分布: 博览园植物馆东侧。

习性: 喜半阴、暖湿环境,好富腐殖质、疏松透水微酸性土壤,耐寒。

63.3.3 挂苦绣球

学名:*Hydrangea xanthoneura*

别名:黄脉八仙花

形态特征：落叶灌木，不易脱落或呈小块状剥落。叶椭圆形、长椭圆形，长 8 ~ 18 cm，宽 3 ~ 10 cm，先端短渐尖或急尖，基部阔楔形或近圆形，边缘有密而锐尖的锯齿，下面淡绿色，侧脉 7 ~ 8 对，叶柄长 1.5 ~ 5.0 cm。伞房状聚伞花序顶生，不育花萼片 4，白色，孕性花萼筒浅杯状，花瓣白色或淡绿色，雄蕊 10 ~ 13，不等长，子房半下位，花柱 3 ~ 4。蒴果卵球形，顶端突出部分圆锥形。花期 5 月，果期 9—10 月。

原产地：我国贵州、湖北、四川、云南。

本地分布：博览园农史馆西侧。

习性：喜阴湿环境与疏松、湿润土壤，畏烈日暴晒、干旱和积水，耐寒。

63.3.4 绣球

学名:*Hydrangea macrophylla*

形态特征：落叶灌木，茎常于基部发出多数放射枝而形成一圆形灌丛。叶对生倒卵形或阔椭圆形，长 6 ~ 15 cm，宽 4.0 ~ 11.5 cm，先端骤尖，具短尖头，基部钝圆或阔楔形，边缘于基部以上具粗齿。伞房状聚伞花序近球形，花密集，多数不育；不育花萼片 4，阔物卵形、近圆形或阔卵形，粉红色、蓝色或白色（随土壤 pH 变化而变化，通常偏酸性土壤中为蓝色，偏碱性土壤中为粉红色）。花期 6—8 月。

原产地：中国、日本、朝鲜。

本地分布：杨凌树木园。

习性：喜阴湿环境与疏松、湿润酸性土壤，畏暴晒、干旱和积水，陕西关中露地不易越冬。

64.1 八角枫属 *Alangium*

64.1.1 稀花八角枫

学名:*Alangium chinense* subsp. *pauciflorum*

形态特征:落叶乔木,小枝略呈“之”字形。叶纸质,叶形变异极大,不分裂或 3~7 裂,基部两侧常不对称,长 13~19 cm,宽 9~15 cm,掌状基出脉 3~5,叶柄长 2.5~3.5 cm,紫绿色或淡黄色,幼时有微柔毛,后无毛。聚伞花序腋生,有 3~6 花,花冠圆筒形,花瓣线形,长 1.0~1.5 cm,上部开花后反卷,初为白色,后变黄色,柱头头状。核果卵圆形,长约 5~7 mm,成熟后黑色,顶端有宿存的萼齿和花盘。花期 5 月,果期 7—11 月。

原产地:我国甘肃、陕西、贵州、河南、湖北、湖南、山西、四川、云南。

本地分布:博览园昆虫馆北侧。

习性:喜光耐半阴,适宜湿润排水好的疏松壤土,较耐干旱瘠薄,耐寒。

64.2 山茱萸属 *Cornus*

64.2.1 红瑞木

学名:*Cornus alba*

形态特征:落叶灌木,枝干红色(也有树皮黄色的品种 'Bud's Yellow')。叶对生,椭圆形,长 5.0~8.5 cm,宽 1.8~5.5 cm,先端突尖,基部楔形或阔楔形,边缘全缘,下面粉绿色,侧脉约 5 对,弓形内弯,在上面微凹下,下面凸出。伞房状聚伞花序顶生,较密,花白色或淡黄白色,花瓣 4,卵状椭圆形,雄蕊 4,花柱圆柱形,柱头盘状。核果近圆形,成熟时白色,花柱宿存。花期 4 月,果期 8—10 月。

原产地:我国甘肃、海南、河北、黑龙江、江苏、江西、吉林、辽宁、内蒙古、青海、陕西、山东;蒙古、俄罗斯;欧洲、朝鲜半岛。

本地分布:博览园昆虫馆东北侧,南校区经济树木园南侧、文化生态园、1 号教学楼南侧等地。

习性:喜光耐半阴,适凉润气候和肥沃、疏松微酸性土壤,耐寒。根浅,萌蘖力强。

64.2.2 灯台树

学名:*Cornus controversa*

别名:瑞木

形态特征:落叶乔木,干挺直,树皮光滑,枝开展,近轮生。叶互生,椭圆形,长 6 ~ 13 cm,宽 3.5 ~ 9.0 cm,先端突尖,基部圆形或急尖,全缘,下面灰绿色,密被淡白色平贴短柔毛,侧脉 6 ~ 7 对,弓形内弯,下面凸出,叶柄长 2.0 ~ 6.5 cm。伞房状聚伞花序顶生,花多,白色,花瓣 4,长圆披针形,雄蕊 4,稍伸出花外,花柱圆柱形,柱头头状。核果球形,直径 6 ~ 7 mm,成熟时紫红色至蓝黑色。花期 4 月,果期 7—8 月。

原产地:我国大部分省区;不丹、印度、日本、缅甸、尼泊尔;朝鲜半岛。

本地分布:博览园动物馆东南角,南校区乔木园。

习性:喜光稍耐阴,宜温润气候及肥厚、湿润、透水土壤,不耐干瘠,耐寒。

64.2.3 大花四照花

学名:*Cornus florida*

别名:多花株木、美国四照花

形态特征:落叶灌木至小乔木,树皮灰褐色,块状开裂。叶宽椭圆形,长 7.5 ~ 15.0 cm,宽 4 ~ 7 cm,先端凸尖至渐尖,基部楔形至宽楔形,全缘,侧脉 4 ~ 5 对,叶柄长 1 ~ 2 cm。头状花序,苞片 4,大型,花瓣状,白色或粉红色,先端端凹,花小,淡黄色,花瓣 4,先端向外反卷。果椭圆形,深红色,聚集成头状,具宿存花萼。花期 4 月,果期 8—9 月。

原产地:北美洲。

本地分布:博览园大门内北侧及蝴蝶园,南校区灌木园。

习性: 喜光亦耐半阴, 宜暖湿气候和深厚、疏松、湿润沙壤,不耐积水和黏重土,耐寒。

64.2.4 四照花

学名： *Cornus kousa* subsp. *chinensis*

别名： 山荔枝

形态特征： 落叶乔木，老枝暗褐色。叶对生，卵形或卵状椭圆形，长 5.5 ~ 12.0 cm，宽 3.5 ~ 7.0 cm，先端渐尖，有尖尾，基部宽楔形或圆形，常不对称，边缘全缘，背面粉绿色，侧脉 4 ~ 5 对，叶柄长 5 ~ 10 mm。头状花序球形，总苞片 4，白色，卵形或卵状披针形，先端渐尖，花小，黄绿色，花瓣 4，雄蕊 4。聚花果球形，成熟时红色，总果梗长 5.5 ~ 6.5 cm。花期 4 月下旬至 5 月，果期 8—9 月。

原产地： 我国安徽、福建、甘肃、贵州、河南、湖北、湖南、江苏、江西、内蒙古、陕西、山西、四川、台湾、浙江。

本地分布： 博览园动物馆北侧、东侧。

习性： 喜半阴，适宜温润气候和湿润、透水沙壤土。

64.2.5 梾木

学名： *Cornus macrophylla*

形态特征： 落叶乔木，树皮灰褐色或灰黑色。叶对生，卵状长圆形，长 9 ~ 16 cm，宽 3.5 ~ 8.8 cm，先端锐尖或短渐尖，基部圆形，有时稍不对称，边缘略有波状小齿，侧脉 5 ~ 8 对，弓形内弯，在上面明显，下面稍凸起，叶柄长 1.5 ~ 3.0 cm。伞房状聚伞花序顶生，花白色，有香味，花瓣 4，长圆形，雄蕊 4，与花瓣等长，花柱圆柱形，顶端粗壮而略呈棍棒形，柱头扁平。核果近于球形，成熟时黑色，果梗红色。花期 5 月，果期 8—9 月。

原产地： 我国秦岭及以南各省区；阿富汗、不丹、印度、缅甸、尼泊尔、巴基斯坦。

本地分布： 博览园昆虫馆东侧、北及蝴蝶园西侧，北校区五台山环道西侧。

习性： 喜光和湿润、肥厚的石灰岩土壤，较耐干瘠，耐寒，生长较快。

64.2.6 山茱萸

学名：*Cornus officinalis*

形态特征：落叶灌木或乔木，树皮灰褐色。叶对生，椭圆形至宽卵形，长 5.5 ~ 10.0 cm，宽 2.5 ~ 4.5 cm，先端渐尖，基部宽楔形或近于圆形，全缘，脉腋密生淡褐色丛毛，侧脉 6 ~ 7 对，弓形内弯；叶柄长 0.6 ~ 1.2 cm。先花后叶，伞形花序生于枝侧，有总苞片 4，卵形，带紫色，开花后脱落，花小，花梗长约 1 cm，花瓣 4，黄色，舌状披针形，向外反卷，雄蕊 4。核果长椭圆形，长 1.2 ~ 1.7 cm，红色。花期早春 3 月，果期 10—11 月。

原产地：我国安徽、甘肃、河南、湖南、江苏、江西、陕西、山东、山西、浙江；日本；朝鲜半岛。

本地分布：博览园农史馆东南侧，南校区灌木园、经济树木园等地。

习性：喜光和温润气候，宜肥沃、湿润、富含腐殖质土壤，较耐干瘠，忌积水，耐寒。

64.2.7 毛梾

学名：*Cornus walteri*

别名：车梁木

形态特征：落叶乔木，树皮黑褐色，纵裂而又横裂成块状。叶对生，椭圆形、长圆椭圆形或阔卵形，长 4 ~ 12 cm，宽 1.7 ~ 5.3 cm，先端渐尖，基部楔形，有时稍不对称，侧脉 4 ~ 5 对，弓形内弯，在上面稍明显，下面凸起，叶柄长约 3.5 cm。伞房状聚伞花序顶生，花密，白色，有香味，花瓣 4，长圆披针形，雄蕊 4，花柱棍棒形，柱头头状。核果球形，直径 6 ~ 7 mm，成熟时黑色。花期5 月，果期 9 月。

原产地：我国大部分省区。

本地分布：北校区医务所西侧、亦乐园宾馆东侧、五台山环道西侧。

习性：喜光和肥厚土壤，在中性、酸性及微碱性土中皆能生长，较耐干旱瘠薄，耐寒。

65.1 柿属 *Diospyros*

65.1.1 乌柿

学名:*Diospyros cathayensis*

形态特征:常绿小乔木,多枝,有刺。叶长圆状披针形,长 4 ~ 9 cm,宽 1.8 ~ 3.6 cm,两端钝,侧脉 5 ~ 8 对,叶柄长 2 ~ 4 mm。雄花序为聚伞花序,花冠壶状,4 裂,裂片反曲,雄蕊 16 枚,雌花单生,腋外生,白色,芳香,退化雄蕊 6 枚,柱头 6 浅裂,花梗纤细,长 2 ~ 4 cm。果球形,直径 1.5 ~ 3.0 cm,幼果被毛,熟时无毛,黄色果皮上有黑褐色果点,果柄纤细,长 3 ~ 4 cm。花期 4—5 月,果期 8—10 月。

原产地:我国四川、湖北、云南、贵州、湖南、安徽。

本地分布:博览园蝴蝶园东北角。

习性:喜半阴忌暴晒,宜疏松、肥沃、湿润土壤。

65.1.2 柿

学名:*Diospyros kaki*

别名:柿树

形态特征:落叶乔木,树皮裂成长方块状。叶卵状椭圆形至倒卵形或近圆形,长 5 ~ 18 cm,宽 2.8 ~ 9.0 cm,先端渐尖或钝,基部楔形、钝圆形或近截形,全缘,近革质,侧脉每边 5 ~ 7 条,叶柄长 1 ~ 2 cm。花雌雄异株(栽培者通常为雌株),雄花序为聚伞花序,花小,雄蕊 16 ~ 24 枚,雌花单生叶腋,花萼绿色,花冠淡黄白色,壶形或近钟形,退化雄蕊 8,花柱 4 深裂。果形变异较大,黄色至橘红色,直径 3.5 ~ 8.5 cm,宿存萼在花后增大增厚。花期 5 月,果期 10 月。

原产地:中国。

本地分布:博览园西北角,北校区图书馆南侧、4 号教学楼东侧,南校区经济树木园等地。

习性:阳性树种,广适我国东北南部至华南气候和各类土壤,耐干瘠,不耐水湿与盐碱,耐寒。根深,寿命长。南北方重要果树。

65.1.3 君迁子

学名：*Diospyros lotus*

别名：黑枣、软枣

形态特征：落叶乔木，树皮深裂或不规则的厚块状剥落。叶椭圆形至长椭圆形，长 5 ~ 13 cm，宽 2.5 ~ 6.0 cm，先端渐尖或急尖，基宽楔形以至近圆形，下面绿色或粉绿色，有柔毛，侧脉 7 ~ 10 对，叶柄长 7 ~ 15 mm。雄花 1 ~ 3 朵簇生腋生，花冠壶形，带红色，雄蕊 16 枚，雌花单生，花淡黄色，4 裂，裂片反曲，退化雄蕊 8 枚，花柱 4。果近球形或椭圆形，直径 1 ~ 2 cm，初熟时为淡黄色，后则变为蓝黑色，8 室。花期 5 月，果期 10—11 月。

原产地：我国安徽、甘肃、贵州、河北、河南、湖北、湖南、江苏、江西、辽宁、陕西、山东、山西、四川、西藏、云南、浙江；欧洲。

本地分布：博览园动物馆东侧，北校区五台山环道西侧，南校区乔木园等地。

习性：喜光，耐半阴；适宜肥沃土壤，对瘠薄土、中等碱土及石灰质土有一定忍耐力，耐旱，耐湿，耐寒；根深，适应性强。

66.1 铁仔属 *Myrsine*

66.1.1 铁仔

学名：*Myrsine africana*

形态特征：常绿小灌木，幼嫩时被锈色微柔毛。叶片小，椭圆状倒卵形，长 1 ~ 2 cm，宽 0.7 ~ 1.0 cm，顶端近圆形，基部楔形，边缘常从中部以上具锯齿，齿端常具短刺尖，两面无毛，近无叶柄。花簇生叶腋，雌雄异株，花 4 数，花瓣黄绿色，外面有橘红色斑点，花药紫红色。果球形，直径达 5 mm，红色变紫黑色，光亮。花期 4 月，果期 10—11 月。

原产地：我国甘肃、广西、贵州、湖北、湖南、陕西、四川、台湾、西藏、云南；南亚各国。

本地分布：博览园农史馆南侧。

习性：喜光耐半阴，好肥厚土壤，亦耐干瘠，不适盐碱土，陕西关中露地越冬枝叶略有冻干。

67.1 紫茎属 *Stewartia*

67.1.1 陕西紫茎

学名: *Stewartia sinensis* var. *shensiensis*

形态特征: 落叶乔木,干皮光滑,红棕色,嫩枝有长柔毛。叶椭圆形,长 5 ~ 7 cm,宽 2.5 ~ 3.2 cm,先端锐尖,基部楔形,上面稍发亮,侧脉 5 ~ 7 对,边缘有锯齿,叶柄长 5 ~ 8 mm。花腋生,白色,花柄长 5 ~ 7 mm,苞片及萼片长圆形,顶端钝圆。花瓣外面被毛,其中 4 片长圆形,宽 6 ~ 7 mm,1 片卵形,宽 1 cm,背面有绢毛,雄蕊长 1.2 ~ 1.5 cm,子房有长柔毛,花柱先端 5 裂。蒴果密被柔毛,长 1 cm,成熟时 5 裂。花期 5—6 月,果期 9—10 月。

原产地: 我国河南、陕西。

本地分布: 博览园动物馆西侧。

习性: 偏阴性树种,喜温凉、湿润、半阴环境与土层深厚、富含腐殖质的偏酸性土壤,畏干瘠、暴晒、水涝。较耐寒。

67.2 山茶属 *Camellia*

67.2.1 山茶

学名: *Camellia japonica*

形态特征: 常绿灌木,嫩枝无毛。叶宽椭圆形,长 5 ~ 10 cm,宽 2.5 ~ 5.0 cm,先端急短尖,基部阔楔形,上面深绿色,干后发亮,两面无毛,侧脉 7 ~ 8 对,边缘有细锯齿,叶柄长 8 ~ 15 mm。花顶生,红色或白色,(品种繁多,花色花型各异),苞片及萼片约 10 片,花单瓣或重瓣,雄蕊 3 轮,长约 2.5 ~ 3.0 cm,子房无毛,花柱长 2.5 cm,先端 3 裂。蒴果圆球形,直径 2.5 ~ 3.0 cm,2 ~ 3 室。花期 3 月下旬至 4 月,果期 10 月。

原产地: 我国山东、台湾、浙江;日本;朝鲜半岛。

本地分布: 博览园动物馆东侧。

习性: 暖温带树种,喜半阴,畏烈日,宜夏凉冬暖且湿润的气候和肥沃、疏松透水微酸性土壤,畏干瘠。陕西关中林下可自然越冬。

67.2.2 茶梅

学名：*Camellia sasanqua*

形态特征：常绿小灌木，嫩枝有毛。叶椭圆形，长3～5 cm，宽2～3 cm，先端短尖，基部楔形，上面干后深绿色，发亮，侧脉5～6对，网脉不显著，边缘有细锯齿，叶柄长4～6 mm。花直径4～7 cm，苞及萼片6～7，被柔毛，花重瓣，红色或白色，无柄。雄蕊离生，长1.5～2.0 cm，子房密被茸毛，花柱长1.0～1.3 cm，3深裂。蒴果球形，密被柔毛，宽1.5～2.0 cm，1～3室。花期11月至翌年3月，果期8—9月。

原产地：日本。

本地分布：博览园动物馆东北侧。

习性：好半阴、温润环境与疏松、富腐殖质的微酸性沙壤，畏暴晒酷热、碱性黏土及积水。陕西关中可露地越冬。

67.2.3 茶

学名：*Camellia sinensis*

形态特征：常绿小乔木或灌木，嫩枝无毛。叶薄革质，长圆形或长椭圆形，先端渐尖或微凹；基部楔形，长4～10 cm，宽2～5 cm；网脉显著而略下凹，缘有锯齿。花白色，芳香，1～3朵腋生，萼片5，阔卵形至圆形，宿存，花梗下弯，花瓣多5～6枚，雄蕊淡黄色，子房有柔毛。蒴果扁球形，种子棕褐色。花期10月至翌年2月，果期翌年10月。

原产地：我国西南云贵川地区。

本地分布：博览园植物馆北门两侧。

习性：亚热带深根树种，喜散光，耐阴，忌干燥、暴晒，宜温润气候和土层深且透水的酸性至中性沙质壤土，不耐干旱和黏重盐碱性土；可耐−10℃甚至−16℃短期低温。寿命达百年。

本种鲜叶是世界著名饮料茶叶的原料，故系我国特用经济树种。

68.1 山矾属 *Symplocos*

68.1.1 白檀

学名:*Symplocos paniculata*

形态特征:落叶灌木或乔木,嫩枝有灰白色柔毛,老枝无毛。叶阔倒卵形、椭圆状倒卵形或卵形,长 3 ~ 11 cm,宽 2 ~ 4 cm,先端急尖或渐尖,基部阔楔形或近圆形,边缘有细尖锯齿,侧脉 4 ~ 8 对,叶柄长 3 ~ 5 mm。圆锥花序,通常有柔毛,萼筒裂片稍长于萼筒,花冠白色,5 深裂几达基部,雄蕊 40 ~ 60 枚。核果熟时蓝色,卵状球形,直径 5 ~ 8 mm,顶端宿萼裂片直立。花期 5 月,果期 9 月。

原产地:我国大部分省区,南亚各国。

本地分布:博览园动物馆东侧。

习性:喜光不耐阴,宜肥沃、疏松潮湿土壤,耐瘠薄沙砾地;畏黏重土。根深,耐寒。

69.1 安息香属 *Styrax*

69.1.1 老鸹铃

学名：*Styrax hemsleyanus*

形态特征：落叶乔木，树皮暗褐色。叶在枝上部互生，在枝下部近对生。椭宽圆形至长圆形，长 7 ~ 15 cm，宽 4 ~ 9 cm，顶端急尖，基部近圆形或宽楔形，两边有不整齐浅锯齿，侧脉 7 ~ 10 对，叶柄长 7 ~ 15 mm。总状花序，有花 8 ~ 10 余朵，花序基部常 2 ~ 3 分枝，花白色，芳香，花萼杯状，密被星状绒毛，萼齿钻形或三角形，花冠裂片椭圆形，雄蕊较花冠裂片短，花丝扁平。果实近球形，直径 10 ~ 15 mm，密被黄褐色或灰黄色星状绒毛。花期 4—5 月，果期 7 月。

原产地：我国贵州、河南、湖北、湖南、陕西、四川。

本地分布：博览园植物馆东侧。

习性：喜光不耐阴，宜温润气候与疏松透水、富腐殖质微酸性壤土，忌黏重水渍土，耐寒。

70.1 猕猴桃属 *Actinidia*

70.1.1 中华猕猴桃

学名：*Actinidia chinensis*

别名：猕猴桃、羊桃

形态特征：大型落叶藤本，幼枝被长柔毛或硬毛，髓片层状。叶倒阔卵形至倒卵形或阔卵形至近圆形，长 6 ~ 17 cm，宽 7 ~ 15 cm，顶端凹至渐尖，基部钝圆形至浅心形，边缘具睫状小齿，侧脉 5 ~ 8 对，叶柄长 3 ~ 10 cm。雌雄异株，聚伞花序 1 ~ 3 花，花初放时白色，后变淡黄色，有香气，直径 1.8 ~ 3.5 cm，萼片通常 5 片，花瓣 5 片，雄蕊极多，花柱狭条形。果黄褐色，圆柱形或椭圆形，长 4 ~ 6 cm，被毛，宿存萼片反折，果肉绿黄色，酸甜可口。花期 5 月，果期 9—10 月。

原产地：我国安徽、重庆、福建、甘肃、广东、广西、贵州、河南、湖北、湖南、江苏、江西、陕西、四川、台湾、云南、浙江。

本地分布：博览园农史馆北侧。

习性：喜半阴，适宜温润气候和肥厚、透水、偏酸性土壤，畏涝及盐碱地，稍耐旱。陕西关中露地越冬多无虞。世界著名水果。

71.1 杜鹃属 *Rhododendron*

71.1.1 锦绣杜鹃

学名：*Rhododendron × pulchrum*

别名：毛鹃

形态特征：常绿灌木，枝开展，被淡棕色糙伏毛。叶椭圆状长圆形至倒披针形，长 2 ~ 5 cm，宽 1.0 ~ 2.5 cm，先端钝尖，基部楔形，边缘全缘，上面深绿色，初时散生淡黄褐色糙伏毛，叶柄长 3 ~ 6 mm。伞形花序顶生，有花 1 ~ 5 朵，花萼大，绿色，5 深裂，裂片披针形，花冠玫瑰紫色，阔漏斗形，裂片 5，具深红色斑点，雄蕊 10，花柱比花冠稍长或与花冠等长。蒴果长圆状卵球形，长 0.8 ~ 1.0 cm，花萼宿存。花期 4—5 月，果期 9—10 月。杂交亲本是白花杜鹃 *R. mucronatum* 和杜鹃 *R. simsii*。

原产地：日本。

本地分布：博览园东大门内北侧。

习性：喜阴凉湿润环境，恶高温烈日和干燥，好肥沃、疏松透水酸性土壤，畏碱性和黏性土，较耐旱。陕西关中露地越冬无虞。

71.1.2 照山白

学名：*Rhododendron micranthum*

形态特征：常绿灌木，茎灰棕褐色。叶椭圆形至倒披针形，长 3 ~ 6 cm，宽 0.4 ~ 1.2 cm，顶端钝，基部狭楔形，下面黄绿色，被淡或深棕色有宽边的鳞片，全缘，叶柄长 0.5 ~ 1.0 cm。总状花序，花小而密集，花冠钟状，白色，长 4 ~ 8 mm，外面被鳞片，内面无毛，花裂片 5，较花管稍长，雄蕊 10，花柱与雄蕊等长或较短。蒴果长圆形，密被鳞片，长 5 ~ 6 mm。花期 5—6 月，果期 8—11 月。植株有毒，幼叶更甚。

原产地：我国河南、湖北、湖南、四川；朝鲜半岛。

本地分布：博览园农史馆西侧。

习性：弱喜光，适凉润气候，好富腐殖质、疏松透水的偏酸性土壤，畏干瘠、湿涝，较耐寒。

71.1.3 皋月杜鹃

学名：*Rhododendron indicum*

形态特征：半常绿灌木，分枝多。叶集生枝端，近于革质，狭披针形或倒披针形，长 1.7 ~ 3.2 cm，宽约 1 cm，先端钝尖，基部狭楔形，边缘疏具细圆齿状锯齿。花 1 ~ 3 朵生枝顶；花梗长 0.6 ~ 1.2 cm，花萼 5 裂，裂片椭圆状卵形或近于圆形，花冠鲜红色，有时玫瑰红色，品种很多，阔漏斗形，直径 3.7 cm，具深红色斑点；雄蕊 5，花药深紫褐色。蒴果长圆状卵球形，密被红褐色平贴糙伏毛。花期 5—6 月。

原产地：日本。

本地分布：博览园动物馆东侧。

习性：喜疏光，宜疏松透水、湿润的偏酸性土壤，不甚耐干瘠、寒冷。

72.1 杜仲属 *Eucommia*

72.1.1 杜仲

学名:*Eucommia ulmoides*

形态特征:落叶乔木,树皮灰褐色,粗糙。叶椭圆形、卵形或矩圆形,长 6 ~ 15 cm,宽 3.5 ~ 6.5 cm,基部圆形或阔楔形,先端渐尖,老叶略有皱纹,侧脉 6 ~ 9 对,边缘有锯齿,叶柄长 1 ~ 2 cm。雌雄异株,花生于当年枝基部,无花被,花药长约 1 cm,药隔突出,雌花单生,子房无毛,先端 2 裂。翅果扁平,长椭圆形,长 3.0 ~ 3.5 cm,宽 1.0 ~ 1.3 cm,先端 2 裂,坚果位于中央。花期 4 月,果期 9—10 月。树皮、叶及果皆含白色胶丝(杜仲胶)。

原产地:中国。

本地分布:博览园蝴蝶园南侧,北校区五台山环道西侧、亦乐园宾馆东侧,南校区乔木园、杜仲路等地。

习性:喜光不耐阴,宜温润气候和肥厚、透水各类土壤,较耐干瘠、酷热,忌涝,耐寒,根深;甚少病虫害。

优良的庭荫树、行道树和经济林树种。

73.1 桃叶珊瑚属 *Aucuba*

73.1.1 花叶青木

学名: *Aucuba japonica* 'Variegata'

别名: 洒金桃叶珊瑚

形态特征: 常绿灌木,茎绿色。叶长椭圆形,长8~20 cm,宽5~12 cm,先端渐尖,基部近于圆形或阔楔形,散生黄色斑点,边缘上段具2~4对疏锯齿。圆锥花序顶生,雌雄异株,雄花序较开展,雌花序短小,花瓣近于卵形或卵状披针形,暗紫色,雌花子房被疏柔毛,花柱粗壮,柱头偏斜。果卵圆形,暗紫色或黑色,长约2 cm。花期3—4月,果期11月至翌年2月。

原产地: 我国台湾;日本。

本地分布: 博览园动物馆南侧。

习性: 喜阴,适宜冷凉气候与富腐殖质、透水的酸性土壤,畏暴晒,厌高温多湿。较耐寒。

74.1 鸡矢藤属 *Paederia*

74.1.1 鸡矢藤

学名:*Paederia foetida*

形态特征:落叶木质藤本,无毛或近无毛。叶对生,形状变化很大,长 5 ~ 15 cm,宽 1 ~ 6 cm,顶端急尖或渐尖,基部楔形或近圆或截平,有时浅心形,侧脉 4 ~ 6 对,叶柄长 1.5 ~ 7.0 cm。圆锥花序式的聚伞花序腋生和顶生,花冠浅紫色,管长 7 ~ 10 mm,外面被粉末状柔毛,里面被绒毛,顶部 5 裂。果球形,成熟时近黄色,有光泽,平滑,直径 5 ~ 7 mm,顶冠以宿存的萼檐裂片和花盘。花期 6—8 月,果期 10—11 月。

原产地:我国大部分省区,亚洲其他国家。

本地分布:博览园农史馆西北角,南校区 1 号教学楼后侧,水保所研究生学习室旁边。

习性:喜阴湿环境和温润气候及肥沃、疏松土壤,适应性与攀缘性强。耐寒。

74.2 白马骨属 *Serissa*

74.2.1 六月雪

学名:*Serissa japonica*

形态特征:常绿小灌木,有臭气。叶小,卵形至倒披针形,长 6 ~ 22 mm,宽 3 ~ 6 mm,顶端短尖至长尖,边全缘,无毛,叶柄短。花单生或数朵丛生于小枝顶部或腋生,有被毛、边缘浅波状的苞片,萼檐裂片细小,锥形,被毛,花冠 5 裂,淡红色或白色,里面被长柔毛,长 6 ~ 12 mm,裂片顶端再 3 浅裂,雄蕊突出冠管喉部外,花柱长突出,柱头 2,略分开。花期 5—6 月。

原产地:我国安徽、福建、广东、广西、江苏、江西、四川、台湾、云南、浙江。

本地分布:博览园昆虫馆东侧。

习性:喜阴湿环境和温润气候及肥沃、疏松土壤,较耐旱,畏暴晒,忌干燥阳坡、积水,萌芽力强,耐修剪。陕西关中可露地越冬。

74.3 香果树属 *Emmenopterys*

74.3.1 香果树 国家二级保护植物

学名:*Emmenopterys henryi*

形态特征:落叶乔木,树皮裂成小块状,小枝有皮孔,粗壮。叶对生,近革质,阔椭圆形、阔卵形或卵状椭圆形,长 6 ~ 20 cm,宽 3.5 ~ 14.5 cm,顶端短尖或骤然渐尖,基部阔楔形或圆形,全缘,下面淡绿色,被柔毛,侧脉 5 ~ 9 对,叶柄长 2 ~ 8 cm,常呈红色。圆锥状聚伞花序顶生、疏松,花冠漏斗形,白绿色或黄色,裂片 5,花丝被绒毛,花芳香;有些花的 1 枚萼片增长成具长柄的小叶状,初白绿色后变粉红色伴果宿存。蒴果长圆状卵形或近纺锤形,长 3 ~ 5 cm,成熟时 2 裂。花期 7—8 月,果期 9—11 月。

原产地:我国陕西,甘肃,江苏,安徽,浙江,江西,福建,河南,湖北,湖南,广西,四川,贵州,云南。

本地分布:博览园中草药园东北角,西北农林科技大学林研所院内。

习性:喜光,勿暴晒,宜温润气候及肥沃、疏松微酸性土壤,较耐旱、耐湿但忌干燥阳坡、积水。陕西关中生长结果正常。

75.1 夹竹桃属 *Nerium*

75.1.1 夹竹桃

学名：*Nerium oleander*

别名：欧洲夹竹桃

形态特征：常绿直立灌木，枝条灰绿色。叶对生或轮生，窄披针形，顶端急尖，基部楔形，长 11 ~ 15 cm，宽 2.0 ~ 2.5 cm，侧脉密生而平行，叶柄长 5 ~ 8 mm。聚伞花序顶生，着花数朵，花芳香，花萼 5 深裂，红色、粉色或白色，副花冠顶端撕裂，并伸出花冠喉部之外。蓇葖 2，离生，平行或并连，具细纵条纹。花期 6—10 月，果期一般在冬春季，栽培很少结果。

原产地：地中海。

本地分布：博览园蝴蝶园西南侧，南校区灌木园。

习性：喜光足耐半阴，好温润气候及疏松透水、肥沃土壤，耐干瘠，忌涝。不甚耐寒，陕西关中多可露地越冬。全株有剧毒。

75.2 杠柳属 *Periploca*

75.2.1 杠柳

学名：*Periploca sepium*

别名：香加皮

形态特征：落叶藤本，具白乳汁，除花外，全株无毛，主根圆柱状。叶披针形，长 5 ~ 9 cm，宽 1.5 ~ 2.5 cm，顶端尾状渐尖，基部宽楔形，侧脉 20 ~ 25 对，叶柄长约 3 mm。聚伞花序腋生，花萼裂片卵圆形，顶端钝，花冠紫红色，有时为黄绿色，裂片长圆状披针形，通常反折，内面被长柔毛，副花冠环状，10 裂，雄蕊着生在副花冠内面，并与其合生。蓇葖 2，圆柱状，长 7 ~ 12 cm。花期 4 月末至 5 月，果期 7—9 月。

原产地：我国除广东、海南、台湾外各地广布。

本地分布：博览园热带植物温室外、沙生植物园，南校区灌木园。

习性：喜光，不拘土壤，适应性强，耐干瘠，耐寒，繁殖力强。

76.1 厚壳树属 *Ehretia*

76.1.1 厚壳树

学名：*Ehretia acuminata*

形态特征：落叶乔木，具条裂的黑灰色树皮，小枝有明显的皮孔。叶椭圆形，倒卵形或长圆状倒卵形，长 5 ~ 13 cm，宽 4 ~ 6 cm，先端尖，基部宽楔形，边缘有整齐的锯齿，叶柄长 1.5 ~ 2.5 cm。聚伞花序圆锥状，花多数，密集，芳香，花冠钟状，白色，长 3 ~ 4 mm，裂片长圆形，开展，雄蕊伸出花冠外。核果黄色或橘黄色，直径 3 ~ 4 mm。花期 5 下旬至 6 月，果期 9 月。

原产地：我国广东、广西、贵州、河南、湖南、江苏、江西、山东、四川、台湾、云南、浙江；不丹、印度、印度尼西亚、日本、越南、澳大利亚。

本地分布：北校区五台山环道西侧，博览园农史馆西侧。

习性：喜光稍耐阴，适宜温润气候和肥厚土壤，较耐瘠薄、耐寒。

77.1 枸杞属 *Lycium*

77.1.1 宁夏枸杞

学名:*Lycium barbarum*

形态特征:落叶灌木,枝多开展,有短棘刺。叶互生或簇生,披针形或长椭圆状披针形,顶端短渐尖或急尖,基部楔形,长 3 ~ 8 cm,宽 0.6 ~ 2.0 cm,略带肉质。花在长枝上 1 ~ 2 朵生于叶腋,在短枝上 2 ~ 6 朵同叶簇生,花梗长 1 ~ 2 cm,向顶端渐增粗。花萼钟状,2 中裂,花冠紫色,盛开时平展。浆果红色,卵状,果皮肉质,多汁液。花期 5—8 月,果期 8—11 月。

原产地:我国甘肃、河北、内蒙古、宁夏、青海、山西、四川、新疆。

本地分布:博览园中草药园西南部。

习性:阳性树种,喜肥沃、疏松钙质壤土,耐盐碱、沙荒和干旱,畏涝,耐寒,萌蘖性强。

77.1.2 枸杞

学名:*Lycium chinense*

形态特征:落叶灌木,枝条细弱,弓状弯曲或俯垂,有棘刺。单叶互生或 2 ~ 4 枚簇生,卵形至卵状披针形,顶端急尖,基部楔形,长 1.5 ~ 10.0 cm,宽 0.5 ~ 4.0 cm,叶柄长 0.4 ~ 1.0 cm。花花梗长 1 ~ 2 cm,向顶端渐增粗,花萼通常 3 中裂或 4 ~ 5 齿裂,花冠淡紫色,5 深裂,裂片卵形,顶端圆钝,平展或稍向外反曲。浆果红色,卵状,长 7 ~ 15 mm,种子扁肾脏形,黄色。花果期 6—11 月。

原产地:我国大部分省区。

本地分布:博览园昆虫馆东侧,北校区五台山环道东侧。

习性:阳性树种,略耐阴;适宜肥沃、疏松的钙质土壤,耐干瘠怕湿、涝,耐寒。

78.1 雪柳属 *Fontanesia*

78.1.1 雪柳

学名：*Fontanesia phillyreoides* subsp. *fortunei*

形态特征：落叶小乔木，枝灰白色，小枝四棱形或具棱角。叶片披针形，长 3 ~ 12 cm，宽 0.8 ~ 2.6 cm，先端锐尖至渐尖，基部宽楔形，全缘，两面无毛，侧脉 2 ~ 8 对，叶柄长 1 ~ 5 mm。圆锥花序顶生或腋生，花密集，白色，花两性或杂性同株，花冠深裂至近基部，裂片卵状披针形，雄蕊花丝伸出花冠外，柱头 2 叉。果黄棕色，扁平，边缘具窄翅。花期 4 月下旬至 5 月初，果期 6—10 月。

原产地：我国河北、陕西、山东、江苏、安徽、浙江、河南、湖北。

本地分布：博览园西北角，南校区灌木园、小西湖，北校区南大门内东侧、五台山环道西侧。

习性：喜光，稍耐阴，好温暖湿润气候与肥沃、透水土壤，适应性强，耐寒。

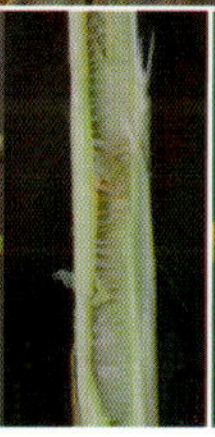

78.2 连翘属 *Forsythia*

78.2.1 秦连翘

学名：*Forsythia giraldiana*

形态特征：落叶灌木，枝直立，外有薄膜状剥裂，小枝略呈四棱形，具片状髓。叶片长椭圆形至卵形，先端尾状渐尖或锐尖，基部楔形或近圆形，边缘全缘或疏生小锯齿，下面通常被毛。花黄色，钟状，花萼比花冠筒稍短，萼裂片反折。果卵形或披针状卵形，先端喙状短渐尖至渐尖，或锐尖，果梗长 2 ~ 5 mm。花期 3 月，果期 6—10 月。

原产地：我国甘肃、陕西、河南、四川。

本地分布：博览园蝴蝶园羽化室南侧。

习性：喜光稍耐阴，不择土壤，耐干旱瘠薄，忌涝，耐寒。

78.2.2 连翘

学名：*Forsythia suspensa*

形态特征：落叶灌木，小枝疏生皮孔，节间中空。叶通常为单叶，萌条上的叶片3裂或为三出复叶，叶片卵形、宽卵形或椭圆状卵形至椭圆形，长2～10 cm，宽1.5～5.0 cm，叶缘除基部外具锐锯齿或粗锯齿，叶柄长0.8～1.5 cm。花黄色，钟状，花萼裂片与花冠管近等长，有长雄蕊花和短雄蕊花之分。果卵球形、卵状椭圆形或长椭圆形，先端喙状渐尖，表面疏生皮孔，果梗长0.7～1.5 cm。花期3—4月，果期7—9月。

原产地：我国安徽、河北、河南、湖北、江苏、陕西、山东、山西、四川。

本地分布：博览园昆虫馆西侧，北校区东区学生宿舍楼，南校区灌木园、文化生态园、小西湖等地。

习性：喜光稍耐阴，常不择土壤，耐旱怕涝，耐寒。

78.2.3 金钟花

学名：*Forsythia viridissima*

形态特征：落叶灌木，小枝呈四棱形，皮孔明显，具片状髓。叶片长椭圆形至披针形，长3.5～15.0 cm，宽1～4 cm，先端锐尖，基部楔形，通常上半部具不规则锐锯齿或粗锯齿，稀近全缘，叶柄长6～12 mm。花黄色，钟状，花萼裂片长不到花冠筒的一半，有长雄蕊花和短雄蕊花之分。果卵形或宽卵形，先端喙状渐尖，具皮孔，果梗长3～7 mm。花期3—4月，果期8—11月。

原产地：我国安徽、福建、湖北、湖南、江苏、江西、云南、浙江。

本地分布：博览园人工湖边，南校区文化生态园等地。

习性：喜光稍耐阴，不择土壤，耐干旱瘠薄，忌涝，耐寒。

78.3 素馨属 *Jasminum*

78.3.1 探春花

学名: *Jasminum floridum*

别名: 迎夏

形态特征: 落叶灌木,当年生枝草绿色,扭曲,四棱。叶互生,复叶,小叶3或5片,小枝基部常有单叶,小叶片卵形、卵状椭圆形至椭圆形,长0.7~3.5 cm,宽0.5~2.0 cm,小叶两面无毛或被毛。聚伞花序或伞状聚伞花序顶生,花萼具5条突起的肋,萼裂片锥状线形,通常长于花萼筒,花冠黄色,近漏斗状,花冠管长0.9~1.5 cm。果近球形,直径5~10 mm,成熟时呈黑色。花期5—6月,果期9—10月。

原产地: 我国甘肃、贵州、河北、河南、湖北、陕西、山东、山西、四川。

本地分布: 博览园昆虫馆南侧平石桥旁湖岸边。

习性: 喜温暖、湿润、向阳环境,宜肥沃土壤,较耐干瘠、寒冷。

78.3.2 野迎春

学名: *Jasminum mesnyi*

别名: 云南黄素馨

形态特征: 半常绿灌木,枝条下垂,小枝四棱形。叶对生,三出复叶,叶柄长0.5~1.5 cm,小叶片长卵形或长卵状披针形,先端钝或圆,基部楔形,顶生小叶片长2.5~6.5 cm,宽0.5~2.2 cm,基部延伸成短柄,侧生小叶片较小。花通常单生于叶腋,苞片叶状,花萼钟状,裂片5~8枚,小叶状,花冠黄色,漏斗状,栽培时出现重瓣。果椭圆形,两心皮基部愈合,径6~8 mm。花期3—4月,果期4—5月。

原产地: 我国贵州、四川、云南。

本地分布: 博览园动物馆西南侧透视墙下,杨凌西农路立交盘道中心。

习性: 喜光稍耐阴;适宜温润气候,对土壤要求不严,耐旱。尚耐寒,陕西关中可露地越冬。

78.3.3 迎春花

学名：*Jasminum nudiflorum*

形态特征：落叶灌木，枝条下垂，小枝四棱形。叶对生，三出复叶，叶轴具狭翅，叶柄长 3～10 mm，顶生小叶片较大，长 1～3 cm，宽 0.3～1.1 cm，卵形或椭圆形。先花后叶，花单生于去年生小枝的叶腋，苞片小叶状，花梗长 2～3 mm，花萼裂片 5～6 枚，窄披针形，花冠黄色，漏斗形，花冠管长 0.8～2.0 cm，裂片 5～6 枚，长圆形或椭圆形。果实卵形，通常只有一个心皮发育，长约 5 mm，成熟时黄褐色。花期 2—3 月，果期 6 月。

原产地：我国甘肃、陕西、四川、西藏、云南。

本地分布：博览园人工湖边，南校区文化生态园，北校区五台山环道西侧等地。

习性：喜光稍耐阴，宜温暖湿润环境，对土壤要求不严，耐干瘠，怕涝，耐寒，枝条触地易生根。

78.4 丁香属 *Syringa*

78.4.1 紫丁香

学名：*Syringa oblata*

别名：丁香、华北紫丁香

形态特征：落叶灌木，树皮灰褐色或灰色，小枝较粗，疏生皮孔。叶卵圆形至肾形，宽常大于长，长 2～14 cm，宽 2～15 cm，先端短凸尖至长渐尖或锐尖，基部心形、截形至近圆形，萌枝上叶片常呈长卵形，叶柄长 1～3 cm。圆锥花序直立，由侧芽抽生，花萼长约 3 mm，花冠紫色或白色，长 1.1～2.0 cm，裂片呈直角开展，花芳香，花药黄色，位于距花冠管喉部 0～4 mm 处。果卵形至长椭圆形，长 1.0～1.5 cm。花期 3—4 月，果期 9—10 月。

原产地：我国甘肃、河北、河南、吉林、辽宁、内蒙古、宁夏、青海、陕西、山东、山西、四川；朝鲜半岛。

本地分布：博览园大门内北侧路边、动物馆西北侧，北校区 3 号教学楼旁，南校区 3 号教学楼南文化生态园、灌木园、小西湖等地。

习性：喜光稍耐阴，宜肥厚、湿润、疏松透水沙壤和石灰质土壤，耐干旱，忌涝，抗寒。

78.4.2 华丁香

学名：*Syringa protolaciniata*

别名：裂叶丁香

形态特征：落叶小灌木，小枝紫褐色，细弱，四棱形。叶全缘或分裂，长 1 ~ 4 cm，宽 0.4 ~ 2.5 cm；叶柄长 0 ~ 2.5 cm，通常枝条上部和花枝上的叶趋向全缘，枝条下部和下面枝条的叶常具 3 ~ 9 羽状深裂至全裂。花序由侧芽抽生，通常多对排列在枝条上部呈顶生圆锥花序状，花梗纤细，花芳香，花冠紫色，长 1 ~ 2 cm，花冠管近圆柱形，花药黄绿色，位于距花冠管喉部 0 ~ 2 mm 处。果长圆形至长卵形，带四棱形，长 0.8 ~ 1.5 cm，皮孔不明显。花期 3—4 月，果期 7—8 月。

原产地：我国甘肃、青海。

本地分布：博览园昆虫馆东侧，南校区灌木园。

习性：喜光和冷凉气候，不甚耐阴，适宜疏松、透水土壤，忌积水、黏重土，耐寒。

78.4.3 巧玲花

学名：*Syringa pubescens*

形态特征：落叶灌木，树皮灰褐色，小枝带四棱形。叶片卵形、椭圆状卵形、菱状卵形或卵圆形，长 1.5 ~ 8.0 cm，宽 1 ~ 5 cm，先端锐尖至渐尖或钝，基部宽楔形至截形，叶柄长 0.5 ~ 2.0 cm。圆锥花序直立，通常由侧芽抽生，花序轴略带紫红色，花梗短，花冠紫色或白色，长 0.9 ~ 1.8 cm，裂片先端略呈兜状而具喙，花药紫色，位于花冠管中部略上。果通常为长椭圆形，长 0.7 ~ 2.0 cm，皮孔明显。花期 4 月，果期 6—8 月。

原产地：我国甘肃、河北、河南、湖北、宁夏、青海、陕西、山西、四川。

本地分布：南校区灌木园东北角小山上。

习性：喜光不甚耐阴，适宜温润气候与肥沃、透水土壤，较耐旱，忌涝，耐寒。

78.4.4 暴马丁香

学名：*Syringa reticulata*

别名：北京丁香、日本丁香

形态特征：落叶乔木，树皮纵裂。叶片卵形，宽卵形至近圆形，或为椭圆状卵形至卵状披针形，长 2.5 ~ 10.0 cm，宽 2 ~ 6 cm，先端渐尖，基部圆形、截形至近心形，叶柄长 1.5 ~ 3.0 cm。圆锥花序由侧芽抽生，花梗极短，花冠白色，园林上有黄色品种（黄丁香 'Zhang Zhiiming'），花冠管极短，裂片卵形或长椭圆形，花药黄色，花丝与花瓣近等长。果长椭圆，先端尖或钝，光滑。花期 5 月，果期 8—10 月。

原产地：我国甘肃、河北、河南、内蒙古、宁夏、陕西、山西、四川、黑龙江、吉林、辽宁；俄罗斯、日本；朝鲜半岛。

本地分布：博览园动物馆东侧，南校区文化生态园等地。

习性：喜光和凉润气候，对土壤要求不严，忌积水，耐寒。

78.5 女贞属 *Ligustrum*

78.5.1 金叶女贞

学名：*Ligustrum × vicaryi*

形态特征：常绿灌木，小枝圆柱形。新叶金黄色，老叶或荫处皆返青，卵状椭圆形，长 3 ~ 7 cm，宽 2 ~ 4 cm，先端渐尖，基部宽楔形或近圆形，全缘，叶柄长 4 ~ 6 mm。圆锥花序顶生，长 4 ~ 8 cm，宽 3 ~ 4 cm，花梗极短，花萼黄绿色，顶端截形或波状，小花白色，花冠管与裂片近等长，芳香，雄蕊短于花冠，花药黄色。核果椭圆形，成熟时紫黑色。花期 5—6 月，果期 9 月。杂交亲本之一是欧洲女贞 *L. vulgare*。

原产地：美国。

本地分布：博览园后稷广场，北校区体育场周围，南校区小西湖等地。

习性：喜光稍耐阴，宜凉润气候和肥沃、疏松透水土壤，不耐积水和高温高湿，较耐旱、耐寒。

78.5.2 日本女贞

学名: *Ligustrum japonicum*

形态特征: 常绿灌木,小枝灰褐色或淡灰色,圆柱形。叶片厚革质, 卵状椭圆形, 长 5 ~ 8 cm,宽 2.5 ~ 5.0 cm,先端锐尖或渐尖,基部楔形至圆形,叶柄长 0.5 ~ 1.3 cm。圆锥花序塔形,直立或斜升,长、宽皆 5 ~ 17 cm,花梗极短,花萼先端近截形或具不规则齿裂,花冠长 5 ~ 6 mm,裂片与花冠管近等长或稍短,先端稍内折,盔状,雄蕊伸出花冠管外。果长圆形或椭圆形,直径 6 ~ 7 mm,呈紫黑色,外被白粉。花期 5—6 月,果期 11 月。

原产地: 日本。

本地分布: 博览园牡丹园西南角。

习性: 喜光较耐阴,宜温润气候,对土壤要求不严,较耐旱,耐寒。

78.5.3 女贞

学名: *Ligustrum lucidum*

形态特征: 常绿乔木,树皮灰褐色。叶片卵形、长卵形或椭圆形至宽椭圆形,长 6 ~ 17 cm,宽 3 ~ 8 cm,先端锐尖至渐尖,基部宽楔形至圆形,上面光亮,侧脉 4 ~ 9 对,叶柄长 1 ~ 3 cm。圆锥花序松散,顶生,长 8 ~ 20 cm,宽 8 ~ 25 cm,花序轴及分枝轴无毛,花近无梗,花萼无毛,花冠长 4 ~ 5 mm,裂片反折,花丝略长于裂片。果肾形或近肾形,直径 4 ~ 6 mm,深蓝黑色,成熟时呈红黑色,被白粉。花期 6 月,果期 11—12 月。

原产地: 我国安徽、福建、甘肃、广东、广西、贵州、海南、河南、湖北、湖南、江苏、江西、陕西、四川、西藏、云南、浙江。

本地分布: 博览园昆虫馆东侧、北侧,北校区 3 号教学楼东侧,南校区科研楼图书馆西侧等地。

习性: 喜光稍耐半阴,适宜温润气候,对土壤要求不严,耐旱、耐寒。

78.5.4 水蜡树

学名：*Ligustrum obtusifolium*

别名：辽东水蜡树

形态特征：落叶灌木，树皮暗灰色。小枝密被柔毛。叶长椭圆形，长 1.5 ~ 6.0 cm，宽 0.5 ~ 2.2 cm，先端钝或锐尖，两面无毛或背面被毛，叶柄长 1 ~ 2 mm。圆锥花序紧密，着生于小枝顶端，长 1.5 ~ 4.0 cm，宽 1.5 ~ 2.5 cm，花序轴、花梗、花萼均被柔毛，花冠裂片直立，短于花冠管，花药不外露。核果近球形或宽椭圆形，径 4 ~ 6 mm，黑色。花期 4—5 月，果期 8—10 月。

原产地：我国黑龙江、辽宁、山东；日本。

本地分布：博览园昆虫馆北侧。

习性：稍喜光，较耐阴，适温润气候，对土壤要求不甚严，较耐湿、耐旱，耐寒。

78.5.5 小叶女贞

学名：*Ligustrum quihoui*

形态特征：常绿灌木，小枝淡棕色，密被微柔毛，后脱落。叶片形状和大小变异较大，披针形至倒披针形，长 1 ~ 4 cm，宽 0.5 ~ 2.0 cm，先端锐尖、钝或微凹，基部狭楔形至楔形，两面无毛，叶柄长 0 ~ 5 mm。圆锥花序顶生，近圆柱形，长 4 ~ 15 cm，宽 2 ~ 4 cm，分枝处常有 1 对叶状苞片，花萼无毛，花冠长 4 ~ 5 mm，裂片稍开展，雄蕊伸出裂片外。果倒卵形、宽椭圆形或近球形，直径径 4 ~ 7 mm，呈紫黑色。花期 6 月，果期 8—11 月。

原产地：我国安徽、贵州、河南、湖北、江苏、江西、陕西、山东、四川、西藏、云南、浙江。

本地分布：博览园动物馆东侧木亭旁，南校区灌木园、小西湖，北校区南大门内紫藤花架外侧、体育场周围等地。

习性：喜光，稍耐阴，不择土壤，但好肥厚、透水壤土。较耐旱、耐寒。

78.5.6 小蜡

学名：*Ligustrum sinense*

形态特征：常绿灌木，小枝幼时被淡黄色短柔毛或柔毛，老时近无毛。叶片卵形至近圆形，长 2 ~ 7 cm，宽 1 ~ 3 cm，基部宽楔形至近圆形，侧脉 4 ~ 8 对，叶柄长 2 ~ 8 mm。圆锥花序顶生或腋生，塔形，长 4 ~ 11 cm，宽 3 ~ 8 cm，花序轴密被黄色柔毛，花梗长 1 ~ 3 mm，花萼无毛，花冠长 3.5 ~ 5.5 mm，裂片长于花冠管，花丝与裂片近等长或长于裂片。果近球形，直径 5 ~ 8 mm。花期 5 月，果期 9—12 月。

原产地：我国安徽、福建、甘肃、广东、广西、贵州、海南、湖北、湖南、江苏、江西、陕西、四川、台湾、西藏、云南、浙江；越南。

本地分布：博览园后樱广场，南校区国际交流中心喷泉两侧、文化生态园，北校区 8 号教学楼北侧、学生东区西区宿舍楼等多地。

习性：喜光稍耐阴，好疏松透水土壤，稍耐旱，忌积水，畏黏重土。较耐寒，耐修剪。

78.6 梣属 *Fraxinus*

78.6.1 狭叶梣

学名：*Fraxinus baroniana*

别名：窄叶白蜡树

形态特征：落叶小乔木，树皮灰白色，浅裂，小枝节稍膨大。羽状复叶，小叶 7 ~ 9 片，狭披针形，长 5 ~ 8 cm，宽 1.0 ~ 1.8 cm，两端长渐尖，具整齐疏锯齿，小叶柄长 3 ~ 5 mm。雌雄异株，圆锥花序顶生或腋生，疏松，长 8 ~ 12 cm，无花冠，雄花具雄蕊 2 枚，花药长圆形，雌花具长花柱，柱头舌状 2 裂。翅果线状匙形，上中部最宽，先端钝或微凹，翅下延至坚果上部，坚果与翅几等长，花萼宿存。花期 3 月底 4 月初，果期 5—7 月。

原产地：我国甘肃、陕西、四川。

本地分布：博览园东北角红柱阵西南侧。

习性：喜光与温暖、湿润环境，对土壤不拘，耐旱，耐寒。

78.6.2 白蜡树

学名：*Fraxinus chinensis*

别名：青榔木、尖叶梣

形态特征：落叶乔木，树皮灰褐色，纵裂。羽状复叶，小叶5~7片，卵形、倒卵状长圆形至披针形，长3~10 cm，宽2~4 cm，先端锐尖至渐尖，基部钝圆或楔形，叶缘具整齐锯齿，小叶柄长3~5 mm。圆锥花序顶生或腋生枝梢，花雌雄异株，雄花密集，无花冠，花药与花丝近等长，雌花疏离，花柱细长，柱头2裂。翅果匙形，长3~4 cm，上中部最宽，先端锐尖，基部渐狭，翅平展，下延至坚果中部。花期4—5月，果期7—9月。

原产地：中国、越南；朝鲜半岛。

本地分布：北校区3号教学楼东南侧、北校区体育场北侧等地。

习性：喜光稍耐阴，适温润气候和肥厚、湿润土壤，不拘酸、碱性土，喜湿耐涝，稍耐旱，抗烟害，甚耐寒。

78.6.3 欧梣

学名：*Fraxinus excelsior*

别名：欧洲白蜡树

形态特征：落叶乔木，小枝无毛。羽状复叶，小叶7~13片，长卵形，长3~12 cm，宽0.8~3.0 cm，先端渐尖、基部楔形或宽楔形，边缘有钝锯齿，无小叶柄，秋冬季枝、叶黄色。通常雌雄异株，有时花杂性，无花被，雄花30~200朵簇生，花药紫色。翅果长2.5~4.5 cm，中部扭曲。花期3—4月，果期7—8月。

原产地：欧洲、西亚。

本地分布：博览园东大门内北侧。

习性：阳性树种，适生温暖湿润气候和肥厚、透水石灰质土壤，耐干瘠，也稍耐水湿，耐轻碱盐，耐寒。

78.6.4 水曲柳　国家二级保护植物

学名: *Fraxinus mandshurica*

形态特征: 落叶乔木,树皮灰褐色,纵裂。羽状复叶长 25 ~ 35 cm,叶柄近基部膨大,小叶 7 ~ 13 片,长圆形至卵状长圆形,长 5 ~ 20 cm,宽 2 ~ 5 cm,先端渐尖或尾尖,基部楔形至钝圆,梢歪斜,叶缘具细锯齿,小叶近无柄。圆锥花序生于去年生枝上,雄花与两性花异株,均无花冠也无花萼,雄蕊 2 枚。翅果大而扁,长圆形至倒卵状披针形,长 3.0 ~ 3.5 cm,明显扭曲。花期 3—4 月,果期 8—9 月。

原产地: 我国甘肃、河北、黑龙江、河南、湖北、吉林、辽宁、陕西、山西;日本、俄罗斯;朝鲜半岛。

本地分布: 博览园东大门内北侧,南校区乔木园,北校区五台山环道西侧等地。

习性: 喜光与凉润气候,宜疏松、肥沃土壤,抗风,抗水湿,忌涝、干旱,特耐寒。

78.6.5 花梣

学名: *Fraxinus ornus*

形态特征: 落叶乔木,树皮光滑。羽状复叶,小叶 5 ~ 9 片,长 5 ~ 10 cm,宽 2 ~ 4 cm,椭圆形至卵形,先端渐尖或钝,基部宽楔形至近圆形,叶缘具浅锯齿,两面无毛。圆锥花序生当年枝梢,在新叶长出后开放,花序梗无毛,花萼黄绿色,萼齿 4,花瓣淡黄色至白色,线状,雄花具雄蕊 2 枚。翅果线状倒披针状,上中部最宽,长 1.5 ~ 2.5 cm。花期 4 月中下旬,果期 9 月。

原产地: 欧洲南部、亚洲西南部。

本地分布: 博览园东大门内北侧。

习性: 喜光,适生温润气候,对土壤要求不甚严,稍耐旱、耐湿,耐寒。

78.6.6 美国红梣

学名：*Fraxinus pennsylvanica*

别名：毛白蜡

形态特征：落叶乔木，树皮纵裂，木材呈红色。羽状复叶，小叶 7 ~ 9 片，长圆状披针形、狭卵形或椭圆形，长 4 ~ 13 cm，宽 2 ~ 8 cm，先端渐尖或急尖，基部楔形至阔楔形，叶缘有钝锯齿或近全缘，小叶近无柄。圆锥花序生于去年生枝上，花密集，雄花与两性花异株，花梗纤细，无花瓣。翅果狭倒披针形，长 3 ~ 5 cm，上中部最宽，翅下延近坚果中部。花期 4 月，果期 8—10 月。有学者认为应将其变种 var.*subintegerrima* Fern 美国绿梣并入正种。

原产地：北美洲。

本地分布：博览园动物馆东侧，北校区 4 号教学楼前侧、五台山环道西侧，南校区乔木园等地。

习性：阳性树种，适生凉润气候，在干或湿、贫瘠或盐碱等土质皆能生长，适应性广，耐寒。

78.7 木犀榄属　*Olea*

78.7.1 木犀榄

学名：*Olea europaea*

别名：油橄榄、齐墩果

形态特征：常绿乔木，树皮灰色，小枝密被银灰色鳞片。叶片披针形，长 1.5 ~ 6.0 cm，宽 0.5 ~ 1.5 cm，先端锐尖至渐尖，基部渐窄或楔形，全缘，叶缘反卷，下面密被银灰色鳞片，叶柄长 2 ~ 5 mm，两侧下延于茎上成狭棱。圆锥花序腋生或顶生，长 2 ~ 4 cm，花芳香，白色，两性，花冠 4 深裂几达基部，雄蕊 2。果椭圆形，长 1.6 ~ 2.5 cm，径 1 ~ 2 cm，成熟时呈蓝黑色。花期 5 月，果期 10—12 月。

原产地：可能在西南亚或地中海地区。

本地分布：博览园东北部和农史馆南侧。

习性： 喜光和冬季温暖湿润夏季干燥炎热气候，宜肥厚、透水的石灰质土壤，较耐干旱，畏积水。陕西关中尚可露地越冬。

78.8 流苏树属 *Chionanthus*

78.8.1 流苏树

学名: *Chionanthus retusus*

形态特征: 落叶乔木,小枝灰褐色或黑灰色,树皮层状剥裂。叶形变异大,长 3 ~ 12 cm,宽 2.0 ~ 6.5 cm,先端圆钝至锐尖,基部圆形至楔形,全缘或有小锯齿,侧脉 3 ~ 5 对,叶柄长 0.5 ~ 2.0 cm。聚伞状圆锥花序,顶生于枝端,花单性而雌雄异株或为两性花,花冠白色,4 深裂,裂片线状倒披针形,长 1.5 ~ 2.5 cm,花冠管短,雄蕊藏于管内或稍伸出。果椭圆形,被白粉,直径 6 ~ 10 mm,呈蓝黑色或黑色。花期 4 月中下旬,果期 9—10 月。

原产地: 我国福建、甘肃、广东、河北、河南、江西、陕西、山西、四川、台湾、云南;日本;朝鲜半岛。

本地分布: 博览园昆虫馆西北侧,南校区乔木园、小西湖等地。

习性: 喜光和肥厚、透水沙壤,抗旱,耐寒,不耐涝。

78.9 木樨属 *Osmanthus*

78.9.1 桂花

学名: *Osmanthus fragrans*

别名: 木樨

形态特征: 常绿乔木,小枝黄褐色。叶片椭圆形、长椭圆形或椭圆状披针形,长 7.0~14.5 cm,宽 2.6~4.5 cm,先端渐尖,基部楔形或宽楔形,全缘或具细锯齿,中脉和侧脉在下面凸起,叶柄长 0.8~1.2 cm。聚伞花序簇生于叶腋,花梗细弱,长 4~10 mm,花极芳香,花冠黄白色(银桂,D)、黄色(金桂,AB)或橘红色(丹桂,C),花冠裂片内凹,花冠管仅长 0.5~1.0 mm。果歪斜,椭圆形,长 1.0~1.5 cm,呈紫黑色。花期 9—10 月,果期翌年 3—4 月。

原产地: 我国贵州、四川、云南。

本地分布: 博览园昆虫馆东南侧,南校区国际交流中心周围、文化生态园,北校区 3 号教学楼西侧、亦乐园宾馆等地。

习性: 喜光,耐半阴,好温润、通风环境和富腐殖质、疏松透水微酸性沙壤土,忌涝地、碱地,耐高温,尚耐寒。

79.1 醉鱼草属 *Buddleja*

79.1.1 巴东醉鱼草

学名: *Buddleja albiflora*

形态特征:落叶灌木,枝条圆柱形,幼时被星状毛和腺毛。叶对生,披针形或长圆状披针形,长 7 ~ 25 cm,宽 1.5 ~ 5.0 cm,顶端渐尖或长渐尖,基部楔形或圆形,边缘具细重锯齿,下面被灰白色或淡黄色星状短绒毛,侧脉 10 ~ 17 对,叶柄长 2 ~ 15 mm。圆锥状聚伞花序顶生,花萼钟状,长 3.0 ~ 3.5 mm,花冠淡紫色,喉部橙黄色,芳香,长约花萼 2 倍,雄蕊着生于花冠管喉部。蒴果长圆状,无毛,长 5 ~ 8 mm。花期 5—9 月,果期 8—12 月。

原产地:我国甘肃、贵州、河南、湖北、湖南、陕西、四川、云南。

本地分布:博览园蝴蝶园内。

习性:喜光和温润气候,对土壤要求不严,稍耐湿,较耐寒。

79.1.2 互叶醉鱼草

学名: *Buddleja alternifolia*

形态特征:落叶灌木,长枝上部常弧状弯垂,短枝簇生。叶在长枝上互生,在短枝上为簇生,披针形或线状披针形,长 3 ~ 10 cm,宽 2 ~ 10 mm,顶端急尖或钝,基部楔形,通常全缘或有波状齿,下面密被灰白色星状短绒毛,叶柄长 1 ~ 2 mm。花簇生状,芳香,花萼钟状,长 2.5 ~ 4.0 mm,具四棱,花冠紫蓝色,外面被星状毛,花冠管长 6 ~ 10 mm,雄蕊着生于花冠管内壁中部。蒴果椭圆状,长约 5 mm,无毛。花期 5—7 月,果期 7—10 月。

原产地:我国甘肃、河北、河南、内蒙古、宁夏、青海、陕西、山西、四川、西藏。

本地分布:博览园人工湖拱石桥东侧、南校区灌木园等地。

习性:喜光,适应性强,对土壤无特殊要求,在沙土、沙壤土及壤土上皆生长良好,耐瘠薄,耐盐碱,耐寒。

79.1.3 大叶醉鱼草

学名：*Buddleja davidii*

形态特征：落叶灌木，幼枝、叶背面被灰白色星状短绒毛。叶对生，卵形至卵状披针形，长 1～20 cm，宽 0.3～7.5 cm，顶端渐尖，基部宽楔形至钝，边缘具细锯齿，下面灰白色，叶柄长 1～5 mm，叶柄间具有 2 枚卵形或半圆形的托叶。圆锥状聚伞花序顶生，花冠淡紫色或白色，喉部橙黄色，芳香，外面近光滑无毛，花冠管长约为花萼的 4 倍，雄蕊着生于花冠管内壁中部。蒴果狭卵形，长 5～9 mm，无毛。花期 6—10 月，果期 9—12 月。

原产地：我国甘肃、广东、广西、贵州、湖北、湖南、江苏、江西、陕西、四川、西藏、云南、浙江；日本。

本地分布：博览园蝴蝶园内，南校区灌木园西北角。

习性：喜光和温润气候，对土壤要求不严，耐干瘠，忌水涝。耐寒。

79.1.4 醉鱼草

学名：*Buddleja lindleyana*

形态特征：落叶灌木，小枝具四棱，棱上略有窄翅。叶对生，萌芽枝条上的叶为互生或近轮生，卵形至长圆状披针形，长 3～11 cm，宽 1～5 cm，顶端渐尖，基部宽楔形至圆形，边缘全缘或具有波状齿，下面灰黄绿色，叶柄长 2～15 mm。穗状聚伞花序顶生，花紫色，芳香，花萼与花冠外面被星状毛和小鳞片，花冠长 13～20 mm，花冠管弯曲，雄蕊着生于花冠管下部。蒴果长圆状，长 5～6 mm，无毛。花期 4—10 月，果期 8 月至翌年 4 月。

原产地：我国安徽、福建、广东、广西、贵州、湖北、江苏、江西、四川、云南、浙江。

本地分布：北校区五台山西侧。

习性：喜光，适宜温润气候，不择土壤，耐瘠薄，耐湿，较耐寒。

80 紫葳科 Bignoniaceae

80.1 凌霄属 *Campsis*

80.1.1 厚萼凌霄

学名:*Campsis radicans*

别名:美国凌霄

形态特征:落叶藤本,具气生根。羽状复叶,小叶9~11(13)枚,椭圆形至卵状椭圆形,长3.5~6.5 cm,宽2~4 cm,顶端尾状渐尖,基部楔形,边缘具粗齿,叶背脉间有细毛。花萼棕红色,钟状,长约2 cm,5浅裂,质地厚,无纵棱,裂片齿卵状三角形,花冠筒细长,漏斗状,橙红色至鲜红色,筒部为花萼长的3倍,约6~9 cm。蒴果长圆柱形,长8~12 cm,顶端具喙尖,沿缝线具龙骨状突起,硬壳质。花期5月末至8月,果期9—10月。

原产地:美洲。

本地分布:博览园蝴蝶园西门,南校区3号教学楼东北角,北校区五台山西侧等地。

习性:喜光稍耐阴,对土壤不拘,耐盐及偏碱性土壤,耐干旱也耐水湿,适应性强。耐寒。

80.2 梓属 *Catalpa*

80.2.1 美国梓树

学名:*Catalpa bignonioides*

别名:美国木豆树

形态特征:落叶乔木,树皮光滑。叶卵圆形,长10~20 cm,先端钝尖,全缘或3浅裂,叶背有毛,幼叶紫色。顶生圆锥花序,具花20~40朵,花白色,喉部有许多紫斑点、条纹与两道断续黄色斑纹。蒴果线形,下垂,长20~40 cm,直径6~8 mm。花期5月末至6月上旬,果期9—10月。

原产地:美国。

本地分布:博览园大门内北侧。

习性:喜光稍耐阴,宜肥厚、透水壤土,适应性强,忌水渍,耐寒。

80.2.2 楸

学名：*Catalpa bungei*

别名：楸树、金丝楸

形态特征：落叶乔木，树皮纵裂。叶三角状卵形或卵状长圆形，长 6 ~ 15 cm，宽达 8 cm，顶端长渐尖，基部截形、阔楔形或心形，全缘或 3 浅裂，叶柄长 2 ~ 8 cm。顶生伞房状总状花序，有花 2 ~ 12 朵，花梗与花萼无毛，花萼蕾时圆球形，2 唇开裂，顶端有 2 尖齿，花冠淡红色，内面具有 2 黄色条纹及暗紫色斑点，长 3.0 ~ 3.5 cm。蒴果线形，长 25 ~ 45 cm，种子狭长椭圆形，两端生长毛。花期 4 月中下旬于 5 月初，果期 7—10 月。

原产地：我国甘肃、河南、湖南、江苏、陕西、山东、山西、浙江。

本地分布：博览园昆虫馆北侧，北校区东区澡堂附近，南校区牡丹园等地。

习性：喜光与温暖气候和肥厚、疏松土壤，耐旱，不耐瘠薄和水湿，耐寒。

80.2.3 灰楸

学名：*Catalpa fargesii*

形态特征：落叶乔木，幼枝、花序、叶柄均有分枝毛。叶卵形或三角状心形，长 13 ~ 20 cm，宽 10 ~ 13 cm，顶端渐尖，基部截形或微心形，全缘或基部有 1 ~ 2 牙齿，背面密被分枝毛，叶柄长 3 ~ 10 cm。顶生伞房状总状花序，有花 7 ~ 15 朵，花梗及花萼密被柔毛，花萼 2 裂近基部，花冠淡红色至淡紫色，内面具紫色斑点和条纹，黄色条纹不明显，钟状，长约 3.2 cm。蒴果细圆柱形，下垂，长 55 ~ 80 cm。花期 4 月中下旬，果期 6—11 月。

原产地：我国甘肃、广东、广西、贵州、河北、河南、湖北、陕西、山东、四川、云南。

本地分布：博览园东南角。

习性：喜光，适生温暖湿润气候和肥沃、疏松土壤，不耐干旱和水湿，耐寒。

80.2.4 梓

学名：*Catalpa ovata*

别名：梓树

形态特征：落叶乔木，主干通直，嫩枝具稀疏柔毛。叶阔卵形，长宽近相等，长达 25 cm，顶端渐尖，基部心形，全缘或浅波状，常 3 浅裂，基部掌状脉 5～7 条，叶柄长 6～18 cm。顶生圆锥花序，花序梗微被疏毛，花萼 2 唇开裂，花冠钟状，淡黄绿色，内面具 2 黄色条纹及紫色斑点。蒴果线形，下垂，长 20～30 cm。花期 5 月下旬至 6 月上旬，果期 10 月。

原产地：中国。

本地分布：博览园东南角、大门内北侧，北校区 3 号教学楼南侧。

习性：喜光稍耐阴，宜肥厚、湿润、透水土壤，较耐旱，耐寒。

80.2.5 黄金树

学名：*Catalpa speciosa*

别名：白花梓树

形态特征：落叶乔木。叶卵状心形或卵状长圆形，长 15～30 cm，先端长渐尖，基部平截或浅心形，上面无毛，下面密被柔毛，叶基部脉腋有透明绿斑，全缘。顶生十余朵花构成的疏散圆锥花序，花萼 2 裂，舟状，萼尖不裂，无毛；花冠白色，喉部有 2 黄色条纹及紫色细斑点。蒴果圆柱形，黑色，长 20～40 cm，径粗如手指达 1～2 cm，下垂。种子椭圆形，两端有白色丝状毛。花期 5 月，果期 10 月。

原产地：美国中部至东部。

本地分布：博览园东北角。

习性：强喜光，宜温暖湿润气候和肥沃、疏松透气土壤，不耐干瘠，较耐寒。

81.1 马缨丹属 *Lantana*

81.1.1 马缨丹

学名: *Lantana camara*

别名: 五色梅

形态特征: 常绿灌木,茎枝均呈四方形,有倒钩状刺。单叶对生,揉烂后有强烈的气味,叶片卵形至卵状长圆形,长 3.0 ~ 8.5 cm,宽 1.5 ~ 5.0 cm,顶端急尖或渐尖,基部心形或截形,边缘有钝齿,背面有小刚毛,叶柄长 1 ~ 2 cm。头状花序直径 1.5 ~ 2.5 cm,花冠黄色或橙黄色,开花后不久转为深红色,花冠管长约 1 cm,子房无毛。果圆球形,直径约 4 mm,成熟时紫黑色。全年开花结果。

原产地: 美洲。

本地分布: 博览园蝴蝶园内。

习性: 喜光足和高温高湿环境,不耐阴,也不拘土壤,较耐旱也耐水湿,忌积水。陕西关中不能露地越冬。

82.1 紫珠属 *Callicarpa*

82.1.1 华紫珠

学名：*Callicarpa cathayana*

别名：鱼显子

形态特征：落叶灌木，小枝纤细。叶片椭圆形或卵形，长 4 ~ 8 cm，宽 1.5 ~ 3.0 cm，顶端渐尖，基部楔形，背面有显著的红色腺点，侧脉 5 ~ 7 对，边缘密生钝锯齿，叶柄长 4 ~ 8 mm。聚伞花序，花萼和花冠具星状毛和红色腺点，花冠紫色，花丝等于或稍长于花冠，花药长圆形，药室孔裂，子房无毛，花柱略长于雄蕊。果实球形，紫色，径约 2 mm。花期 5—7 月，果期 8—11 月。

原产地：我国安徽、福建、广东、广西、河南、湖北、江苏、江西、云南、浙江。

本地分布：博览园昆虫馆北侧。

习性：喜光亦耐阴，适宜温润气候，对土壤不甚选择，耐旱，耐寒。

82.2 牡荆属 *Vitex*

82.2.1 荆条

学名：*Vitex negundo* var. *heterophylla*

形态特征：落叶灌木，小枝四棱形，密被灰白色柔毛。叶对生，掌状复叶，通常具 5 小叶，小叶披针形，缘有缺刻状锯齿、浅裂以至深裂，背面密被灰白色绒毛。圆锥花序顶生，花冠淡紫色，二唇形，上唇 2 裂，下唇较大，3 裂，中裂片大，近圆形，花冠筒喉部有黄色斑块，被长毛。果球形，一半被花萼包被，成熟时黑色。花期 5 月下旬至 6 月，果期 8—11 月。

原产地：我国安徽、甘肃、贵州、河北、河南、湖南、江苏、江西、内蒙古、宁夏、陕西、山东、山西、四川；印度。

本地分布：博览园昆虫馆东侧，南校区灌木园。

习性：典型的干旱草原指示植物。喜光，不耐阴，不择土壤，耐干旱瘠薄，忌水涝，耐寒。

82.3 莸属 *Caryopteris*

82.3.1 蒙古莸

学名: *Caryopteris mongholica*

形态特征:落叶小灌木;叶对生,厚纸质,披针形或狭披针形,长 1~4 cm,宽 2~7 mm,先端钝尖,基部楔形,全缘,叶面深绿色,稍被细毛,背密生灰白色绒毛;聚伞花序腋生,无苞片和小苞片,花萼钟状,外面密生灰白色绒毛,深 5 裂;花冠蓝紫色,二唇形 5 裂,下唇中裂片较大,边缘流苏状,雄蕊 4 枚,几等长,与花柱均伸出花冠管外,柱头 2 裂。蒴果椭圆状球形,无毛,熟时裂成 4 个具窄翅的果瓣。花期 7—8 月,果期 9—10 月。金叶莸:*C.× clandonensis* 'Worcester Glod',莸与蒙古莸的杂交种,叶鹅黄色。花期夏、秋。

原产地:内蒙古、河北,山西、陕西、甘肃;蒙古。

本地分布:博览园东北角沙生植物区。

习性:喜光与冷凉干燥环境,不耐阴湿,适宜中性至微碱性疏松沙壤,颇耐干瘠,忌积水。耐高温,耐寒。萌蘖性强,耐沙埋。耐粗放管理。

82.4 大青属 *Clerodendrum*

82.4.1 大萼臭牡丹

学名: *Clerodendrum bungei* var. *megacalyx*

形态特征:落叶灌木,植株有臭味,小枝皮孔显著,被柔毛。叶卵形,长 8~20 cm,宽 5~15 cm,顶端渐尖,基部宽楔形至心形,边缘具锯齿,基部脉腋有盘状腺体。伞房状聚伞花序顶生,稍舒展(原变种臭牡丹 var. *bungei*,花序密集),花萼钟状,长达 1 cm,被短柔毛及少数盘状腺体,花冠淡红色或红色,花冠管长 2~3 cm,5 裂,雄蕊及花柱均突出花冠外,柱头 2 裂。花果期 6—11 月。

原产地:我国四川。

本地分布:博览园蝴蝶园内。

习性:喜光稍耐阴,对土壤要求不严,耐旱耐湿,耐寒。

82.4.2 海州常山

学名：*Clerodendrum trichotomum*

别名：臭梧桐

形态特征：落叶灌木，老枝具皮孔，髓白色，有淡黄色薄片状横隔。叶片卵形至椭圆形，长 5 ~ 16 cm，宽 2 ~ 13 cm，顶端渐尖，基部宽楔形至截形，侧脉 3 ~ 5 对，全缘或具波状齿，叶柄长 2 ~ 8 cm，叶有臭味。伞房状聚伞花序疏散，顶生或腋生，花萼蕾时绿白色，后变红色，顶端 5 深裂，花香，花冠白色或带粉红色，花冠长约 2 cm，雄蕊与花柱同伸出花冠外。核果近球形，直径 6 ~ 8 mm，具红色肉质宿存萼片，成熟时外果皮蓝紫色。花果期 6—11 月。

原产地：我国除内蒙古、新疆、西藏外各地区；亚洲其他国家。

本地分布：博览园蝴蝶园西北角、东北角。

习性：喜光稍耐阴，对土壤要求不严，耐旱、耐湿、耐寒。

82.5 香薷属 *Elsholtzia*

82.5.1 木香薷

学名：*Elsholtzia stauntonii*

别名：华北香薷

形态特征：落叶灌木，茎上部多分枝，小枝下部近圆柱形，上部钝四棱形。叶披针形，长 8 ~ 12 cm，宽 2.5 ~ 4.0 cm，先端渐尖，基部渐狭至叶柄，边缘除基部及先端全缘外具锯齿状圆齿，叶柄长 4 ~ 6 mm。穗状花序，长 3 ~ 12 cm，花偏向于一侧，花冠玫瑰红紫色，长约 9 mm，外面被白色柔毛及稀疏腺点，冠檐二唇形，下唇 3 裂，雄蕊 4，前对伸出花冠筒。子房无毛，小坚果椭圆形，光滑。花果期 9—11 月。

原产地：我国甘肃、河北、河南、陕西、山西。

本地分布：博览园昆虫馆东侧，南校区灌木园。

习性：喜光忌阴，宜冷凉气候，不择土壤，耐干旱瘠薄，忌积水，耐寒。

82.5.2 鸡骨柴

学名：*Elsholtzia fruticosa*

形态特征：落叶灌木，多分枝，茎、枝钝四棱形，具浅槽，老时皮层剥落。叶披针形，通常长 6 ~ 13 cm，宽 2.0 ~ 3.5 cm，先端渐尖，基部狭楔形，边缘具粗锯齿。穗状花序圆柱状，长 6 ~ 20 cm，顶生或腋生，花冠白色至淡黄色，外面被蜷曲柔毛，间夹有金黄色腺点，内面近基部具不明显斜向毛环，下唇 3 裂，雄蕊 4，前对伸出。小坚果长圆形。花期 7—9 月，果期 10—11 月。

原产地：我国甘肃、广西、贵州、湖北、四川、西藏、河南、陕西、青海；不丹、尼泊尔、印度。

本地分布：博览园农史馆西侧。

习性：喜光不甚耐阴，对土壤要求不苛，适应性强，耐干瘠，耐寒。

83.1 泡桐属 *Paulownia*

83.1.1 毛泡桐

学名: *Paulownia tomentosa*

别名: 紫花泡桐

形态特征: 落叶乔木,幼枝密被黏腺毛,小枝有明显皮孔。叶片心脏形,长达 40 cm,顶端锐尖头,全缘或波状浅裂,下面密被柔毛。圆锥状聚伞花序,萼浅钟形,长约 1.5 cm,外面绒毛不脱落,分裂至中部或裂过中部,花大,紫色,漏斗状钟形,长 5.0 ~ 7.5 cm,外面有腺毛,檐部 2 唇形,雄蕊 4,二强,花丝在近基部处扭卷,子房卵圆形,有腺毛。蒴果卵圆形,长 3 ~ 4.5 cm,具宿存花萼和花柱。花期 4 月,果期 8—9 月。

原产地: 中国。

本地分布: 博览园水车附近,北校区南大门外侧、西区食堂北侧等地。

习性: 阳性速生树种,喜温润气候和肥厚、湿润、透水土壤,较耐旱,肉质根怕积水,耐寒。

84.1 青荚叶属 *Helwingia*

84.1.1 中华青荚叶

学名: *Helwingia chinensis*

别名: 叶上花

形态特征: 常绿灌木,幼枝纤细,紫绿色。叶披针形,长 4 ~ 15 cm,宽 4 ~ 20 mm,先端长渐尖,基部楔形或近于圆形,边缘具稀疏腺状锯齿,叶柄长 1 ~ 2 cm。雄花 4 ~ 5 枚成伞形花序,雌花 1 ~ 3 枚生于叶面中脉中部,雌花花梗极短,雄花花梗长 2 ~ 10 mm,花 3 ~ 5 数,花萼小,花瓣卵形,带紫色,柱头 3 ~ 5 裂。果实具分核 3 ~ 5 枚,长圆形,直径 5 ~ 7 mm,成熟后黑色。花期 4 月,果期 8—10 月。

原产地: 我国甘肃、贵州、湖北、湖南、陕西、四川、西藏、云南;缅甸、泰国。

本地分布: 博览园农史馆西北角。

习性: 喜半阴和温暖湿润气候及肥沃、湿润、疏松透水土壤,陕西关中尚可露地越冬。

84.1.2 青荚叶

学名: *Helwingia japonica*

别名: 叶上花

形态特征: 落叶灌木,幼枝绿色,叶痕显著。叶卵圆形,长 3.5 ~ 12.0 cm,宽 2 ~ 8 cm,先端渐尖,基部阔楔形或近于圆形,边缘具刺状细锯齿,叶柄长 1 ~ 5 cm。雌雄异株,花着生于叶上面中脉的 1/2 ~ 1/3 处,雄花淡绿色,3 ~ 5 数,呈伞形或密伞花序,雌花 1 ~ 3 朵,花梗短,花瓣紫色,子房卵圆形或球形,柱头 3 ~ 5 裂。浆果近球形,成熟后黑色,分核 3 ~ 5 枚。花期 4 月,果期 7—9 月。

原产地: 我国山东、山西、秦岭及以南各省区;不丹、日本、缅甸;朝鲜半岛。

本地分布: 博览园农史馆西侧。

习性: 喜阴湿环境和富腐殖质微酸性土壤,畏干旱、干燥、暴晒,忌积水,耐寒。

85.1 冬青属 *Ilex*

85.1.1 枸骨

学名: *Ilex cornuta*

别名: 鸟不宿

形态特征: 常绿灌木,小枝无皮孔。叶片四角状长圆形或卵形,长 4~9 cm,宽 2~4 cm,先端具 3 枚尖硬刺齿,中央刺齿常反曲,基部圆形或近截形,两侧各具 1~2 刺齿,叶柄长 4~8 mm。雌雄异株,花序簇生于二年生枝的叶腋内,花淡黄色,4 基数。果球形,直径 8~10 mm,成熟时鲜红色。花期 4 月,果期 10—12 月。常见的还有栽培品种无刺枸骨 'Fortunei',叶全缘。

原产地: 我国安徽、北京、福建、广东、海南、河南、湖北、湖南、江苏、江西、山东、天津、浙江;朝鲜半岛。

本地分布: 博览园昆虫馆和动物馆东侧,南校区文化生态园等地。

习性: 喜光耐半阴,适宜温暖湿润气候和肥沃、排水良好的微酸性土,较耐寒。

85.1.2 '龟甲'冬青

学名: *Ilex crenata* 'Convexa'

形态特征: 常绿矮灌木,幼枝具纵棱,密被短柔毛。叶倒卵形,革质,长 1.0~3.5 cm,宽 5~15 mm,先端尖,基部楔形,缘具浅锯齿,叶面凸起似龟背,背无毛密生褐色腺点。雄花 1~7 朵排成聚伞花序,花小,花瓣 4,白色,雌花多单花。果球形,黑色。花期 5 月,果期 10 月。原变种齿叶冬青(var. *crenata*)为常绿灌木或小乔木,叶面平。

原产地: 我国浙江、福建、江西、海南、广西、陕西等;朝鲜、日本。

本地分布: 博览园昆虫馆南侧平石桥桥头,蝴蝶园羽化室旁(原变种齿叶冬青)。

习性: 喜光亦耐阴,好温润环境和富含腐殖质的酸性土壤,畏干瘠。略耐寒。

85.1.3 大叶冬青

学名: *Ilex latifolia*

形态特征: 常绿乔木,树皮灰黑色。全株无毛。叶厚革质,长圆形或卵状长圆形,长 8 ~ 19 cm,宽 4.5 ~ 7.5 cm,先端钝或短渐尖,基部圆形或阔楔形,叶缘疏锯齿,齿尖黑色,叶柄粗壮,长 1.5 ~ 2.5 cm。由聚伞花序组成的假圆锥花序生于二年生枝的叶腋内,无总梗,花淡黄绿色,4 基数。雄花的假圆锥花序的每个分枝具 3 ~ 9 花,雌花花序的每个分枝具 1 ~ 3 花。果球形,直径约 7 mm,成熟时红色,基部宿存花萼盘状,分核 4。花期 4 月,果期 9—10 月。

原产地: 我国江苏、安徽、浙江、江西、福建、河南、湖北、广西、云南;日本。

本地分布: 杨凌树木园。

习性: 喜半阴与温润气候,宜疏松、微酸性土壤,稍耐寒,陕西关中可露地越冬。

85.1.4 猫儿刺

学名: *Ilex pernyi*

形态特征: 常绿灌木或乔木,树皮银灰色,纵裂。叶片卵形或卵状披针形,长 1.5 ~ 3.0 cm,宽 5 ~ 14 mm,先端三角形渐尖,基部截形或近圆形,边缘具深波状刺齿 1 ~ 3 对,叶柄长 2 mm。花序簇生于二年生枝的叶腋内,多为 2 ~ 3 花聚生成簇,花淡黄色,全部 4 基数,雄花花梗长约 1 mm,雄蕊稍长于花瓣,雌花花梗长约 2 mm。果球形或扁球形,直径 7 ~ 8 mm,成熟时红色,宿存花萼四角形,分核 4。花期 4 月,果期 10—11 月。

原产地: 我国安徽、甘肃、贵州、河南、湖北、湖南、江西、陕西、四川、西藏、浙江。

本地分布: 博览园农史馆西北角。

习性: 喜半阴与温润气候,宜疏松、微酸性土壤,耐寒,不耐高温和移植。

86.1 蚂蚱腿子属 *Myripnois*

86.1.1 蚂蚱腿子

学名:*Myripnois dioica*

形态特征:落叶小灌木,枝多而细直,呈帚状。叶片纸质,生于短枝上的椭圆形或近长圆形,生于长枝上的阔披针形或卵状披针形,顶端短尖至渐尖,基部圆或长楔尖,全缘,偶有少数锯齿,叶形变异较大。头状花序单生于侧枝之顶,总苞2层,总苞片5枚,内层与外层的形状相似。花雌性和两性异株,先叶开放,雌花花冠紫红色,舌状,两性花花冠白色,管状2唇形。瘦果纺锤形,密被毛。花期4月,果期5月。

原产地:我国东北、华北各地。

本地分布:植物馆东侧博览园陕西关中农村石器观摩区旁。

习性:喜光,稍耐阴,耐旱,耐贫瘠,忌水涝。耐寒。

本种是我国菊科中稀见的木本植物,另一种是小舌紫菀 *Aster albescens*,7—8月开花。

87.1 荚蒾属 *Viburnum*

87.1.1 桦叶荚蒾

学名：*Viburnum betulifolium*

形态特征：落叶灌木，小枝紫褐色或黑褐色，散生小皮孔。叶卵形至卵圆形，长 3.5 ~ 8.5 cm，顶端急短渐尖至渐尖，基部宽楔形全圆形，两面近无毛，边缘具波状牙齿，侧脉 5 ~ 7 对，叶柄长 1 ~ 2 cm。复伞形式聚伞花序，直径 5 ~ 12 cm，总花梗初时通常长不到 1 cm，果时可达 3.5 cm，花冠白色，辐状，裂片比筒长，雄蕊常高出花冠。果实红色，近圆形，直径约 6 mm。花期 5 月，果期 9—10 月。

原产地：我国安徽、甘肃、广西、贵州、河南、湖北、宁夏、陕西、四川、台湾、西藏、云南、浙江。

本地分布：博览园昆虫馆北侧、蝴蝶园西侧。

习性：喜光，耐半阴，对土壤要求不严，耐干旱、寒冷，适应性强。

87.1.2 香荚蒾

学名：*Viburnum farreri*

别名：香探春

形态特征：落叶灌木，当年小枝绿色，近无毛。叶椭圆形或菱状倒卵形，长 4 ~ 8 cm，顶端锐尖，基部楔形至宽楔形，边缘具三角形锯齿，两面近无毛，侧脉 5 ~ 7 对，叶柄长 1.5 ~ 3.0 cm。圆锥花序生于短枝顶端，长 3 ~ 5 cm，花冠蕾时粉红色，开后变白色，高脚碟状，筒长 7 ~ 10 mm 雄蕊不伸出花冠筒外，花芳香。果实紫红色，矩圆形，长 8 ~ 10 mm，直径约 6 mm。花期 2—3 月，果期 9 月。

原产地：我国宁夏、甘肃、青海、新疆。

本地分布：博览园昆虫馆东南侧路边及动物馆东北角。

习性：喜光耐半阴，忌烈日暴晒，宜肥厚、湿润、疏松透水土壤，不耐瘠薄土和积水，耐寒。

87.1.3 聚花荚蒾

学名: *Viburnum glomeratum*

别名: 球花荚蒾

形态特征: 落叶灌木,当年小枝密被簇状毛。叶长卵形至宽卵形,变异较大,长 6~15 cm,宽 3~9 cm,顶钝圆、尖或短渐尖,基部圆或多少带斜微心形,边缘有牙齿,下面密被绒毛,侧脉 5~11 对,叶柄长 1~2 cm。聚伞花序直径 3~6 cm,总花梗长 1.0~2.5 cm,花梗和萼筒被白色簇状毛,花冠白色,辐状,裂片与花冠筒近等长,雄蕊稍高出花冠裂片。果实红色,后变黑色,核椭圆形,扁。花期 4 月上、中旬,果期 7—9 月。

原产地: 我国安徽、甘肃、河南、江西、宁夏、陕西、四川、西藏、云南、浙江;缅甸。

本地分布: 博览园中草药园南侧透视墙下及蝴蝶园中部。

习性: 喜疏阴、湿润环境和疏松土壤,耐干瘠,耐寒。

87.1.4 绣球荚蒾

学名: *Viburnum macrocephalum*

别名: 木绣球、大绣球

形态特征: 落叶灌木,芽、幼技密被灰白色或黄白色簇状短毛。叶卵形至椭圆形,长 5~11 cm,宽 3~8 cm,顶端钝或稍尖,基部圆或有时微心形,边缘有波状小齿,下面被簇状短毛,侧脉 5~6 对,叶柄长 10~15 mm。聚伞花序球状,盛开前黄绿色,后变白色,直径 8~15 cm,全部由大型不孕花组成,花冠 5 裂,白色,裂片圆状倒卵形,筒部甚短,雌蕊不育。花期 4 月。琼花 f.*reteleerixi* 系其变种(实系原变种,花序由可育花外围约 8 朵不孕花组成,故名聚八仙,花照下图)。

原产地: 我国安徽、河南、湖北、湖南、江苏、江西、山东、浙江。

本地分布: 南校区灌木园。

习性: 喜光尚耐阴,适生温润气候,不甚择土壤,但好富腐殖质的透水微酸性至中性土壤,不耐干旱、水淹,畏板结黏土、盐土。较耐寒。

87.1.5 日本珊瑚树

学名：*Viburnum odoratissimum* var. *awabuki*

别名：法国冬青

形态特征：常绿灌木，枝灰色或灰褐色，有凸起的小瘤状皮孔。叶倒卵状矩圆形至矩圆形，长7～13 cm，顶端钝或急狭而钝头，基部宽楔形，边缘常有较规则的波状浅钝锯齿，侧脉6～8对。圆锥花序通常生于具两对叶的幼技顶，花冠筒长3.5～4.0 mm，裂片长2～3 mm。果实先红色后变黑色，卵圆形，长约8 mm，直径5～6 mm。花期5—6月，果熟期9—10月。原变种珊瑚树 var.*odoratissimum* 叶片椭圆形，叶脉5对。

原产地：我国浙江、台湾；日本；朝鲜半岛。

本地分布：博览园动物馆与植物馆东侧，农史馆东南角（珊瑚树），南校区灌木园（珊瑚树），南校区文化生态园，北校区信息工程学院西北角、理科综合楼南侧等地。

习性：喜光又耐阴，宜温润气候与中性土壤，较耐旱，耐烟尘，抗火力强，抗烟尘等有害气体。根系发达，萌蘖力强，耐修剪。陕西关中可露地越冬。

87.1.6 欧洲荚蒾

学名：*Viburnum opulus*

别名：欧洲琼花

形态特征：落叶大灌木，小枝有明显凸起的皮孔。叶长6～12 cm，通常3裂，具掌状3出脉，基部圆形、截形或浅心形，裂片顶端渐尖，边缘具不整齐粗牙齿或浅3裂而裂片全缘或近全缘，叶柄长1～2 cm，有2～4至多枚明显的长盘形腺体。复伞形式聚伞花序，直径5～10 cm，周围有大型的不孕花，花冠白色，辐状，雄蕊长至少为花冠的1.5倍，花药黄白色（亚种鸡树条 subsp. *calvescens* 的花药紫色，花照下图）。果红色，近圆形，径8～10 mm。花期4月，果期8—9月。

原产地：我国黑龙江、吉林、辽宁、河北、山西、陕西、甘肃、河南、山东、安徽、浙江、江西、湖北、四川；日本；朝鲜半岛、欧洲。

本地分布：博览园昆虫馆北侧，农史馆南侧（鸡树条）。

习性：喜光耐半阴，宜凉润气候，对土壤适应性强，生长强健，耐寒。

87.1.7 蝴蝶戏珠花

学名：*Viburnum plicatum* var. *tomentosum*

别名：蝴蝶荚蒾

形态特征：落叶灌木，当年小枝被黄褐色绒毛，老枝圆筒形，近水平状开展。叶宽卵形至倒卵形，长4～10 cm，宽4～8 cm，顶端圆或急尖，基部圆形或宽楔形，边缘有钝锯齿或三角状锯齿，侧脉10～17对，叶柄长1～2 cm。聚伞花序外围有4～6朵白色大型的不孕花，花冠辐状，黄白色，雄蕊高出花冠。果实先红色后变黑色，卵圆形，长5～6 mm。花期4月中下旬至5月上旬，果期8—9月。原变种粉团var. *plicatum* 花序全部由不育花组成，成绣球状（实系变种，花照下图）。

原产地：我国安徽、福建、广东、广西、贵州、河南、湖北、湖南、江苏、江西、陕西、四川、台湾、云南、浙江；日本。

本地分布：博览园蝴蝶园内、昆虫馆及动物馆东侧，牡丹园南侧主环路边（粉团或雪球荚蒾），南校区灌木园、3号教学楼南侧等地。

习性：喜光稍耐阴，宜温润气候及湿润、肥沃、疏松透水土壤，不甚耐干瘠，较耐寒。

87.1.8 皱叶荚蒾

学名：*Viburnum rhytidophyllum*

别名：枇杷叶荚蒾

形态特征：常绿灌木，幼枝、芽密被厚绒毛。叶卵状矩圆形至卵状披针形，长8～18 cm，宽3～5 cm，顶端钝，基部圆形或微心形，全缘，上面叶脉深凹陷而呈极度皱纹状，下面密被绒毛，侧脉6～8对，叶柄长1.5～3.0 cm。聚伞花序稠密，无大型不育花，直径7～12 cm，总花梗粗壮，长1.5～4.0 cm，萼筒密被绒毛，花冠白色，辐状，雄蕊高出花冠。果实红色，后变黑色，宽椭圆形，长6～8 mm。花期4月，果期9—10月。

原产地：我国贵州、湖北、陕西、四川。

本地分布：博览园大门内南侧及蝴蝶园内，南校区灌木园。

习性：喜光耐半阴，适宜温暖湿润气候与肥沃、疏松沙壤土，耐旱不耐涝，较耐寒。

87.1.9 陕西荚蒾

学名：*Viburnum schensianum*

形态特征：落叶灌木，幼枝被绒毛，芽常被带锈褐色簇状毛。叶卵状椭圆形、宽卵形或近圆形，长 3 ~ 6 cm，顶端钝或圆形，基部圆形，边缘有小尖齿，下面被簇毛，侧脉 5 ~ 7 对，叶柄长 7 ~ 10 mm。聚伞花序直径 6 ~ 7 cm，总花梗长 1.0 ~ 1.5 cm，萼筒无毛，花冠白色，辐状，雄蕊与花冠等长或略较长。果实红色而后变黑色，椭圆形，长约 8 mm。花期 4 月，果期 8—9 月。

原产地：我国安徽、甘肃、河北、河南、湖北、江苏、陕西、山东、山西、四川、浙江。

本地分布：博览园昆虫馆北侧。

习性：喜光，稍耐阴，对土壤要求不甚严，耐干瘠，耐寒。

87.1.10 蒙古荚蒾

学名：*Viburnum mongolicum*

形态特征：落叶灌木，幼枝、叶下面、叶柄和花序均被簇状短毛。叶宽卵形至椭圆形，长 2.5 ~ 5.0 cm，顶端尖或钝形，基部圆形，边缘有波状浅齿，齿顶具小突尖。聚伞花序直径 1.5 ~ 3.5 cm，具少数花，花大部生于第一级辐射枝上；萼筒矩圆筒形，长 3 ~ 5 mm，无毛，萼齿波状；花冠淡黄白色，筒状钟形。果红色而后变黑色，椭圆形，长约 10 mm。花期 4 月，果熟期 8 月。

原产地：我国内蒙古、河北、山西、陕西、宁夏、甘肃、青海；蒙古、俄罗斯。

本地分布：博览园农史馆北侧。

习性：喜光又较耐阴，耐干瘠，耐寒，不耐水湿。

87.1.11 地中海荚蒾

学名:*Viburnum tinus*

形态特征:常绿灌木,嫩枝被糙毛。叶卵形至椭圆形,长 4~10 cm,宽 2~4 cm,先端渐尖,基部圆形或宽楔形,全缘。聚伞花序,花密集,近球形,花蕾粉红色,开时白色,花萼无毛,萼齿三角形,长约 1 mm,粉红色。果实近球形,成熟时蓝黑色。花期 3—4 月,果熟期 7 月。

原产地:欧洲、非洲。

本地分布:杨凌树木园。

习性:喜光又较耐阴,对土壤要求不甚严,耐干瘠,不耐水湿,较耐寒。

87.2 接骨木属 *Sambucus*

87.2.1 西洋接骨木

学名:*Sambucus nigra*

形态特征:落叶灌木或小乔木,幼枝具纵条纹,二年生枝黄褐色,具明显凸起的圆形皮孔。羽状复叶,小叶 2~3 对,长椭圆形或椭圆状卵形,长 4~10 cm,宽 2.0~3.5 cm,顶端尖或尾尖,边缘具锐锯齿,基部楔形或阔楔形至钝圆而两侧不等,揉碎后有臭味。圆锥状聚伞花序,分枝平散,直径达 12 cm,花冠白色,雄蕊花丝丝状,花药黄色,柱头 3 裂。果实紫红色,完全成熟后变亮黑色,近球形。花期 4 月下旬至 5 月,果期 7—8 月。

原产地:欧洲。

本地分布:博览园中部,南校区国际交流中心楼前两侧绿地、文化生态园等地。

习性:喜光亦耐半阴,对土壤要求不严,耐干瘠,较耐寒。

87.2.2 接骨木

学名:*Sambucus williamsii*

形态特征:落叶灌木,枝淡红褐色,具明显的长椭圆形皮孔。羽状复叶,小叶 2 ~ 3 对,侧生小叶片卵圆形、狭椭圆形至倒矩圆状披针形,长 5 ~ 15 cm,宽 1.2 ~ 7.0 cm,顶端尖、渐尖至尾尖,边缘具不整齐锯齿,两侧不对称,叶搓揉后有臭气。圆锥形聚伞花序顶生,长 5 ~ 11 cm,宽 4 ~ 14 cm,花小而密,花冠蕾时带粉红色,开后黄绿色,雄蕊与花冠裂片等长,开展,花药黄色,柱头 3 裂。果实红色,近圆形。花期 3—4 月,果期 9—10 月。

原产地:我国安徽、福建、甘肃、广东、广西、贵州、河北、黑龙江、河南、湖北、湖南、江苏、吉林、辽宁、陕西、山东、山西、四川、云南、浙江。

本地分布:博览园昆虫馆西北侧。

习性:喜光亦耐半阴,南北方皆适生,性强健,耐干瘠,耐寒。

88.1 锦带花属 *Weigela*

88.1.1 锦带花

学名：*Weigela florida*

别名：文官花

形态特征：落叶灌木，幼枝稍四方形，有2列短柔毛。叶矩圆形、椭圆形至倒卵状椭圆形，长5～10 cm，宽3～6 cm，顶端渐尖，基部阔楔形至圆形，边缘有锯齿，下面密被绒毛，叶柄极短。花单生或成聚伞花序生于侧生短枝的叶腋或枝顶，萼筒疏被柔毛，萼深裂达中部，花冠紫红色或玫瑰红色，长3～4 cm，直径2 cm，外面疏生短柔毛，花丝短于花冠。果实长1.5～2.5 cm，顶有短柄状喙，疏生柔毛，种子无翅。花期4—5月，果期9—10月。

原产地：我国黑龙江、河南、江苏、吉林、辽宁、内蒙古、陕西、山东、山西；俄罗斯、日本；朝鲜半岛。

本地分布：博览园蝴蝶园内，南校区灌木园，北校区2号教学楼南侧、五台山环道西侧等地。

习性：喜光耐半阴，适宜凉爽湿润气候与深厚、富腐殖质的疏松沙壤土，适应性强，耐干瘠，忌水涝，耐寒。萌蘖力强，树寿命长达百年以上。

88.1.2 ‘红王子’锦带花

学名：*Weigela florida* 'Red Prince'

形态特征：落叶灌木，小枝光滑。叶长椭圆形至倒卵状圆形，顶端尾尖，基部楔形，边缘具锯齿，下面脉上被柔毛，叶柄2～6 mm。花萼几全裂，花冠漏斗状钟形，鲜红色，长2.5～3.0 cm，柱头伸出花冠外。果实长1.5～2.0 cm，近无毛。花期4月末至5月，果期8—9月。此品种的杂交亲本已无迹可查，可能是多花锦带花 *W. floribunda* 和日本锦带花 *W. japonica* 反复杂交获得。

原产地：美国。

本地分布：博览园蝴蝶园内、动物馆东侧，南校区灌木园。

习性：同锦带花。

88.1.3 日本锦带花

学名: *Weigela japonica*

别名: 杨栌

形态特征: 落叶灌木,小枝光滑,稍呈四方形,有2列短柔毛。叶长椭圆形至倒卵状圆形,顶端渐尖,基部楔形至圆形,边缘具细锯齿,下面脉上被柔毛至短柔毛,叶柄2~8 mm。花1~3朵生于短枝的叶腋或顶端,花萼几全裂,花冠漏斗状钟形,初开时白色,后变红色,长2.5~3.0 cm,柱头伸出花冠外。果实长1.5~2.0 cm,顶端有短柄状喙,疏生柔毛,种子具狭翅。花期4月末至5月,果期8—9月。作者认为海仙花 *W. coraeensis* 和半边月 *W. japonica* var. *sinica* 与本种无实质性差异。

原产地: 我国安徽、浙江、江西、福建、湖北、湖南、广东、广西、四川、贵州;日本;朝鲜半岛。

本地分布: 博览园动物馆东侧,南校区灌木园。

习性: 同锦带花。

88.2 忍冬属 *Lonicera*

88.2.1 金花忍冬

学名: *Lonicera chrysantha*

形态特征: 落叶灌木,幼枝、叶柄和总花梗常被开展糙毛。叶菱状卵形,至卵状披针形,长4~8 cm,宽2~4 cm,顶端渐尖或急尾尖,基部楔形至圆形,叶柄长4~7 mm。总花梗细,直立,长1.5~4.0 cm,苞片披针形,长于萼筒,相邻两萼筒分离,花冠先白色后变黄色,唇形,唇瓣长2~3倍于筒,雄蕊和花柱短于花冠,花丝中部以下有密毛。果实红色,分离,球形,直径约5 mm。花期4月,果期7—9月。

原产地: 我国大部分省区;日本、蒙古、俄罗斯;欧洲、朝鲜半岛。

本地分布: 博览园动物馆南侧。

习性: 喜半阴,适生冷凉湿润气候,不甚拘土壤,耐干旱瘠薄,耐寒。

88.2.2 葱皮忍冬

学名：*Lonicera ferdinandii*

别名：秦岭忍冬

形态特征：落叶灌木，小枝密生刺刚毛，老枝茎皮似葱皮状剥落。叶卵形至矩圆状披针形，长 3 ~ 10 cm，顶端尖或短渐尖，基部圆形、截形至浅心形，边缘有时波状，下面脉上有刚伏毛，叶柄极短。总花梗短，苞片大，叶状，花冠白色，后变淡黄色，长 1.3 ~ 1.7 cm，外面被毛，唇形，筒比唇瓣稍长或近等长，基部一侧肿大。果实红色，卵圆形，长达 1 cm，外包被由小苞片形成的壳斗。花期 4 月中下旬至 5 月初，果期 9—10 月。

原产地：我国辽宁、河北、山西、陕西、宁夏、甘肃、青海、河南、四川；朝鲜半岛。

本地分布：博览园农史馆北侧，杨凌树木园。

习性：喜光稍耐阴，适凉润气候，对土壤要求不甚严，耐寒。

88.2.3 郁香忍冬

学名：*Lonicera fragrantissima*

别名：苦糖果

形态特征：落叶灌木，幼枝无毛或疏被倒刚毛。叶形态变异很大，从倒卵状椭圆形至卵状矩圆形，长 3 ~ 9 cm，宽 2 ~ 4 cm，顶端短尖或渐尖，基部圆形或阔楔形，叶柄长 2 ~ 5 mm。花生于幼枝基部苞腋，总花梗长 5 ~ 10 mm，苞片披针形，长约为萼筒的 2 ~ 4 倍，相邻两萼筒约连合至中部，花冠白色或淡红色，长 1.0 ~ 1.5 cm，芳香，唇形，筒长 4 ~ 5 mm，基部有浅囊，下唇反曲。果实鲜红色，长约 1 cm，部分连合。花期 2—3 月，果期 5 月。

原产地：我国安徽、甘肃、贵州、河北、河南、湖北、湖南、江苏、江西、陕西、山东、山西、四川、浙江。

本地分布：博览园昆虫馆东侧，南校区灌木园、文化生态园等地。

习性：喜光耐半阴，适宜温润气候，不大拘土壤，耐干旱瘠薄，耐寒。

88.2.4 蕊被忍冬

学名: *Lonicera gynochlamydea*

形态特征: 落叶灌木,幼枝、叶柄及叶中脉常带紫色。叶卵状披针形,长 5 ~ 10 cm,宽 2 ~ 4 cm,顶端长渐尖,基部圆至楔形,叶柄长 3 ~ 6 mm。总花梗叶柄近等长,苞片线形,略长于萼筒,萼檐下延成帽边状,花冠淡红色,长 8 ~ 12 mm,唇形,筒略短于唇瓣,基部具深囊,雄蕊稍伸出,花丝中部以下有毛。果实紫红色至白色,直径 4 ~ 5 mm。花期 4 月,果期 8—9 月。

原产地: 我国安徽、重庆、甘肃、贵州、湖北、湖南、陕西、四川、云南。

本地分布: 博览园农史馆西侧。

习性: 喜半阴与温润气候,对土壤要求不严,耐干瘠,耐寒。

88.2.5 忍冬

学名: *Lonicera japonica*

别名: 金银花

形态特征: 半常绿藤本,幼枝橘红褐色,密被硬直糙毛。叶卵形至矩圆状卵形,长 3 ~ 5 cm,宽 1.5 ~ 2.5 cm,顶端尖或渐尖,基部圆或近心形,叶柄长 4 ~ 8 mm。总花梗与叶柄近等长或稍长,苞片大,叶状,萼筒无毛,原变种(var. *japonica*)花冠初开时白色,后变黄色,芳香,长 3.0 ~ 4.5 cm,唇形,筒稍长于唇瓣,下唇带状而反曲,雄蕊和花柱均高出花冠。果实圆形,分离,直径 6 ~ 7 mm,熟时蓝黑色。花期 4 月下旬至 5 月,果期 10—11 月。变种红白忍冬(var. *chinensis*),茎及嫩叶带紫红色,花冠外面淡紫红色。

原产地: 我国河北、山东、山西及秦岭以南各省区;日本;朝鲜半岛。

本地分布: 博览园蝴蝶园内,昆虫馆东南角林下(红白忍冬),南校区国际交流中心楼南金钟花灌丛中。

习性: 喜光耐阴,广适各类土壤和气候,不甚拘酸、碱土,但好湿润沙壤,耐旱耐湿忌涝,耐寒。

88.2.6 亮叶忍冬

学名：*Lonicera ligustrina* var. *yunnanensis*

别名：亮绿忍冬

形态特征：常绿灌木，幼枝被灰黄色短糙毛，枝叶密集，横展生长。叶小，卵形至卵状椭圆形，长 1.5～1.8 cm，宽 0.5～0.7 cm，顶端圆或钝，全缘。花腋生，两朵花并列，总花梗极短，相邻两萼筒分离，花冠淡黄色，漏斗状，长 5～7 mm，筒外面密生红褐色短腺毛，花丝伸出。果实蓝紫色或紫红色，圆形，直径 3～4 mm。花期 4 月，果期 10 月。

原产地：我国甘肃、陕西、四川、云南。

本地分布：博览园后稷广场，南校区 3 号教学楼北侧。

习性：喜光亦甚耐阴，适宜凉润气候，对土壤要求不严，耐旱忌涝，萌芽力强。耐寒。

88.2.7 金银忍冬

学名：*Lonicera maackii*

别名：金银木

形态特征：落叶灌木，树皮纵裂。叶形变化较大，通常卵状椭圆形，至卵状披针形，长 5～8 cm，宽 2～4 cm，顶端渐尖或长渐尖，基部宽楔形至圆形，叶柄长 2～5 mm。花生于叶腋，总花梗极短，苞片条形，相邻两萼筒分离，花初开时白色，后变黄色，长约 2 cm，唇形，筒长约为唇瓣的 1/2，雄蕊与花柱长约达花冠的 2/3。果实暗红色，圆形，分离，直径 5～6 mm。花期 4 月中下旬至 5 月上旬，果期 8—10 月。

原产地：我国安徽、甘肃、贵州、河北、黑龙江、河南、湖北、湖南、江苏、吉林、辽宁、陕西、山东、山西、四川、西藏、云南、浙江；日本、俄罗斯；朝鲜半岛。

本地分布：博览园昆虫馆东侧，南校区灌木园，北校区亦乐园宾馆、五台山西侧等地。

习性：喜光耐半阴，适生凉润气候，不甚择土壤，耐旱，耐高温，性强健，耐寒。

88.2.8 贯月忍冬

学名:*Lonicera sempervirens*

形态特征:落叶藤本,全体近无毛,幼枝、花序梗和萼筒常有白粉。叶宽椭圆形至矩圆形,长 3 ~ 7 cm,宽 3 ~ 4 m,顶端钝或圆而常具短尖头,基部通常楔形,下面粉白色,小枝顶端的 1 ~ 2 对基部相连成盘状,几无叶柄。花轮生,每轮通常 6 朵,2 至数轮组成顶生穗状花序,花冠细长漏斗形,外面橘红色,内面橘黄色,长 3.5 ~ 5.0 cm,顶端 5 浅裂,裂片直立,雄蕊和花柱稍伸出。果实红色,直径约 6 mm。花期 4—8 月。

原产地:北美洲。

本地分布:博览园蝴蝶园内,南校区灌木园。

习性:喜光,宜肥沃、疏松透水土壤,稍耐旱,畏水渍。耐寒。

88.2.9 新疆忍冬

学名:*Lonicera tatarica*

别名:鞑靼忍冬

形态特征:落叶灌木,全体近于无毛。叶卵形或卵状矩圆形,长 2 ~ 5 cm,长 1 ~ 3 cm,顶端尖,基部圆或近心形,两侧常稍不对称,叶柄长 2 ~ 5 mm。总花梗纤细,长 1 ~ 2 cm,苞片条状,与萼筒近等长,有时叶状而远超过萼筒,萼齿三角形或卵形,花冠玫瑰红至白色,长约 1.5 cm,唇形,花冠筒短于唇瓣,基部常有浅囊,雄蕊和花柱稍短于花冠。果实红色,圆形,直径 5 ~ 6 mm,双果之一常不发育。花期 4 月,果期 7—8 月。

原产地:我国新疆;吉尔吉斯斯坦、俄罗斯。

本地分布:博览园动物馆东侧。

习性:喜光和凉润气候及疏松、透水土壤,较耐干旱,忌涝及黏重土,耐寒。

88.2.10 盘叶忍冬

学名: *Lonicera tragophylla*

形态特征: 落叶藤本,幼枝无毛。叶矩圆形或卵状矩圆形,长 5 ~ 12 cm,宽 1.5 ~ 3.0 cm,顶端钝或稍尖,基部楔形,下面粉绿色,花序下方 1 ~ 2 对叶连合成近圆形或圆卵形的盘,几无叶柄。聚伞花序密集成头状花序生小枝顶端,具 6 ~ 9 朵花,萼筒壶形,花冠黄色至橙黄色,长 5 ~ 9 cm,外面无毛,唇形,筒稍弓弯,长 2 ~ 3 倍于唇瓣,雄蕊与唇瓣近等长,花柱伸出。果实成熟时由黄色转深红色,近圆形,直径约 1 cm。花期 5 月,果期 9—10 月。

原产地: 我国安徽、甘肃、贵州、河北、河南、湖北、宁夏、陕西、山西、四川、浙江。

本地分布: 博览园植物馆西南角透视墙下。

习性: 喜光和凉润气候及富腐殖质疏松、透水土壤,较耐干旱,畏涝及板结黏重土,耐寒。

88.2.11 金红久忍冬

学名: *Lonicera× heckrottii*

形态特征: 落叶藤本。叶椭圆形,先端钝,基部宽楔形至圆形,全缘,花序下方的 1 ~ 2 对叶片常合生。花组成轮伞花序或头状花序生于枝端,萼筒壶形,花冠粉红色,内面黄色,二唇形,深裂至花冠的近一半。花期 4—6 月。本种的杂交亲本为贯月忍冬 *L. sempervirens* 和美国忍冬 *L. Americana*。

原产地: 北美洲。

本地分布: 博览园蝴蝶园内。

习性: 喜光稍耐阴,适各类疏松土壤,耐旱,畏积水。耐寒。

88.2.12 红花岩生忍冬

学名：*Lonicera rupicola* var. *syringantha*

形态特征：落叶灌木。叶对生或3～4片轮生，矩圆形，长2～4 cm，顶端尖或稍具小凸尖或钝形，基部楔形至圆形或近截形，两侧不等，下面无毛。花生于幼枝基部叶腋，芳香，总花梗极短，花冠粉红色，筒状钟形，长10～15 mm，外面常被微柔毛和微腺毛，内面尤其上端有柔毛，裂片卵形，开展。果实红色，椭圆形，长约8 mm。花期4月中下旬至5月，果期7—8月。

原产地：我国甘肃、青海、四川、宁夏、西藏、云南。

本地分布：博览园农史馆北侧。

习性：喜光，适各类疏松土壤，耐旱，畏积水，耐寒。

88.2.13 蓝靛果

学名：*Lonicera caerulea* var. *edulis*

形态特征：落叶灌木，幼枝有长、短两种硬直糙毛或刚毛，壮枝节部常有大形盘状的托叶，茎犹如贯穿其中。叶矩圆形至卵状椭圆形，长2～10 cm，顶端尖或稍钝，基部圆形，两面疏生短硬毛。总花梗长2～10 mm；苞片条形，长为萼筒的2～3倍，花冠长1.0～1.3 cm，黄色，基部具浅囊，雄蕊的花丝上部伸出花冠外。果实蓝黑色，稍被白粉，椭圆形至准圆状椭圆形，长约1.5 cm。花期5—6月，果熟期8—9月。

原产地：我国黑龙江、吉林、辽宁、内蒙古、河北、山西、宁夏、甘肃、青海、四川、云南；朝鲜、日本、俄罗斯。

本地分布：博览园动物馆东南角。

习性：喜光，适各类疏松土壤，耐旱，畏积水，耐寒。

88.3 毛核木属 *Symphoricarpos*

88.3.1 雪果

学名: *Symphoricarpos sinensis*

别名: 毛核木

形态特征: 落叶灌木,小枝纤细,红褐色,通常弯曲。叶椭圆形或矩圆形,先端钝,基部圆形,长3~5 cm,宽2~3 cm,边缘浅裂至有不明显锯齿,部分枝条上部的叶片全缘,叶柄长2~4 mm。总状花序密集,生于小枝上部叶腋或小枝顶端,花小,粉红色,近无花梗,花冠具短筒,裂片5,雄蕊短于花冠裂片。果实球形,白色,具果脐。花期7月,果期10—12月。

原产地: 北美洲。

本地分布: 博览园昆虫馆北侧。

习性: 喜光亦耐半阴,好温润气候与肥厚、疏松土壤,耐干旱瘠薄和石灰质土壤,耐寒。

88.3.2 红雪果

学名: *Symphoricarpos orbiculatus*

别名: 圆果毛核木

形态特征: 落叶灌木,枝条纤细,通常弯曲。叶卵圆形,先端钝,基部圆形,长2~4 cm,宽1.5~3.0 cm,全缘,叶柄长1~2 mm。总状花序密集,生于小枝顶端和叶腋,花小,几无梗,黄绿色,外面有紫色斑点,花冠具短筒,裂片5,雄蕊与裂片近等长。果实球形,红色,经冬不落,具果脐,种子长椭圆形,无毛。花期6—7月,果期10—12月。

原产地: 北美洲。

本地分布: 博览园蝴蝶园内、昆虫馆北侧。

习性: 喜光亦耐半阴,好温润气候与肥厚、疏松土壤,耐干旱瘠薄和石灰质土壤,耐寒。

88.4 糯米条属 *Abelia*

88.4.1 大花糯米条

学名:*Abelia × grandiflora*

别名:大花六道木

形态特征:常绿灌木,幼枝红褐色,树皮纵裂。叶卵形,长 2~5 cm,宽 1~3 cm,顶端渐尖,边缘有稀疏圆锯齿。聚伞花序,花萼 5 裂,裂片条形,通常紫红色,花冠白色,漏斗形,长于萼片,芳香,雄蕊伸出花冠筒。果实具条棱,萼裂片增大宿存。花期 6—11 月, 果期 7—12 月。本种的杂交亲本为糯米条 *A. chinensis* 和蓪梗花 *A. uniflora*。

原产地:意大利。

本地分布:博览园昆虫馆东侧、动物馆西北侧主环路旁,南校区灌木园。

习性:喜疏阴、湿润、温暖环境,不择土壤,耐旱,耐寒;生长快,耐修剪,根系发达。

88.4.2 蓪梗花

学名:*Abelia uniflora*

别名:小叶六道木

形态特征:落叶灌木,幼枝红褐色,被短柔毛,老枝树皮条裂脱落。叶对生或轮生,卵形至披针形,叶形变异大,长 1.5~8.0 cm,宽 0.5~3.5 cm,顶端渐尖或长渐尖,基部楔形至圆形,边缘具稀疏锯齿,有时近全缘,叶柄长 2~4 mm。花生于侧生短枝顶端叶腋,花萼 2 裂,花花冠带紫色,狭钟形,5 裂,稍呈二唇形,里面有橘黄色斑纹,雄蕊 4 枚,不伸出花冠筒。果实长圆柱形,萼片宿存。花期 4 月中下旬至 5 月,果期 8—9 月。

原产地:我国福建、甘肃、广西、贵州、河南、湖北、湖南、陕西、四川、云南。

本地分布:博览园农史馆西北角。

习性:喜光略耐阴,适宜温暖、湿润气候和肥沃、疏松土壤,忌涝,耐寒。

其叶是川陕秦巴山区制作“神仙豆腐”的原料。

88.5 蝟实属 *Kolkwitzia*

88.5.1 蝟实

学名:*Kolkwitzia amabilis*

形态特征:落叶灌木,幼枝红褐色,老枝茎皮剥落。叶卵形至椭圆形,长 3 ~ 10 cm,宽 1.5 ~ 4.0 cm,顶端尖,基部圆或阔楔形,全缘或有疏锯齿,叶柄长 1 ~ 2 mm。伞房状聚伞花序,具长 1.0 ~ 1.5 cm 的总花梗,萼筒外面密生长刚毛,花冠淡红色,长 1.5 ~ 2.5 cm,直径 1.0 ~ 1.5 cm,钟形,基部甚狭,中部以上突然扩大,裂片不等,内面具黄色斑纹。果实密被黄色刺刚毛,顶端伸长如角,冠以宿存的萼齿。花期 4 月中下旬至 5 月,果期 8—9 月。

原产地:我国安徽、甘肃、河南、湖北、陕西、山西。

本地分布:博览园牡丹园南侧、蝴蝶园内,南校区灌木园。

习性:喜光和温润气候,适宜肥沃、透水土壤,较耐干瘠、寒冷。

88.6 六道木属 *Zabelia*

88.6.1 六道木

学名:*Zabelia biflora*

别名:双花六道木

形态特征:落叶灌木,幼枝被倒生硬毛,茎具圆棱。叶形变异大,长 2 ~ 6 cm,宽 0.5 ~ 2.0 cm,顶端尖至渐尖,基部钝至渐狭成楔形,全缘或有粗齿,叶柄长 2 ~ 4 mm。花单生于小枝上部叶腋,有或无总花梗,花梗长 5 ~ 10 mm,萼筒圆柱形,萼齿 4 片,长椭圆形,花冠白色,有时带浅红色,狭漏斗形或高脚碟形,4 裂,裂片反卷,雄蕊 4 枚,内藏。果实卵形,具硬毛,萼齿宿存。花期 4—5 月,果期 9—10 月。

原产地:我国陕西、辽宁、河北、山西、宁夏等地。

本地分布:南校区灌木园西北角路边。

习性:性喜阴,适生冷凉气候与湿润土壤,耐干瘠,耐碱性土,耐寒。

88.7 双盾木属 *Dipelta*

88.7.1 双盾木

学名:*Dipelta floribunda*

别名:双盾果

形态特征:落叶灌木或小乔木。树皮剥落。幼枝常被腺毛。单叶对生,卵状披针形或卵形,长 4 ~ 10 cm,宽 1.5 ~ 6.0 cm,顶端长渐尖,基部楔形或钝圆,全缘。聚伞花序簇生于侧生短枝顶端叶腋,花梗纤细,花冠筒钟形 5 裂,稍呈二唇形,粉红色,下唇喉部橘黄色,花柱丝状,2 枚小苞片紧贴萼筒成一对盾状呈稍偏斜的矩圆形,宿存而随核果增大,干膜质,脉明显。花期 4 月,果熟期 6 月。

原产地:陕西、甘肃、湖北、湖南、广西、四川等地海拔 650 ~ 2 200 m 的杂木林下或灌丛中。

本地分布:博览园动物馆南侧。

习性:喜半阳半阴与温暖湿润环境,宜疏松透水土壤,不耐干旱。较耐寒。

89.1 鞘柄木属 *Torricellia*

89.1.1 有齿鞘柄木

学名:*Torricellia angulata* var. *intermedia*

形态特征:落叶灌木,树皮灰黑色,小枝圆柱形,具白色宽髓。叶互生,叶宽卵圆形或近圆形,掌状5~7浅裂,叶长10~17 cm,柄长2~8 cm,先端尖,裂片边缘有齿牙状粗锯齿,叶柄长4.5~8.5 cm。雌雄异株,总状圆锥花序顶生,下垂,花小,花瓣5,雄蕊5,雌花花柱3~4裂。果实核果状,卵形,长5~6 mm,直径3 mm,无毛,花柱宿存,成熟时紫红色至灰黑色。花期3—4月,果期5—6月。

原产地:我国陕西、湖北、广西、四川、贵州、云南。

本地分布:博览园蝴蝶园西南侧。

习性:喜半阴,适生温暖湿润气候和富腐殖质、疏松土壤,稍耐旱,尚耐寒。

90.1 海桐属 *Pittosporum*

90.1.1 海桐

学名:*Pittosporum tobira*

别名:海桐花

形态特征:常绿灌木,嫩枝被褐色柔毛,有皮孔。叶聚生于枝顶,倒卵状披针形,长 4 ~ 9 cm,宽 1.5 ~ 4.0 cm,先端圆形或钝,常微凹入或为微心形,基部楔形,全缘,干后反卷,叶柄长达 2 cm。伞形花序顶生,密被黄褐色柔毛,花梗长 1 ~ 2 cm,花有芳香,初开时白色,后变黄色,花瓣倒披针形,离生,可育雄蕊长于不育雄蕊,子房密被柔毛。蒴果圆球形,直径 12 mm,成熟时 3 片裂开,种子多角形,红色。花期 5 月,果期 10 月。

原产地:我国台湾;日本;朝鲜半岛。

本地分布:博览园农史馆西侧、蝴蝶园内,北校区学生西区、东区,南校区绣山活动中心西侧等地。

习性:喜光较耐阴,喜温暖湿润海洋性气候,对土壤要求不严,耐盐碱。稍耐寒。

91.1 楤木属 *Aralia*

91.1.1 楤木

学名: *Aralia chinensis*

别名: 鹊不踏

形态特征: 落叶小乔木,树皮疏生粗壮直刺。叶为二回或三回羽状复叶,长 60 ~ 110 cm,叶柄粗壮,长可达 50 cm,羽片有小叶 5 ~ 11,小叶片卵形、阔卵形或长卵形,长 5 ~ 12 cm,宽 3 ~ 8 cm,先端渐尖或短渐尖,基部圆形。大型圆锥花序,长 30 ~ 60 cm,密生短柔毛,末端为伞形花序,有花多数,花梗长 4 ~ 6 mm,密被毛,花黄绿色,萼无毛,花瓣与雄蕊 5。果实球形,黑色,直径约 3 mm,花柱宿存。花期 6—7 月,果期 7—8 月。

原产地: 我国大部分省区;日本、俄罗斯;朝鲜半岛。

本地分布: 博览园蝴蝶园西侧。

习性: 喜光耐半阴,宜温暖湿润气候与富腐殖质、疏松透水土壤,稍耐旱,忌积水,耐寒。

91.2 八角金盘属 *Fatsia*

91.2.1 八角金盘

学名: *Fatsia japonica*

形态特征: 常绿灌木,干直立,分枝少,丛生,全株无毛。叶掌状 7 ~ 9 深裂,长宽 20 ~ 15 cm,裂片长椭圆形,先端渐尖,向下渐窄,边缘有钝锯齿,叶柄长可达 50 cm。花两性或杂性,聚生为伞形花序,再组成顶生圆锥花序,花梗长不到 1 cm,花小,乳白色,花瓣和雄蕊 5,花丝长于花瓣,花柱 5,分离。浆果球形,黑色,具宿存花柱,种子椭圆形,一侧压扁。花期 9—11 月,果期翌年 5 月。

原产地: 我国安徽、福建、江苏、江西、浙江;日本。

本地分布: 博览园农史馆北侧、动物馆东南侧。

习性: 强阴性树种,畏暴晒酷热,宜温润气候和肥沃、透水微酸性沙壤土,不耐旱。陕西关中可露地越冬。

91.3 刺楸属 *Kalopanax*

91.3.1 刺楸

学名：*Kalopanax septemlobus*

形态特征：落叶乔木，树皮纵裂，小枝散生基部宽阔的粗刺，全株近无毛。叶片圆形或近圆形，直径 9～25 cm，掌状 5～7 浅裂或深裂，裂片边缘有细锯齿，叶柄细长，长 8～40 cm。圆锥花序，长 15～25 cm，小伞形花序有花多数，总花梗细长，长 2～5 cm，花梗细长，长 5～12 mm，花白色或淡绿黄色，花瓣和雄蕊 5，花丝长 3～4 mm，花柱合生成柱状，柱头离生。果实扁球形，直径约 5 mm，紫黑色，具宿存花柱。花期 9 月，果期 12 月。

原产地：我国安徽、福建、广东、广西、贵州、河北、河南、湖北、湖南、江苏、江西、辽宁、陕西、山东、山西、四川、云南、浙江；日本、俄罗斯；朝鲜半岛。

本地分布：博览园东北角，南校区后勤服务中心楼北侧、乔木园，北校区五台山环道西侧等地。

习性：喜光，对气候适应性强，宜肥厚、湿润酸性或中性土壤。耐寒。

91.4 五加属 *Eleutherococcus*

91.4.1 蜀五加

学名：*Eleutherococcus setchuenensis*

形态特征：落叶灌木，枝无刺或节上有一至数个针状刺。叶通常有小叶 3，叶柄长 3～12 cm，小叶片长圆状椭圆形至长圆状卵形，先端短渐尖至尾尖，基部宽楔形至近圆形，长 5～12 cm，宽 2～6 cm，上面深绿色，下面灰白色，边缘全缘或具整齐细锯齿，小叶柄长 3～10 mm。伞形花序单生或数个组成短圆锥状花序，花白色或黄绿色，花柱全部合生成柱状。果实球形，直径 6～8 mm，黑色，花柱宿存。花期 6—7 月，果期 8—10 月。

原产地：我国甘肃、陕西、河南、湖北、四川、贵州。

本地分布：博览园农史馆西侧。

习性：喜疏阴环境与凉润气候，宜富腐殖质疏松土壤，不甚耐旱，较耐寒。

91.4.2 藤五加

学名:*Eleutherococcus leucorrhizus*

形态特征:落叶灌木,有时蔓生状;枝无毛,节上有刺一至数个或无刺。掌状复叶,小叶通常 5 片,长圆形至披针形,先端渐尖,基部楔形,长 6 ~ 14 cm,宽 2.5 ~ 5.0 cm, 边缘有锐利重锯齿。伞形花序直径 2 ~ 4 cm,有花多数,花瓣 5,长卵形,开花时反曲;雄蕊 5,子房 5 室,花柱全部合生成柱状。果实卵球形,有棱,花柱宿存,长 1.0 ~ 1.2 mm。花期 6 月,果期 9 月。

原产地:我国安徽、甘肃、广东、贵州、湖北、湖南、江西、陕西、四川、云南、浙江。

本地分布:博览园农史馆北侧。

习性:喜疏阴环境与凉润气候,宜富腐殖质、疏松土壤,不甚耐旱,较耐寒。

91.5 常春藤属 *Hedera*

91.5.1 洋常春藤

学名:*Hedera helix*

形态特征:常绿攀缘藤本,借气生根攀附,嫩枝具褐色星毛。叶互生,长 5 ~ 10 cm,宽 3 ~ 8 cm,营养枝上的叶 3 ~ 5 裂,花果枝上的叶不裂近于菱形至卵形,全缘,叶柄长 2 ~ 5 cm。伞形花序,花黄绿色,栽培者通常不开花。果球形,成熟时紫红色或橙黄色,直径 6 ~ 8 mm。花期 9—10 月,果期翌年 2—3 月。

原产地:欧洲、西亚。

本地分布:博览园大门内南侧林下和植物馆温室。

习性:喜半阴与温润环境,好肥沃、疏松透水土壤,不耐干燥。耐寒。

中文树名索引

树木学名索引

A

B

C

D

M

N

O

P

Q

R

S

T